武汉大学高等数学试卷汇编

胡新启 湛少锋 编著

武汉大学出版社

图书在版编目(CIP)数据

武汉大学高等数学试卷汇编/胡新启,湛少锋编著.—武汉:武汉大学出版社,2009.9
 ISBN 978-7-307-07198-8

Ⅰ.武… Ⅱ.①胡… ②湛… Ⅲ.高等数学—高等学校—习题 Ⅳ.O13-44

中国版本图书馆 CIP 数据核字(2009)第 125416 号

责任编辑:顾素萍　　责任校对:王　建　　版式设计:马　佳

出版发行:武汉大学出版社　(430072　武昌　珞珈山)
　　　　　(电子邮件:cbs22@whu.edu.cn　网址:www.wdp.whu.edu.cn)
印刷:湖北金海印务公司
开本:720×1000　1/16　印张:14.75　字数:264 千字　插页:1
版次:2009 年 9 月第 1 版　　2009 年 9 月第 1 次印刷
ISBN 978-7-307-07198-8/O·405　　定价:22.00 元

版权所有,不得翻印;凡购买我社的图书,如有缺页、倒页、脱页等质量问题,请与当地图书销售部门联系调换。

前 言

《武汉大学高等数学试卷汇编》是武汉大学高等数学课程组编写的工科高等数学系列参考书之一,本书收集了武汉大学 2002 年到 2008 年间的高等数学考试试题近 50 套（A 卷、B 卷），并对 216 学时考试试题给出了详细解答。对 180 学时考试试题，仅针对与 216 学时相应年份的不同试题给出了简单解答。

建议大学生读者在使用本书时，自己先进行思考求解，再看书中给出的解答，这样能更好地理解、掌握解题思路和方法，收获也就更大。

本书读者对象是各类高等院校的教师、工科院校的学生以及成人高校或电大的学生等。

本书由胡新启、湛少锋负责编写。

本书的编写一直得到武汉大学出版社和武汉大学数学与统计学院的大力支持，对此我们表示衷心的感谢。

尽管在收集、编写、编辑和出版过程中，我们已尽所能，但由于水平有限，难免有许多不足、不尽如人意之处，敬请广大读者和专家同行不吝赐教，给予批评指正。

编 者

2009 年 5 月

目 录

2002—2003 年第一学期高等数学（216 学时）试题 A 卷 …………………… 1
2002—2003 年第一学期高等数学（216 学时）试题 A 卷答案 …………… 2
2002—2003 年第一学期高等数学（216 学时）试题 B 卷 …………………… 5
2002—2003 年第一学期高等数学（216 学时）试题 B 卷答案 …………… 6
2003—2004 年第一学期高等数学（216 学时）试题 A 卷 …………………… 10
2003—2004 年第一学期高等数学（216 学时）试题 A 卷答案 …………… 12
2003—2004 年第一学期高等数学（216 学时）试题 B 卷 …………………… 15
2003—2004 年第一学期高等数学（216 学时）试题 B 卷答案 …………… 17
2004—2005 年第一学期高等数学（216 学时）试题 A 卷 …………………… 20
2004—2005 年第一学期高等数学（216 学时）试题 A 卷答案 …………… 22
2004—2005 年第一学期高等数学（216 学时）试题 B 卷 …………………… 25
2004—2005 年第一学期高等数学（216 学时）试题 B 卷答案 …………… 27
2005—2006 年第一学期高等数学（216 学时）试题 A 卷 …………………… 30
2005—2006 年第一学期高等数学（216 学时）试题 A 卷答案 …………… 31
2005—2006 年第一学期高等数学（216 学时）试题 B 卷 …………………… 36
2005—2006 年第一学期高等数学（216 学时）试题 B 卷答案 …………… 38
2006—2007 年第一学期高等数学（216 学时）试题 A 卷 …………………… 42
2006—2007 年第一学期高等数学（216 学时）试题 A 卷答案 …………… 43
2006—2007 年第一学期高等数学（216 学时）试题 B 卷 …………………… 48
2006—2007 年第一学期高等数学（216 学时）试题 B 卷答案 …………… 50
2007—2008 年第一学期高等数学（216 学时）试题 A 卷 …………………… 55
2007—2008 年第一学期高等数学（216 学时）试题 A 卷答案 …………… 56
2007—2008 年第一学期高等数学（216 学时）试题 B 卷 …………………… 60
2007—2008 年第一学期高等数学（216 学时）试题 B 卷答案 …………… 61
2002—2003 年第二学期高等数学（216 学时）试题 A 卷 …………………… 65

2002—2003 年第二学期高等数学（216 学时）试题 A 卷答案 …………… 67
2002—2003 年第二学期高等数学（216 学时）试题 B 卷 …………………… 71
2002—2003 年第二学期高等数学（216 学时）试题 B 卷答案 …………… 73
2003—2004 年第二学期高等数学（216 学时）试题 A 卷 …………………… 77
2003—2004 年第二学期高等数学（216 学时）试题 A 卷答案 …………… 79
2003—2004 年第二学期高等数学（216 学时）试题 B 卷 …………………… 84
2003—2004 年第二学期高等数学（216 学时）试题 B 卷答案 …………… 86
2004—2005 年第二学期高等数学（216 学时）试题 A 卷 …………………… 91
2004—2005 年第二学期高等数学（216 学时）试题 A 卷答案 …………… 93
2004—2005 年第二学期高等数学（216 学时）试题 B 卷 …………………… 98
2004—2005 年第二学期高等数学（216 学时）试题 B 卷答案 …………… 100
2005—2006 年第二学期高等数学（216 学时）试题 A 卷 …………………… 106
2005—2006 年第二学期高等数学（216 学时）试题 A 卷答案 …………… 107
2005—2006 年第二学期高等数学（216 学时）试题 B 卷 …………………… 112
2005—2006 年第二学期高等数学（216 学时）试题 B 卷答案 …………… 114
2006—2007 年第二学期高等数学（216 学时）试题 A 卷 …………………… 120
2006—2007 年第二学期高等数学（216 学时）试题 A 卷答案 …………… 121
2006—2007 年第二学期高等数学（216 学时）试题 B 卷 …………………… 127
2006—2007 年第二学期高等数学（216 学时）试题 B 卷答案 …………… 129
2007—2008 年第二学期高等数学（216 学时）试题 A 卷 …………………… 133
2007—2008 年第二学期高等数学（216 学时）试题 A 卷答案 …………… 134
2007—2008 年第二学期高等数学（216 学时）试题 B 卷 …………………… 138
2007—2008 年第二学期高等数学（216 学时）试题 B 卷答案 …………… 139
2002—2003 年第一学期高等数学（180 学时）试题 A 卷 …………………… 143
2002—2003 年第一学期高等数学（180 学时）试题 A 卷答案 …………… 144
2002—2003 年第一学期高等数学（180 学时）试题 B 卷 …………………… 146
2002—2003 年第一学期高等数学（180 学时）试题 B 卷答案 …………… 148
2003—2004 年第一学期高等数学（180 学时）试题 A 卷 …………………… 149
2003—2004 年第一学期高等数学（180 学时）试题 A 卷答案 …………… 151
2003—2004 年第一学期高等数学（180 学时）试题 B 卷 …………………… 153
2003—2004 年第一学期高等数学（180 学时）试题 B 卷答案 …………… 154
2004—2005 年第一学期高等数学（180 学时）试题 A 卷 …………………… 157

2004—2005 年第一学期高等数学（180 学时）试题 A 卷答案 …………… 158
2004—2005 年第一学期高等数学（180 学时）试题 B 卷 …………………… 162
2004—2005 年第一学期高等数学（180 学时）试题 B 卷答案 …………… 163
2005—2006 年第一学期高等数学（180 学时）试题 A 卷 …………………… 167
2005—2006 年第一学期高等数学（180 学时）试题 A 卷答案 …………… 169
2005—2006 年第一学期高等数学（180 学时）试题 B 卷 …………………… 172
2005—2006 年第一学期高等数学（180 学时）试题 B 卷答案 …………… 174
2006—2007 年第一学期高等数学（180 学时）试题 A 卷 …………………… 177
2006—2007 年第一学期高等数学（180 学时）试题 A 卷答案 …………… 178
2006—2007 年第一学期高等数学（180 学时）试题 B 卷 …………………… 181
2006—2007 年第一学期高等数学（180 学时）试题 B 卷答案 …………… 182
2007—2008 年第一学期高等数学（180 学时）试题 A 卷 …………………… 184
2007—2008 年第一学期高等数学（180 学时）试题 A 卷答案 …………… 185
2007—2008 年第一学期高等数学（180 学时）试题 B 卷 …………………… 186
2002—2003 年第二学期高等数学（180 学时）试题 A 卷 …………………… 188
2002—2003 年第二学期高等数学（180 学时）试题 A 卷答案 …………… 189
2002—2003 年第二学期高等数学（180 学时）试题 B 卷 …………………… 192
2002—2003 年第二学期高等数学（180 学时）试题 B 卷答案 …………… 193
2003—2004 年第二学期高等数学（180 学时）试题 A 卷 …………………… 197
2003—2004 年第二学期高等数学（180 学时）试题 A 卷答案 …………… 198
2003—2004 年第二学期高等数学（180 学时）试题 B 卷 …………………… 201
2003—2004 年第二学期高等数学（180 学时）试题 B 卷答案 …………… 202
2004—2005 年第二学期高等数学（180 学时）试题 A 卷 …………………… 205
2004—2005 年第二学期高等数学（180 学时）试题 A 卷答案 …………… 206
2004—2005 年第二学期高等数学（180 学时）试题 B 卷 …………………… 209
2004—2005 年第二学期高等数学（180 学时）试题 B 卷答案 …………… 211
2005—2006 年第二学期高等数学（180 学时）试题 A 卷 …………………… 212
2005—2006 年第二学期高等数学（180 学时）试题 A 卷答案 …………… 213
2005—2006 年第二学期高等数学（180 学时）试题 B 卷 …………………… 216
2005—2006 年第二学期高等数学（180 学时）试题 B 卷答案 …………… 218
2006—2007 年第二学期高等数学（180 学时）试题 A 卷 …………………… 220
2006—2007 年第二学期高等数学（180 学时）试题 A 卷答案 …………… 221

2006—2007 年第二学期高等数学（180 学时）试题 B 卷 …………… 223
2006—2007 年第二学期高等数学（180 学时）试题 B 卷答案 ………… 224
2007—2008 年第二学期高等数学（180 学时）试题 A 卷 …………… 226
2007—2008 年第二学期高等数学（180 学时）试题 A 卷答案 ………… 227
2007—2008 年第二学期高等数学（180 学时）试题 B 卷 …………… 229
2007—2008 年第二学期高等数学（180 学时）试题 B 卷答案 ………… 230

2002—2003年第一学期
高等数学（216学时）试题 A 卷

一、填空题（每小题 4 分，共 20 分）

1. 若 $f(x) = \dfrac{e^x - a}{x(x-1)}$ 有无穷间断点 $x = 0$ 及可去间断点 $x = 1$，则 $a = \underline{\qquad}$.

2. 幂级数 $\sum\limits_{n=0}^{\infty}(2n+1)x^n$ 的和函数为 $\underline{\qquad}$.

3. 若
$$f(x) = \begin{cases} \int_0^x \sin t^2 \, dt \Big/ \int_0^x \left(t^2 \int_0^t \sin u^2 \, du\right) dt, & x \neq 0, \\ a, & x = 0 \end{cases}$$
在 $x = 0$ 处连续，则 $a = \underline{\qquad}$.

4. 曲线 $y = x e^{2x}$ 在区间 $\underline{\qquad}$ 上是向上凸的.

5. 设 $a > 0$ 为常数，则级数 $\sum\limits_{n=1}^{\infty}(-1)^n\left(1 - \cos\dfrac{a}{n}\right)$ 的敛散性为 $\underline{\qquad}$.

二、计算下列各题（每小题 5 分，共 20 分）

1. 求极限：$\lim\limits_{x \to 2} \dfrac{\sqrt{5x-1} - \sqrt{2x+5}}{x^2 - 4}$.

2. 求极限：$\lim\limits_{x \to 0^+}\left(\dfrac{\sin x}{x}\right)^{\frac{1}{1-\cos x}}$.

3. 设 $y = \dfrac{x \sin x}{1 + x^2}$，求 $\dfrac{dy}{dx}$.

4. 设 $\begin{cases} x = 2 - \sin 3 + f'(t), \\ y = 3 - f(t) + t f'(t), \end{cases}$ 求 $\dfrac{dy}{dx}, \dfrac{d^2 y}{dx^2}$，其中 f 具有二阶导数且 $f''(t) \neq 0$.

三、计算下列各题(每小题 6 分，共 18 分)

1. 求 $\displaystyle\int \frac{x^3}{(x-1)^{100}}\mathrm{d}x$.

2. 求 $\displaystyle\int_{\frac{\pi}{6}}^{\frac{\pi}{3}} \frac{1+\tan\theta}{\sin 2\theta}\mathrm{d}\theta$.

3. 求 $\displaystyle\int_{1}^{+\infty} \frac{\mathrm{d}x}{x^2(x+1)}$.

四、(8 分) 设可微函数 $y=f(x)$ 由方程 $x^3+y^3+3y-3x=2$ 确定，试讨论并求出 $f(x)$ 的极大值和极小值.

五、(6 分) 判别级数 $\displaystyle\sum_{n=1}^{\infty}\left[(\sqrt{2}-\sqrt[3]{2})(\sqrt{2}-\sqrt[5]{2})\cdots(\sqrt{2}-\sqrt[2n+1]{2})\right]$ 的敛散性.

六、(8 分) 设 $f(x)$ 在 $[a,b]$ 上连续，在 (a,b) 内可导，$f(a)=f(b)=0$，试证：$\forall \alpha \in \mathbf{R}$，$\exists \xi \in (a,b)$，使得 $\alpha f(\xi)=f'(\xi)$.

七、(10 分) 曲线 $y=x^3\ (x\geqslant 0)$ 与直线 $y=\lambda x\ (\lambda>0$ 为实数$)$ 相交于原点 O 和 P 点，PA 垂直于 x 轴且垂足为 A.

(1) 曲线 $y=x^3$ 分 $\triangle OAP$ 为两部分 A_1, A_2，证明：A_1 与 A_2 的面积相等.

(2) 图形 A_1, A_2 分别绕 x 轴旋转的旋转体的体积比是多少？

八、(5 分) 证明：$\displaystyle\sum_{n=1}^{\infty} x^3 \mathrm{e}^{-nx}$ 在 $(0,+\infty)$ 内一致收敛.

九、(5 分) 设 $y=f(u)$ 在区间 J 上一致连续，$u=\varphi(x)$ 在区间 I 上一致连续，且 $\varphi(I)\subset J$，试证：$y=f(\varphi(x))$ 在 I 上一致连续.

2002—2003 年第一学期高等数学 (216 学时) 试题 A 卷答案

一、1. e； 2. $\dfrac{1+x}{(1-x)^2}\ (-1<x<1)$； 3. 1； 4. $(-\infty,-1)$；

5. 绝对收敛.

二、1. $\lim\limits_{x\to 2}\dfrac{\sqrt{5x-1}-\sqrt{2x+5}}{x^2-4}=\lim\limits_{x\to 2}\dfrac{3x-6}{x^2-4}\dfrac{1}{\sqrt{5x-1}+\sqrt{2x+5}}=\dfrac{1}{8}.$

2. $\lim\limits_{x\to 0^+}\left(\dfrac{\sin x}{x}\right)^{\frac{1}{1-\cos x}}=\mathrm{e}^{\lim\limits_{x\to 0^+}\frac{\ln\sin x-\ln x}{1-\cos x}}=\mathrm{e}^{\lim\limits_{x\to 0^+}\frac{\frac{\cos x}{\sin x}-\frac{1}{x}}{\sin x}}=\mathrm{e}^{\lim\limits_{x\to 0^+}\frac{x\cos x-\sin x}{x\sin x}}$

$=\mathrm{e}^{\lim\limits_{x\to 0^+}\frac{x\cos x-\sin x}{x^3}}=\mathrm{e}^{\lim\limits_{x\to 0^+}-\frac{x\sin x}{3x^2}}=\mathrm{e}^{-\frac{1}{3}}.$

3. $\dfrac{\mathrm{d}y}{\mathrm{d}x}=\dfrac{x(1+x^2)\cos x+(1-x^2)\sin x}{(1+x^2)^2}.$

4. $\dfrac{\mathrm{d}y}{\mathrm{d}t}=tf''(t),\ \dfrac{\mathrm{d}x}{\mathrm{d}t}=f''(t),\ \dfrac{\mathrm{d}y}{\mathrm{d}x}=t,\ \dfrac{\mathrm{d}^2y}{\mathrm{d}x^2}=\dfrac{1}{f''(t)}.$

三、1. $\displaystyle\int\dfrac{x^3}{(x-1)^{100}}\mathrm{d}x=\int\dfrac{(x-1)^3+3(x-1)^2+3(x-1)+1}{(x-1)^{100}}\mathrm{d}x$

$=\dfrac{-1}{96(x-1)^{96}}+\dfrac{-3}{97(x-1)^{97}}+\dfrac{-3}{98(x-1)^{98}}$

$+\dfrac{-1}{99(x-1)^{99}}+C.$

2. 令 $t=\tan\theta$，有

$\displaystyle\int_{\frac{\pi}{6}}^{\frac{\pi}{3}}\dfrac{1+\tan\theta}{\sin 2\theta}\mathrm{d}\theta=\int_{\sqrt{\frac{1}{3}}}^{\sqrt{3}}\dfrac{1+t}{2t}\mathrm{d}t=\dfrac{1}{2}(t+\ln t)\Big|_{\sqrt{\frac{1}{3}}}^{\sqrt{3}}=\dfrac{1}{\sqrt{3}}+\dfrac{1}{2}\ln 3.$

3. $\displaystyle\int_1^{+\infty}\dfrac{\mathrm{d}x}{x^2(x+1)}=\int_1^{+\infty}\left(\dfrac{1}{x^2}-\dfrac{1}{x}+\dfrac{1}{x+1}\right)\mathrm{d}x$

$=\left(-\dfrac{1}{x}+\ln\dfrac{1+x}{x}\right)\Big|_1^{+\infty}=1-\ln 2.$

四、解 方程两边对 x 求导，得 $3x^2+3y^2y'+3y'-3=0$，即

$$y'=\dfrac{1-x^2}{1+y^2}.$$

令 $y'=0$，得 $x=\pm 1$. 于是当 $x\in(-\infty,-1)$ 时，$y'<0$；当 $x\in(-1,1)$ 时，$y'>0$；当 $x\in(1,+\infty)$ 时，$y'<0$. 故函数 $y=f(x)$ 有极大值 $f(1)=1$，极小值 $f(-1)=0$.

五、解 正项级数的通项 $u_n=(\sqrt{2}-\sqrt[3]{2})(\sqrt{2}-\sqrt[5]{2})\cdots(\sqrt{2}-\sqrt[2n+1]{2})$，且

$$\lim_{n\to\infty}\dfrac{u_{n+1}}{u_n}=\lim_{n\to\infty}(\sqrt{2}-\sqrt[2n+3]{2})=\sqrt{2}-1<1,$$

由比值审敛法知，原级数收敛.

六、证 令 $\varphi(x) = e^{-\alpha x} f(x)$，则 $\varphi(x)$ 在 $[a,b]$ 上满足罗尔定理条件. 于是存在 $\xi \in (a,b)$，使得
$$\varphi'(\xi) = f'(\xi) e^{-\alpha \xi} - \alpha f(\xi) e^{-\alpha \xi} = 0,$$
即 $\alpha f(\xi) = f'(\xi)$.

七、证 (1) 联立 $\begin{cases} y = x^3, \\ y = \lambda x, \end{cases}$ 解得交点 $O(0,0), P(\sqrt{\lambda}, \sqrt{\lambda^3})$. 如图，
$$S_{\triangle OAP} = \frac{1}{2} \sqrt{\lambda} \cdot \sqrt{\lambda^3} = \frac{1}{2} \lambda^2, \quad S_{A_2} = \int_0^{\sqrt{\lambda}} x^3 dx = \frac{1}{4} \lambda^2,$$
于是 $S_{A_1} = S_{\triangle OAP} - S_{A_2} = \frac{1}{4} \lambda^2 = S_{A_2}$.

解 (2) 设 A_1, A_2 分别绕 x 轴旋转的旋转体的体积为 V_1, V_2，于是
$$V_1 = \pi \int_0^{\sqrt{\lambda}} [(\lambda x)^2 - (x^3)^2] dx = \frac{4}{21} \lambda^{\frac{7}{2}} \pi,$$
$$V_2 = \pi \int_0^{\sqrt{\lambda}} (x^3)^2 dx = \frac{1}{7} \lambda^{\frac{7}{2}} \pi,$$
故 $\dfrac{V_1}{V_2} = \dfrac{4}{3}$.

(第七题图)

八、证 由于 $e^{nx} = 1 + nx + \dfrac{n^2 x^2}{2!} + \dfrac{n^3 x^3}{3!} + \cdots$，故有
$$e^{nx} > \frac{n^3 x^3}{3!}, \quad x \in (0, +\infty),$$
所以 $x^3 e^{-nx} < \dfrac{6}{n^3}$. 由于 $\sum\limits_{n=1}^{\infty} \dfrac{6}{n^3}$ 收敛，根据 M 判别法知原级数一致收敛.

九、证 $\forall \varepsilon > 0$，由于 f 在 J 上一致连续，所以 $\exists \eta, \forall u', u'' \in J$，当 $|u'' - u'| < \eta$ 时，有
$$|f(u'') - f(u')| < \varepsilon. \qquad ①$$
又因为 $u = \varphi(x)$ 在 I 上一致连续，则对以上 η，$\exists \delta$（δ 只与 ε 有关），$\forall x', x'' \in I$，当 $|x'' - x'| < \delta$ 时，有
$$|\varphi(x'') - \varphi(x')| < \eta. \qquad ②$$
由 ①，② 两式，得 $|f(\varphi(x'')) - f(\varphi(x'))| < \varepsilon$，即 $f(\varphi(x))$ 在 I 上一致连续.

2002—2003年第一学期
高等数学（216学时）试题 B 卷

一、填空题（每小题 4 分，共 20 分）

1. 若 $f(x)=\begin{cases}\dfrac{\cos x}{x+2}, & x\geqslant 0,\\ \dfrac{\sqrt{a}-\sqrt{a-x}}{x}, & x<0\end{cases}$ 有可去间断点 $x=0$，则 $a=$ _____．

2. 级数 $\sum\limits_{n=0}^{\infty}\dfrac{(n+1)^2}{n!}$ 的和为 _____．

3. 若 $f(x)=\begin{cases}\dfrac{\sin 2x+e^{2ax}-1}{x}, & x\neq 0,\\ a, & x=0\end{cases}$ 在 $(-\infty,+\infty)$ 上连续，则 $a=$ _____．

4. 曲线 $y=y(x)$ 由参数方程 $\begin{cases}x=t^3+9t,\\ y=t^2-2t\end{cases}$ 确定，则曲线 $y=y(x)$ 在区间 _____ 是下凸的．

5. 级数 $\sum\limits_{n=1}^{\infty}(-1)^n(\sqrt{n+1}-\sqrt{n})$ 的敛散性为 _____．

二、计算下列各题（每小题 5 分，共 20 分）

1. 求极限：$\lim\limits_{x\to 0}\left(\dfrac{1+x}{1-e^{-x}}-\dfrac{1}{x}\right)$．

2. 求极限：$\lim\limits_{x\to 3^+}\dfrac{\cos x\ln(x-3)}{\ln(e^x-e^3)}$．

3. 求函数 $y=\ln\dfrac{\sqrt{1+x}-\sqrt{1-x}}{\sqrt{1+x}+\sqrt{1-x}}$ 的导函数．

4. 设 $y=y(x)$ 由方程组 $\begin{cases}x=3t^2+2t+3,\\ e^y\sin t-y+1=0\end{cases}$ 确定，求 $\left.\dfrac{d^2y}{dx^2}\right|_{t=0}$．

三、计算下列各题(每小题 6 分，共 18 分)

1. 求 $\int \sin^5 x \, dx$.

2. 求 $\int_{\frac{1}{e}}^{e} |\ln x| \, dx$.

3. 求 $\int_{1}^{+\infty} \frac{\arctan x}{x^3} dx$.

四、(8 分) 求函数 $y = (2x - 5)x^{\frac{2}{3}}$ 在区间 $[-1, 2]$ 上的最大值与最小值.

五、(8 分) 设函数 $\varphi(x)$ 在 $(-\infty, +\infty)$ 上连续，周期为 1，且 $\int_0^1 \varphi(x) dx = 0$，函数 $f(x)$ 在 $[0,1]$ 上有连续的导数. 设 $a_n = \int_0^1 f(x) \varphi(nx) dx$. 证明：级数 $\sum_{n=1}^{\infty} a_n^2$ 收敛.

六、(10 分) 设函数 $f(x), g(x)$ 都在 $[1,6]$ 上连续，在 $(1,6)$ 内可导，且 $f(1) = 5, f(5) = 1, f(6) = 12$，求证：至少存在一点 $\xi \in (1, 6)$，使
$$f'(\xi) + g'(\xi)(f(\xi) - 2\xi) = 2.$$

七、(10 分) 曲线 $y = \frac{e^x + e^{-x}}{2}$ 与直线 $x = 0, x = t \, (t > 0)$ 及 $y = 0$ 围成一曲边梯形，该曲边梯形绕 x 轴旋转一周得一旋转体，其体积为 $V(t)$，侧面积为 $S(t)$，在 $x = t$ 处的底面积为 $F(t)$.

(1) 求 $\frac{S(t)}{V(t)}$ 的值.

(2) 计算极限 $\lim\limits_{t \to +\infty} \frac{S(t)}{F(t)}$.

八、(6 分) 证明：$f(x) = x^3 e^{-x^2}$ 为有界函数.

2002—2003 年第一学期高等数学 (216 学时) 试题 B 卷答案

一、1. 1； 2. 5e； 3. −2； 4. (−10, 54)； 5. 收敛.

二、1. $\lim\limits_{x\to 0}\left(\dfrac{1+x}{1-e^{-x}}-\dfrac{1}{x}\right)=\lim\limits_{x\to 0}\dfrac{x+x^2-1+e^{-x}}{x(1-e^{-x})}=\lim\limits_{x\to 0}\dfrac{x+x^2-1+e^{-x}}{x^2}$

$\qquad\qquad =\lim\limits_{x\to 0}\dfrac{1+2x-e^{-x}}{2x}=\lim\limits_{x\to 0}\dfrac{2+e^{-x}}{2}=\dfrac{3}{2}.$

2. $\lim\limits_{x\to 3^+}\dfrac{\cos x\ln(x-3)}{\ln(e^x-e^3)}=\lim\limits_{x\to 3^+}\cos x\cdot\lim\limits_{x\to 3^+}\dfrac{\ln(x-3)}{\ln(e^x-e^3)}$

$\qquad\qquad =\cos 3\cdot\lim\limits_{x\to 3^+}\dfrac{1}{e^x}\cdot\lim\limits_{x\to 3^+}\dfrac{e^x-e^3}{x-3}$

$\qquad\qquad =\dfrac{1}{e^3}\cdot\cos 3\cdot\lim\limits_{x\to 3^+}e^x=\cos 3.$

3. 因为
$$y=\ln\dfrac{(\sqrt{1+x}-\sqrt{1-x})^2}{2x}=\ln\dfrac{1-\sqrt{1-x^2}}{x}=\ln(1-\sqrt{1-x^2})-\ln x,$$
所以 $y'=\dfrac{1}{1-\sqrt{1-x^2}}\cdot\dfrac{x}{\sqrt{1-x^2}}-\dfrac{1}{x}=\dfrac{1}{x\sqrt{1-x^2}}.$

4. y 作为 t 的隐函数,由第二个方程确定. 因为
$$e^y\cdot y'_t\sin t+e^y\cos t-y'_t=0,$$
而 $y|_{t=0}=1$, 所以 $y'_t|_{t=0}=e.$ 因为
$$(e^y\cdot y'_t)'\sin t+e^y\cdot y'_t\cos t+e^y\cdot y'_t\cos t-y''_t=0,$$
所以 $y''_t|_{t=0}=2e^2.$ 而 $x'_t|_{t=0}=(6t+2)|_{t=0}=2,\ x''_t|_{t=0}=6,$ 故
$$\dfrac{d^2 y}{dx^2}=\left.\dfrac{x'_t y''_t-y'_t x''_t}{(x'_t)^3}\right|_{t=0}=\dfrac{2\cdot 2e^2-e\cdot 6}{2^3}=\dfrac{e^2}{2}-\dfrac{3}{4}e.$$

三、1. $\displaystyle\int\sin^5 x\,dx=-\int(1-\cos^2 x)^2 d\cos x$

$\qquad\qquad =-\displaystyle\int(1-2\cos^2 x+\cos^4 x)d\cos x$

$\qquad\qquad =-\cos x+\dfrac{2}{3}\cos^3 x-\dfrac{1}{5}\cos^5 x+C.$

2. $\displaystyle\int_{\frac{1}{e}}^{e}|\ln x|\,dx=-\int_{\frac{1}{e}}^{1}\ln x\,dx+\int_{1}^{e}\ln x\,dx$

$\qquad\qquad =\displaystyle\int_{\frac{1}{e}}^{1}dx-(x\ln x)\Big|_{\frac{1}{e}}^{1}+(x\ln x)\Big|_{1}^{e}-\int_{1}^{e}dx$

$\qquad\qquad =\left(1-\dfrac{1}{e}\right)-\dfrac{1}{e}+e-(e-1)=2\left(1-\dfrac{1}{e}\right).$

3. 原式 $=-\dfrac{1}{2}\left[\dfrac{\arctan x}{x^2}\Big|_{1}^{+\infty}-\displaystyle\int_{1}^{+\infty}\dfrac{dx}{x^2(1+x^2)}\right]$

$$= \frac{\pi}{8} + \frac{1}{2}\int_1^{+\infty}\left(\frac{1}{x^2} - \frac{1}{1+x^2}\right)\mathrm{d}x = \frac{1}{2}.$$

四、解 函数在 $[-1,2]$ 上连续，由于

$$y' = \frac{10(x-1)}{3x^{\frac{1}{3}}},$$

令 $y' = 0$，则 $x = 1$，y' 在 $x = 0$ 处不存在，函数的最大值、最小值只可能在 $x = 1, x = 0, x = -1, x = 2$ 处取得，故

$$y_{\max} = \max\{f(-1), f(2), f(0), f(1)\}$$
$$= \max\{-7, -2^{\frac{2}{3}}, 0, -3\} = 0,$$
$$y_{\min} = \min\{-7, -2^{\frac{2}{3}}, 0, -3\} = -7.$$

五、证 由周期性，有

$$\int_0^1 \varphi(u)\mathrm{d}u = \int_1^2 \varphi(u)\mathrm{d}u = \cdots = \int_{n-1}^n \varphi(u)\mathrm{d}u = 0,$$

同时

$$\int_0^{x+1}\varphi(t)\mathrm{d}t = \int_0^1\varphi(t)\mathrm{d}t + \int_1^{x+1}\varphi(t)\mathrm{d}t = \int_0^x\varphi(u)\mathrm{d}u$$

也成立. 故 $F(x) = \int_0^x \varphi(t)\mathrm{d}t$ 是周期为 1 的连续函数，且 $\forall n \in \mathbf{Z}$，$F(n) = F(0) = 0$，$F'(x) = \varphi(x)$，故有

$$a_n = \int_0^1 f(x)F'(nx)\mathrm{d}x = \frac{1}{n}\int_0^1 f(x)\mathrm{d}F(nx)$$
$$= \frac{1}{n}f(x)F(nx)\Big|_0^1 - \frac{1}{n}\int_0^1 f'(x)F(nx)\mathrm{d}x$$
$$= -\frac{1}{n}\int_0^1 f'(x)F(nx)\mathrm{d}x.$$

由于 $F(x)$ 是周期为 1 的连续函数，所以 $F(x)$ 有界，即存在 $M_1 > 0$，使得

$$|F(x)| \leqslant M_1, \quad |F(nx)| \leqslant M_1, \quad \forall x \in (-\infty, +\infty).$$

函数 $f(x)$ 在 $[0,1]$ 上有连续的导数，则存在 $M_2 > 0$，使得 $\forall x \in [0,1]$，$|f'(x)| \leqslant M_2$，从而可得

$$|a_n| = \left|-\frac{1}{n}\int_0^1 f'(x)F(nx)\mathrm{d}x\right| \leqslant \frac{1}{n}\int_0^1 |f'(x)F(nx)|\mathrm{d}x \leqslant \frac{1}{n}M_1M_2,$$

所以 $a_n^2 \leqslant \frac{1}{n^2}(M_1M_2)^2$. 因 $\sum_{n=1}^\infty \frac{1}{n^2}$ 收敛，由比较审敛法知级数 $\sum_{n=1}^\infty a_n^2$ 收敛.

六、证 因为函数 $h(x)=f(x)-2x$ 满足
$$h(1)=5-2=3>0,\quad h(5)=1-10=-9<0,$$
由 $h(x)$ 在闭区间 $[1,5]$ 上的连续性知，存在点 $\eta\in(1,5)$ 使得
$$h(\eta)=f(\eta)-2\eta=0.$$
又由题设知函数 $h(x)=f(x)-2x$ 还满足 $h(6)=f(6)-12=0$.

设 $F(x)=e^{g(x)}(f(x)-2x)$，由题设知 $F(x)$ 在闭区间 $[\eta,6]$ 上连续，在开区间 $(\eta,6)$ 内可导. 又由上一段的讨论知 $F(\eta)=F(6)=0$，即 $F(x)=e^{g(x)}(f(x)-2x)$ 在区间 $[\eta,6]$ 上满足罗尔定理的全部条件，故至少存在一点 $\xi\in(\eta,6)\subset(1,6)$，使 $F'(\xi)=0$，即 $f'(\xi)+g'(\xi)(f(\xi)-2\xi)=2$.

七、解 (1) $S(t)=\int_0^t 2\pi y\sqrt{1+y'^2}\,dx$
$$=2\pi\int_0^t\left(\frac{e^x+e^{-x}}{2}\right)\sqrt{1+\frac{e^{2x}-2+e^{-2x}}{4}}\,dx$$
$$=2\pi\int_0^t\left(\frac{e^x+e^{-x}}{2}\right)^2 dx,$$
$$V(t)=\int_0^t\pi y^2\,dx=\pi\int_0^t\left(\frac{e^x+e^{-x}}{2}\right)^2 dx,$$
所以 $\dfrac{S(t)}{V(t)}=2$.

(2) $F(t)=\pi y^2\big|_{x=t}=\pi\left(\dfrac{e^t+e^{-t}}{2}\right)^2$,

$$\lim_{t\to+\infty}\frac{S(t)}{F(t)}=\lim_{t\to+\infty}\frac{2\pi\int_0^t\left(\frac{e^x+e^{-x}}{2}\right)^2 dx}{\pi\left(\frac{e^t+e^{-t}}{2}\right)^2}=\lim_{t\to+\infty}\frac{2\left(\frac{e^t+e^{-t}}{2}\right)^2}{2\cdot\frac{e^t+e^{-t}}{2}\cdot\frac{e^t-e^{-t}}{2}}$$
$$=\lim_{t\to+\infty}\frac{e^t+e^{-t}}{e^t-e^{-t}}=1.$$

八、证 因为
$$\lim_{x\to\infty}f(x)=\lim_{x\to\infty}\frac{x^3}{2e^{x^2}}=\lim_{x\to\infty}\frac{3}{4x\,e^{x^2}}=0,$$
所以存在 $G>0$，使得当 $|x|>G$ 时 $|f(x)|<1$. 又 $f(x)$ 在闭区间 $[-G,G]$ 上连续，所以存在 $M_1>0$，使得对一切 $x\in[-G,G]$，有 $|f(x)|\leqslant M_1$. 取 $M=\max\{1,M_1\}$，则对一切 $x\in(-\infty,+\infty)$，都有 $|f(x)|\leqslant M$. 故 $f(x)$ 在 $x\in(-\infty,+\infty)$ 上为有界函数.

2003—2004 年第一学期 高等数学（216 学时）试题 A 卷

一、填空题（每小题 4 分，共 20 分）

1. $f(x)=\begin{cases} \dfrac{\sin 2x}{x}, & x<0 \\ 3x^2-2x+k, & x\geqslant 0 \end{cases}$ 在 $x=0$ 连续，则常数 $k=$ _____.

2. $\lim\limits_{x\to +\infty} x(\ln(1+x)-\ln x)=$ _____.

3. $f(x)$ 的一个原函数为 $x\ln x$，则 $f'(x)=$ _____.

4. $\int_{-2}^{2}(1+x)\sqrt{4-x^2}\,dx=$ _____.

5. 使级数 $\sum\limits_{n=1}^{+\infty}\dfrac{(1+x^2)^n}{1+(1+x^2)^{2n}}$ 收敛的实数 x 的取值范围是 _____.

二、选择题（每小题 4 分，共 20 分）

1. $f(x)=\dfrac{(x^2+x)(\ln|x|)\sin\frac{1}{x}}{x^2-1}$ 的可去间断点的个数是（　　）.

  A. 0　　　　B. 1　　　　C. 2　　　　D. 3

2. 已知 $f'(1)=2$，则 $\lim\limits_{x\to 0}\dfrac{f(1-x)-f(1+x)}{x}=$（　　）.

  A. 2　　　　B. -2　　　　C. 4　　　　D. -4

3. 设 $f(x)$ 在 (a,b) 内连续. 若 $\lim\limits_{x\to a^+}f(x)$ 与 $\lim\limits_{x\to b^-}f(x)$ 存在（有限），则（　　）.

  A. $f(x)$ 在 $[a,b]$ 上一致连续

  B. $f(x)$ 在 (a,b) 上一致连续，但在 $[a,b]$ 上不一定一致连续

  C. $f(x)$ 在 (a,b) 上连续，但在 $[a,b]$ 上不一致连续

  D. $f(x)$ 在 $[a,b]$ 上可微

4. 级数 $\sum\limits_{n=k}^{+\infty}\left(1-\cos\dfrac{1}{n}\right)$ (k 为正整数)的敛散性是( ).

   A. 绝对收敛　　B. 条件收敛　　C. 发散　　D. 与 k 有关

5. 已知 $f(x)$ 二阶导数连续,且 $f(0)=0$,以及 $\lim\limits_{x\to 0}\dfrac{f(x)}{x^2}=1$,则曲线 $y=f(x)$ 在 $x=0$ 处的曲率 k 为( ).

   A. 0　　　B. 1　　　C. 2　　　D. 不存在

三、计算下列各题(每小题 5 分,共 30 分)

1. 求极限:$\lim\limits_{x\to 0}\left(\dfrac{\sin x}{x}\right)^{\frac{1}{1-\cos x}}$.

2. $y=\sin^2 x$,求 $y^{(2004)}$.

3. 求不定积分:$\displaystyle\int \dfrac{\cos x}{\sin x+2\cos x}\mathrm{d}x$.

4. 判别积分 $\displaystyle\int_1^{+\infty}\left(\ln\left(1+\dfrac{1}{x}\right)-\dfrac{1}{1+x}\right)\mathrm{d}x$ 的收敛性.

5. 设 $\begin{cases}x=\displaystyle\int_1^{t^2}u\ln u\,\mathrm{d}u,\\ y=\displaystyle\int_{t^2}^1 u^2\ln u\,\mathrm{d}u,\end{cases}$ $t>1$,求 $\dfrac{\mathrm{d}^2 y}{\mathrm{d}x^2}$.

6. 如果 $f(x)$ 在 $[a,b]$ 上有连续导数,$f(a)=f(b)=0$,并且 $\displaystyle\int_a^b f^2(x)\mathrm{d}x=2$,求积分 $\displaystyle\int_a^b xf(x)f'(x)\mathrm{d}x$ 的值.

四、(8 分)曲线 $y=f(x)$ 由方程 $9x^2+16y^2=25$ 给出.

(1) 求所给曲线上点 $P(a,b)$ 处的切线方程.

(2) 在所给曲线位于第一象限的那部分上求一点,使其切线与坐标轴所围成的面积最小.

五、(7 分)平面图形 D 由曲线 $xy=1$,$x=y$ 及 $x=2$ 所围,求 D 绕 x 轴旋转所成的立体体积 V.

六、(8 分)设函数 $f(x)$ 在 $[a,b]$ 上连续,$f(x)>0$,又

$$F(x)=\int_a^x f(t)\mathrm{d}t+\int_b^x \dfrac{1}{f(t)}\mathrm{d}t,$$

证明:

(1) $F'(x) \geqslant 2$;

(2) $F(x) = 0$ 在 $[a,b]$ 中有且仅有一个实根.

七、(7分) 设 $f(x)$ 在 $[0,2]$ 上连续,且在 $(0,2)$ 内可导. 如果有
$$\int_{\frac{3}{2}}^{2} f(x)\mathrm{d}x = \frac{f(c)}{2},$$
其中 $c \in [0,1]$,证明:存在 $\xi \in (0,2)$,使得 $f'(\xi) = 0$.

2003—2004 年第一学期高等数学 (216 学时) 试题 A 卷答案

一、1. 2; 2. 1; 3. $\frac{1}{x}$; 4. 2π; 5. $(-\infty, 0) \cup (0, +\infty)$.

二、1. C; 2. D; 3. B; 4. A; 5. C.

三、1. $\lim\limits_{x \to 0} \left(\frac{\sin x}{x}\right)^{\frac{1}{1-\cos x}} = \lim\limits_{x \to 0} \left(\frac{\sin x - x}{x} + 1\right)^{\frac{1}{1-\cos x} \cdot \frac{\sin x - x}{x} \cdot \frac{x}{\sin x - x}}$

$\qquad = \lim\limits_{x \to 0} \left(\frac{\sin x - x}{x} + 1\right)^{\frac{x}{\sin x - x} \cdot \frac{\sin x - x}{x} \cdot \frac{2}{x^2}}$

$\qquad = e^{-\frac{1}{3}}.$

2. $y^{(2004)} = (\sin^2 x)^{(2004)} = (\sin 2x)^{(2003)} = 2^{2003} \sin\left(2x + \frac{2003\pi}{2}\right)$

$\qquad = -2^{2003} \cos 2x.$

3. 方法 1

$\int \frac{\cos x}{\sin x + 2\cos x} \mathrm{d}x = \int \frac{1}{2 + \tan x} \mathrm{d}x = \int \frac{1}{t + 2} \mathrm{d}\arctan t$

$\qquad = \int \frac{1}{t+2} \cdot \frac{1}{t^2 + 1} \mathrm{d}t = \frac{1}{5} \int \left(\frac{1}{t+2} - \frac{t-2}{t^2+1}\right) \mathrm{d}t$

$\qquad = \frac{1}{5}\left(2\arctan t - \frac{1}{2}\ln(t^2 + 1) + \ln|t+2|\right) + C$

$\qquad = \frac{1}{5}\left(2x - \frac{1}{2}\ln(\tan^2 x + 1) + \ln(\tan x + 2)\right) + C.$

方法 2

$$\int \frac{\cos x}{\sin x + 2\cos x}\mathrm{d}x = \frac{2}{5}\int \frac{\sin x + 2\cos x}{\sin x + 2\cos x}\mathrm{d}x + \frac{1}{5}\int \frac{\cos x - 2\sin x}{\sin x + 2\cos x}\mathrm{d}x$$
$$= \frac{2}{5} + \frac{1}{5}\ln|\sin x + 2\cos x| + C.$$

4. 对 $x \in [1, +\infty)$，有
$$0 \leqslant \ln\left(1 + \frac{1}{x}\right) - \frac{1}{1+x} \leqslant \frac{1}{x} - \frac{1}{x+1} = \frac{1}{x(x+1)} \leqslant \frac{1}{x^2}.$$
由 $\int_1^{+\infty} \frac{1}{x^2}\mathrm{d}x$ 收敛，可知 $\int_1^{+\infty} \left(\ln\left(1 + \frac{1}{x}\right) - \frac{1}{1+x}\right)\mathrm{d}x$ 收敛.

5. $\frac{\mathrm{d}y}{\mathrm{d}t} = -t^4 \ln t^2 \cdot 2t$, $\frac{\mathrm{d}x}{\mathrm{d}t} = t^2 \ln t^2 \cdot 2t$, 故 $\frac{\mathrm{d}y}{\mathrm{d}x} = -t^2$. 从而
$$\frac{\mathrm{d}^2 y}{\mathrm{d}x^2} = \frac{\mathrm{d}(-t^2)}{\mathrm{d}x} = -2t \cdot \frac{\mathrm{d}t}{\mathrm{d}x} = -2t \cdot \frac{1}{4t^3 \ln t} = -\frac{1}{2t^2 \ln t}.$$

6. 用分部积分法可知，
$$\int_a^b xf(x)f'(x)\mathrm{d}x = \int_a^b xf(x)\mathrm{d}(f(x)) = \frac{1}{2}\int_a^b x\mathrm{d}(f^2(x))$$
$$= \frac{x}{2}f^2(x)\Big|_a^b - \frac{1}{2}\int_a^b f^2(x)\mathrm{d}x$$
$$= \frac{b}{2}f^2(b) - \frac{a}{2}f^2(a) - \frac{1}{2} \cdot 2$$
$$= -1.$$

四、解 (1) 可求得切线方程为 $16by + 9ax = 25$ 或
$$\frac{x}{\frac{25}{9a}} + \frac{y}{\frac{25}{16b}} = 1.$$

(2) 过 $P(a,b)$ 的切线与坐标轴所围成的面积为 $S = \frac{25^2}{2 \times 16 \times 9} \frac{1}{ab}$. 记
$$A = \frac{2 \times 16 \times 9}{25^2 \times 4}, \quad F = \frac{1}{S} = Aab = Aa\sqrt{25 - 9a^2}.$$

令 $\frac{\mathrm{d}F}{\mathrm{d}a} = 0$, 则
$$\frac{\mathrm{d}F}{\mathrm{d}a} = A\left(\sqrt{25 - 9a^2} - \frac{9a^2}{\sqrt{25 - 9a^2}}\right) = \frac{A(25 - 18a^2)}{\sqrt{25 - 9a^2}} = 0,$$

得 $a = \frac{5\sqrt{2}}{6}$, $b = \frac{5\sqrt{2}}{8}$, 即 $P\left(\frac{5\sqrt{2}}{6}, \frac{5\sqrt{2}}{8}\right)$ 为所求.

或 $S = \frac{25^2}{2 \times 16 \times 9} \frac{1}{ab}$, 其中 $a = \frac{5}{3}\cos\theta$, $b = \frac{5}{4}\sin\theta$, 则

$$\frac{1}{ab} = \frac{12}{25\sin\theta\cos\theta} = \frac{24}{25\sin 2\theta},$$

即 $\theta = \frac{\pi}{4}$ 时，有最小值 $S = \frac{25}{12}$，此时 $P\left(\frac{5\sqrt{2}}{6}, \frac{5\sqrt{2}}{8}\right)$ 为所求.

五、解 $V = \pi\int_1^2 \left(x^2 - \frac{1}{x^2}\right)\mathrm{d}x = \frac{11}{6}\pi.$

六、证 (1) 因为 $f(x)$ 在 $[a,b]$ 上连续，所以 $F(x)$ 在 $[a,b]$ 上可微，且
$$F'(x) = f(x) + \frac{1}{f(x)} \geq 2\sqrt{f(x) \cdot \frac{1}{f(x)}} = 2.$$

(2) 由(1)可知 $F'(x) \geq 2 > 0$，所以 $F(x)$ 在 $[a,b]$ 上单调递增. 又对一切 $x \in [a,b]$，$f(x) > 0$，所以
$$F(a) = \int_b^a \frac{1}{f(t)}\mathrm{d}t = -\int_a^b \frac{1}{f(t)}\mathrm{d}t < 0,$$
$$F(b) = \int_a^b f(t)\mathrm{d}t > 0.$$
由零点定理及 $F(x)$ 的单调性可知，$F(x) = 0$ 在 $[a,b]$ 中有且仅有一个实根.

七、证 因为 $f(x)$ 在 $[0,2]$ 上连续，由积分中值定理知，存在 $\eta \in \left[\frac{3}{2}, 2\right]$，使得
$$\frac{f(c)}{2} = f(\eta)\left(2 - \frac{3}{2}\right) = \frac{f(\eta)}{2},$$
即 $f(c) = f(\eta)$. 故存在 $[c,\eta] \subset [0,2]$，使 $f(x)$ 在 $[c,\eta] \subset [0,2]$ 上连续，在 $(c,\eta) \subset (0,2)$ 内可导. 由罗尔定理知，存在 $\xi \in (c,\eta) \subset (0,2)$，使得 $f'(\xi) = 0$.

2003—2004 年第一学期
高等数学（216 学时）试题 B 卷

一、填空题（每小题 4 分，共 20 分）

1. 设 $f(x)=\begin{cases}2x+a, & x\leqslant 0,\\ e^x(\sin x+\cos x), & x>0\end{cases}$ 在 $(-\infty,+\infty)$ 内连续，则 $a=$ _____.

2. 极限 $\lim\limits_{x\to 1}\dfrac{x^x-1}{x\ln x}=$ _____.

3. 星形线 $x=2\cos^3\theta$，$y=2\sin^3\theta$ 在点 $\left(\dfrac{\sqrt{2}}{2},\dfrac{\sqrt{2}}{2}\right)$ 处的曲率半径为 _____.

4. 曲线 $y=x\ln\left(e+\dfrac{1}{x}\right)$ $(x>0)$ 的渐近线方程为 _____.

5. 设 $\sum\limits_{n=1}^{\infty}a_nx^n$ 的收敛半径为 3，则 $\sum\limits_{n=1}^{\infty}na_n(x-1)^{n+1}$ 的收敛半径 $R=$ _____.

二、选择题（每小题 4 分，共 20 分）

1. 设 $f(x)$ 和 $\varphi(x)$ 在 $(-\infty,+\infty)$ 内有定义，$f(x)$ 为连续函数，且 $f(x)\neq 0$，$\varphi(x)$ 有间断点，则（   ）.

   A. $\varphi(f(x))$ 必有间断点　　　B. $(\varphi(x))^2$ 必有间断点

   C. $f(\varphi(x))$ 必有间断点　　　D. $\dfrac{\varphi(x)}{f(x)}$ 必有间断点

2. 设 $f(x)$ 为可导函数且满足 $\lim\limits_{x\to 0}\dfrac{f(1)-f(1-x)}{2x}=-1$，则过曲线 $y=f(x)$ 上点 $(1,f(1))$ 处的切线斜率为（   ）.

   A. 2　　　　B. -1　　　　C. 1　　　　D. -2

3. 设 $I_1=\int_0^{\frac{\pi}{4}}\dfrac{\tan x}{x}\mathrm{d}x$，$I_2=\int_0^{\frac{\pi}{4}}\dfrac{x}{\tan x}\mathrm{d}x$，则（   ）.

A. $I_1 > I_2 > 1$ B. $1 > I_1 > I_2$
C. $I_2 > I_1 > 1$ D. $1 > I_2 > I_1$

4. 对于常数 $k > 0$, 级数 $\sum_{n=1}^{\infty} (-1)^{n-1} \tan\left(\frac{1}{n} + \frac{k}{n^2}\right)$ (   ).

A. 绝对收敛 B. 条件收敛
C. 发散 D. 收敛性与 k 的取值相关

5. 设函数 $f(x)$ 有任意阶导数且 $f'(x) = f^2(x)$, 则 $f^{(n)}(x) = ($ $)$ $(n > 2)$.

A. $n! f^{n+1}(x)$ B. $n f^{n+1}(x)$
C. $f^{2n}(x)$ D. $n! f^{2n}(x)$

三、计算下列各题(每小题6分, 共36分)

1. 求极限: $\lim\limits_{x \to 0} \dfrac{\arctan x - x}{\ln(1 + 2x^3)}$.

2. 设 $y = \dfrac{1-x}{1+x}$, 求 $y^{(n)}$.

3. 计算积分 $\displaystyle\int \dfrac{x \sin x}{\cos^5 x} dx$.

4. 对广义积分 $\displaystyle\int_2^{+\infty} \dfrac{dx}{x(\ln x)^k}$, 问:

(1) 当 k 为何值时, 该积分收敛或发散?

(2) 在收敛的情况下, k 取何值时, 该积分取最小值?

5. 设函数 $y = y(x)$ 由参数方程 $\begin{cases} x = t^3 + 9t \\ y = t^2 - 2t \end{cases}$ 确定, 求曲线 $y = y(x)$ 的下凸区间.

6. 设 $p(x)$ 是一个多项式, 且方程 $p'(x) = 0$ 没有实零点. 试证明: 方程 $p(x) = 0$ 既无相异实根, 也无重实根.

四、(8分) 设 $f''(1)$ 存在, 且 $\lim\limits_{x \to 1} \dfrac{f(x)}{x-1} = 0$. 记

$$\varphi(x) = \int_0^1 f'(1 + (x-1)t) dt.$$

求 $\varphi(x)$ 在 $x = 1$ 的某个邻域内的导数, 并讨论 $\varphi'(x)$ 在 $x = 1$ 处的连续性.

五、(8分) 求曲线 $y = \ln x$ $(2 \leqslant x \leqslant 6)$ 的一条切线, 使得该切线与直线 $x = 2$, $x = 6$ 及曲线 $y = \ln x$ 所围成的图形面积 A 为最小.

六、(8 分) 设 $f(x)$ 在 $[0,1]$ 上有二阶连续导数，证明：
$$\int_0^1 f(x)\,dx = \frac{1}{2}(f(0)+f(1)) - \frac{1}{2}\int_0^1 x(1-x)f''(x)\,dx.$$

2003—2004 年第一学期高等数学 (216 学时) 试题 B 卷答案

一、1. 1; 2. 1; 3. 3; 4. $y = x + \dfrac{1}{e}$; 5. 3.

二、1. D; 2. D; 3. B; 4. B; 5. A.

三、1. $\lim\limits_{x\to 0}\dfrac{\arctan x - x}{\ln(1+2x^3)} = \lim\limits_{x\to 0}\dfrac{\arctan x - x}{2x^3} = \lim\limits_{x\to 0}\dfrac{\dfrac{1}{1+x^2}-1}{6x^2} = -\dfrac{1}{6}.$

2. 由 $y = \dfrac{1-x}{1+x}$, 得
$$y' = \dfrac{-2}{(1+x)^2}, \quad y'' = \dfrac{2\cdot 2}{(1+x)^3}, \quad y''' = \dfrac{(-1)^3\cdot 2\cdot 3!}{(1+x)^{3+1}},$$

递推可得 $y^{(n)} = \dfrac{(-1)^n\cdot 2\cdot n!}{(1+x)^{n+1}}.$

3. $\displaystyle\int \dfrac{x\sin x}{\cos^5 x}\,dx = \dfrac{1}{4}\int x\,d\left(\dfrac{1}{\cos^4 x}\right) = \dfrac{1}{4}\left(\dfrac{x}{\cos^4 x} - \int\dfrac{dx}{\cos^4 x}\right)$

$\qquad = \dfrac{x}{4\cos^4 x} - \dfrac{1}{4}\int(\tan^2 x + 1)\,d\tan x$

$\qquad = \dfrac{x}{4\cos^4 x} - \dfrac{1}{12}\tan^3 x - \dfrac{1}{4}\tan x + C.$

4. 原积分 $= \displaystyle\int_2^{+\infty}\dfrac{d\ln x}{(\ln x)^k} = \dfrac{(\ln x)^{1-k}}{1-k}\bigg|_2^{+\infty}.$

当 $k < 1$ 时，原积分 $= \lim\limits_{x\to\infty}\dfrac{(\ln x)^{1-k}}{1-k} - \dfrac{(\ln 2)^{1-k}}{1-k}$，积分发散.

当 $k = 1$ 时，原积分 $= (\ln\ln x)\big|_2^{+\infty} = \lim\limits_{x\to\infty}\ln\ln x - \ln\ln 2$，积分发散.

当 $k > 1$ 时，原积分 $= \lim\limits_{x\to\infty}\dfrac{1}{(1-k)(\ln x)^{k-1}} - \dfrac{1}{(1-k)(\ln 2)^{k-1}} = \dfrac{1}{(k-1)(\ln 2)^{k-1}}$，积分收敛.

令 $f(k) = \dfrac{1}{(k-1)(\ln 2)^{k-1}}$,则

$$f'(k) = \dfrac{-1}{(k-1)^2 (\ln 2)^{k-1}} - \dfrac{\ln\ln 2}{(k-1)(\ln 2)^{k-1}}$$

$$= \dfrac{-\ln\ln 2}{(k-1)^2 (\ln 2)^{k-1}} \left(\dfrac{1}{\ln\ln 2} + k - 1 \right),$$

$f(k)$ 有唯一驻点 $k = 1 - \dfrac{1}{\ln\ln 2}$. 易知在驻点附近,当 $k < 1 - \dfrac{1}{\ln\ln 2}$ 时,$f'(k) < 0$;当 $k > 1 - \dfrac{1}{\ln\ln 2}$ 时,$f'(k) > 0$. 可见,在驻点处 $f(k)$ 取极小值.

由于 $f(k)$ 的驻点唯一,则在 $k = 1 - \dfrac{1}{\ln\ln 2}$ 处,原积分收敛到最小值.

5. $\dfrac{\mathrm{d}y}{\mathrm{d}x} = \dfrac{\frac{\mathrm{d}y}{\mathrm{d}t}}{\frac{\mathrm{d}x}{\mathrm{d}t}} = \dfrac{2}{3} \dfrac{t-1}{t^2+3}$,

$$\dfrac{\mathrm{d}^2 y}{\mathrm{d}x^2} = \left(\dfrac{\mathrm{d}y}{\mathrm{d}x} \right)'_t \dfrac{\mathrm{d}t}{\mathrm{d}x} = \left(\dfrac{2}{3} \cdot \dfrac{t-1}{t^2+3} \right)'_t \dfrac{1}{x'_t}$$

$$= \dfrac{2}{3} \cdot \dfrac{-t^2+2t+3}{(t^2+3)^2} \cdot \dfrac{1}{3t^2+9} = \dfrac{2}{9} \cdot \dfrac{(3-t)(1+t)}{(t^2+3)^3}.$$

当 $\dfrac{\mathrm{d}^2 y}{\mathrm{d}x^2} > 0$ 时曲线下凸,得 $-1 < t < 3$;注意到 $x = t^3 + 9t$ 单调升,即 $x \in (-10, 54)$ 时,曲线下凸.

6. 设 $p(x)$ 有两个实根 x_1, x_2,且 $x_1 < x_2$. 可以验证:$p(x)$ 在 $[x_1, x_2]$ 上满足罗尔定理条件,从而存在 $\xi \in (a, b)$,使得 $p'(\xi) = 0$. 这与条件矛盾. 设 $p(x)$ 有一个重根 x_0,则

$$p(x) = (x - x_0)^k p_1(x),$$

其中 $p_1(x)$ 为一多项式,$k \geqslant 2$. 因为

$$p'(x) = k(x - x_0)^{k-1} p_1(x) + (x - x_0)^k p_1'(x),$$

则 $p'(x_0) = 0$,也矛盾,故结论成立.

四、解 由 $\lim\limits_{x \to 1} \dfrac{f(x)}{x-1} = 0$ 可得 $f(1) = 0$,$f'(1) = 0$. 故

$$\varphi(x) = \int_0^{x-1} \dfrac{1}{x-1} f'(1+u) \mathrm{d}u = \dfrac{f(x) - f(1)}{x-1} = \dfrac{f(x)}{x-1}, \quad x \neq 1.$$

易知 $\varphi(1) = 0$,$\varphi'(x) = \dfrac{f'(x)}{x-1} - \dfrac{f(x)}{(x-1)^2}$ $(x \neq 1)$,于是

$$\varphi'(1) = \lim_{x \to 1} \frac{\varphi(x) - \varphi(1)}{x - 1} = \lim_{x \to 1} \frac{\varphi(x)}{x - 1} = \lim_{x \to 1} \frac{f(x)}{(x-1)^2}$$
$$= \lim_{x \to 1} \frac{f'(x)}{2(x-1)} = \frac{1}{2} f''(1),$$
$$\lim_{x \to 1} \varphi'(x) = f''(1) - \frac{1}{2} f''(1) = \frac{1}{2} f''(1).$$

故 $\varphi'(x)$ 在 $x = 1$ 处连续.

五、解 设 $(\xi, \ln \xi)$ 为曲线 $y = \ln x$ 上任意一点,则此点处的切线方程为
$$y = \frac{1}{\xi}(x - \xi) + \ln \xi = \frac{x}{\xi} + \ln \xi - 1.$$

于是所求面积为
$$A = \int_2^6 \left(\frac{x}{\xi} + \ln \xi - 1 - \ln x \right) \mathrm{d}x = \left(\frac{x^2}{\xi} + x \ln \xi - x \ln x \right) \Big|_2^6$$
$$= 4 \left(\ln \xi + \frac{4}{\xi} \right) + 2 \ln 2 - 6 \ln 6.$$

令 $\dfrac{\mathrm{d}A}{\mathrm{d}\xi} = 4 \left(\dfrac{1}{\xi} - \dfrac{4}{\xi^2} \right) = 0$, 得 $\xi = 4$. 又当 $\xi < 4$ 时 $\dfrac{\mathrm{d}A}{\mathrm{d}\xi} < 0$, 当 $\xi > 4$ 时 $\dfrac{\mathrm{d}A}{\mathrm{d}\xi} > 0$, 故 $\xi = 4$ 时, A 取得极小值, 也是最小值. 从而得到所求的切线方程为
$$y = \ln 4 + \frac{1}{4}(x - 4).$$

六、证 $\displaystyle\int_0^1 x(1-x) f''(x) \mathrm{d}x = x(1-x) f'(x) \Big|_0^1 - \int_0^1 (1 - 2x) f'(x) \mathrm{d}x$
$$= \int_0^1 (2x - 1) f'(x) \mathrm{d}x$$
$$= \int_0^1 (2x - 1) \mathrm{d}f(x)$$
$$= (2x - 1) f(x) \Big|_0^1 - \int_0^1 2 f(x) \mathrm{d}x$$
$$= f(1) + f(0) - \int_0^1 2 f(x) \mathrm{d}x,$$

即
$$\int_0^1 f(x) \mathrm{d}x = \frac{1}{2}(f(0) + f(1)) - \frac{1}{2} \int_0^1 x(1-x) f''(x) \mathrm{d}x.$$

2004—2005年第一学期
高等数学（216学时）试题 A 卷

一、填空题（每小题5分，共20分）

1. 设
$$f(x)=\begin{cases} \dfrac{a(1-\cos x)}{x^2}, & x>0, \\ 4, & x=0, \\ \dfrac{b\sin x+\int_0^x e^t\,dt}{x}, & x<0 \end{cases}$$

连续，则常数 $a=\underline{\qquad}$，$b=\underline{\qquad}$.

2. 设 $\sum\limits_{n=1}^{\infty} a_n x^n$ 的收敛半径为3，则 $\sum\limits_{n=1}^{\infty} n a_n (x-1)^{n+1}$ 的收敛半径 $R=\underline{\qquad}$.

3. 已知 $f(x)=x(1-x)(2-x)\cdots(2005-x)$，则 $f'(0)=\underline{\qquad}$.

4. 级数 $\sum\limits_{n=1}^{\infty}\dfrac{1}{n\cdot 2^n}$ 的和 $S=\underline{\qquad}$.

二、选择题（每小题4分，共16分）

1. 函数 $f(x)=(x^2-x-2)|x^3-x|$ 不可导点的个数是（　　）.
A. 0　　　B. 1　　　C. 2　　　D. 3

2. 设周期函数 $f(x)$ 在 $(-\infty,+\infty)$ 内可导，其周期为4，且
$$\lim_{x\to 0}\frac{f(1)-f(1-x)}{2x}=-1,$$

则曲线 $y=f(x)$ 在点 $(5,f(5))$ 处的切线的斜率为（　　）.
A. 2　　　B. -2　　　C. 1　　　D. -1

3. 对于常数 $k>0$，级数 $\sum\limits_{n=1}^{\infty}(-1)^{n-1}\tan\left(\dfrac{1}{n}+\dfrac{k}{n^2}\right)$（　　）.

A. 绝对收敛　　　　　　B. 条件收敛
C. 发散　　　　　　　　D. 收敛性与 k 的取值相关

4. $\lim\limits_{x \to a} \dfrac{f(x)-f(a)}{(x-a)^2} = -1$，则在点 $x=a$ 处（   ）．

A. $f(x)$ 的导数存在，且 $f'(a) \neq 0$

B. $f(x)$ 取得极大值

C. $f(x)$ 取得极小值

D. $f(x)$ 的导数不存在

三、计算下列各题（每小题 6 分，共 36 分）

1. 求极限：$\lim\limits_{x \to 0} \dfrac{\arctan x - x}{\ln(1+2x^3)}$．

2. 设 $y = \tan 2x + 2^{\sin x}$，求 $\mathrm{d}y \big|_{x=\frac{\pi}{2}}$．

3. 设函数 $y = y(x)$ 由方程 $e^y + 6xy + x^2 - 1 = 0$ 确定，求 $y'(0)$．

4. 已知 $f(x) = \dfrac{e^x + e^{-x}}{2}$，计算不定积分：$\displaystyle\int \left(\dfrac{f'(x)}{f(x)} + \dfrac{f(x)}{f'(x)} \right) \mathrm{d}x$．

5. 设函数 $y = y(x)$ 由参数方程
$$\begin{cases} x = t^3 + 9t, \\ y = t^2 - 2t \end{cases}$$
确定，求曲线 $y = y(x)$ 的下凸区间．

6. 计算定积分：$\displaystyle\int_1^4 \dfrac{\ln x}{\sqrt{x}} \mathrm{d}x$．

四、(5 分) 设广义积分 $\displaystyle\int_1^{+\infty} f^2(x) \mathrm{d}x$ 收敛，证明：广义积分 $\displaystyle\int_1^{+\infty} \dfrac{f(x)}{x} \mathrm{d}x$ 绝对收敛．

五、(6 分) 求曲线 $y = \ln x$ $(2 \leqslant x \leqslant 6)$ 的一条切线，使得该切线与直线 $x=2$，$x=6$ 及曲线 $y = \ln x$ 所围成的图形面积 A 为最小．

六、(6 分) 将曲线 $y = \dfrac{\sqrt{x}}{1+x^2}$ 绕 x 轴旋转得一旋转体，它在点 $x=0$ 与 $x=\xi$ $(\xi > 0)$ 之间的体积记作 $V(\xi)$．问 a 等于何值时，能使 $V(a) = \dfrac{1}{2} \lim\limits_{\xi \to +\infty} V(\xi)$？

七、(5 分) 设 $0 < a < 1$，证明：$f(x) = \sin \dfrac{1}{x}$ 在 $(a, 1)$ 内一致连续．

八、(6分) 设 $f(x)$ 在区间 $[-1,0]$ 上二次可导，且 $f(-1)=0$，又 $g(x)=(\sin\pi(x+1))f(x)$，证明：在区间 $(-1,0)$ 内至少存在一点 c，使得 $g''(c)=0$.

2004—2005 年第一学期高等数学（216 学时）试题 A 卷答案

一、1. $a=8, b=3$;　　2. $R=3$;　　3. $2005!$;　　4. $\ln 2$.

二、1. C;　　2. B;　　3. B;　　4. B.

三、1. $\lim\limits_{x\to 0}\dfrac{\arctan x-x}{\ln(1+2x^3)}=\lim\limits_{x\to 0}\dfrac{\arctan x-x}{2x^3}=\lim\limits_{x\to 0}\dfrac{\dfrac{1}{1+x^2}-1}{6x^2}=-\dfrac{1}{6}$.

2. 由 $y'=\dfrac{2}{\cos^2 2x}+\cos x\cdot 2^{\sin x}\ln 2$，得

$$\mathrm{d}y\Big|_{x=\frac{\pi}{2}}=\left(\dfrac{2}{\cos^2\pi}+\cos\dfrac{\pi}{2}\cdot 2^{\sin\frac{\pi}{2}}\ln 2\right)\mathrm{d}x=2\mathrm{d}x.$$

3. 当 $x=0$ 时 $y=0$，又 $\mathrm{e}^y y'+6y+6xy'+2x=0$，故 $y'(0)=0$.

4. 注意到 $f(x)=f''(x)$，则

$$原积分=\int\left(\dfrac{f'(x)}{f(x)}+\dfrac{f''(x)}{f'(x)}\right)\mathrm{d}x=\int\mathrm{d}(\ln f(x)+\ln f'(x))$$

$$=\ln f(x)f'(x)+C=\ln\dfrac{\mathrm{e}^{2x}-\mathrm{e}^{-2x}}{4}+C.$$

5. $\dfrac{\mathrm{d}y}{\mathrm{d}x}=\dfrac{\frac{\mathrm{d}y}{\mathrm{d}t}}{\frac{\mathrm{d}x}{\mathrm{d}t}}=\dfrac{2}{3}\cdot\dfrac{t-1}{t^2+3}$,

$$\dfrac{\mathrm{d}^2 y}{\mathrm{d}x^2}=\left(\dfrac{\mathrm{d}y}{\mathrm{d}x}\right)'_t\cdot\dfrac{\mathrm{d}t}{\mathrm{d}x}=\left(\dfrac{2}{3}\cdot\dfrac{t-1}{t^2+3}\right)'_t\dfrac{1}{x'_t}$$

$$=\dfrac{2}{3}\cdot\dfrac{-t^2+2t+3}{(t^2+3)^2}\cdot\dfrac{1}{3t^2+9}=\dfrac{2}{9}\cdot\dfrac{(3-t)(1+t)}{(t^2+3)^3}.$$

当 $\dfrac{\mathrm{d}^2 y}{\mathrm{d}x^2}>0$ 时曲线下凸，此时 $-1<t<3$；注意到 $x=t^3+9t$ 单调增，故 $x\in(-10,54)$ 时，曲线下凸.

6. 令 $\sqrt{x} = t$. 当 $x = 1$ 时, $t = 1$; 当 $x = 4$ 时, $t = 2$. 则

$$原式 = \int_1^2 \frac{2\ln t}{t} \cdot 2t\,dt = \int_1^2 4\ln t\,dt = 4(t\ln t - t)\Big|_1^2$$
$$= 4(2\ln 2 - 1).$$

四、证 由于

$$0 \leqslant \left|\frac{f(x)}{x}\right| = |f(x)|\frac{1}{x} \leqslant \frac{1}{2}\left(f^2(x) + \frac{1}{x^2}\right) \quad (x \geqslant 1 > 0),$$

而由 $\int_1^{+\infty} \frac{1}{x^2}dx$, $\int_1^{+\infty} f^2(x)dx$ 收敛, 知 $\frac{1}{2}\int_1^{+\infty}\left(f^2(x) + \frac{1}{x^2}\right)dx$ 也收敛, 故根据比较判别法, 可得广义积分 $\int_1^{+\infty} \frac{f(x)}{x}dx$ 绝对收敛.

五、解 设 $(\xi, \ln\xi)$ 为曲线 $y = \ln x$ 上任意一点, 则此点处的切线方程为

$$y = \frac{1}{\xi}(x - \xi) + \ln\xi = \frac{x}{\xi} + \ln\xi - 1.$$

于是所求面积为

$$A = \int_2^6\left(\frac{x}{\xi} + \ln\xi - 1 - \ln x\right)dx = \left(\frac{x^2}{2\xi} + x\ln\xi - x\ln x\right)\Big|_2^6$$
$$= 4\left(\ln\xi + \frac{4}{\xi}\right) + 2\ln 2 - 6\ln 6.$$

令 $\frac{dA}{d\xi} = 4\left(\frac{1}{\xi} - \frac{4}{\xi^2}\right) = 0$, 得 $\xi = 4$. 当 $\xi < 4$ 时 $\frac{dA}{d\xi} < 0$, 当 $\xi > 4$ 时 $\frac{dA}{d\xi} > 0$, 故 $\xi = 4$ 时, A 取得极小值, 也是最小值. 从而得到所求的切线方程为

$$y = \frac{1}{4}x + \ln 4 - 1.$$

六、解 因为

$$V(\xi) = \int_0^\xi \pi y^2\,dy = \pi\int_0^\xi \frac{x}{(1+x^2)^2}dx = -\frac{\pi}{2}\frac{1}{1+x^2}\Big|_0^\xi$$
$$= \frac{\pi}{2} - \frac{\pi}{2}\frac{1}{1+\xi^2},$$

所以 $\lim\limits_{\xi \to +\infty} V(\xi) = \frac{\pi}{2}$. 从而

$$V(a) = \frac{\pi}{2} - \frac{\pi}{2} \cdot \frac{1}{1+a^2} = \frac{\pi}{4}.$$

由此可得 $1 + a^2 = 2$, 所以 $a = 1$ 或 $a = -1$ (舍去). 故 $a = 1$.

七、证 $\forall \varepsilon > 0$,取 $\delta = a^2 \varepsilon$,则当 $x_1, x_2 \in (a,1)$,且 $|x_1 - x_2| < \delta$ 时,有

$$|f(x_1) - f(x_2)| = \left|\sin\frac{1}{x_1} - \sin\frac{1}{x_2}\right|$$

$$= \left|2\cos\frac{1}{2}\left(\frac{1}{x_1} + \frac{1}{x_2}\right)\sin\frac{1}{2}\left(\frac{1}{x_1} - \frac{1}{x_2}\right)\right|$$

$$\leqslant 2\left|\sin\frac{1}{2}\left(\frac{1}{x_1} - \frac{1}{x_2}\right)\right| \leqslant \left|\frac{1}{x_1} - \frac{1}{x_2}\right|$$

$$= \frac{|x_2 - x_1|}{x_1 x_2} < \frac{1}{a^2}|x_2 - x_1|$$

$$< \frac{1}{a^2}\delta = \varepsilon,$$

所以 $f(x) = \sin\frac{1}{x}$ 在 $(a,1)$ 内一致连续.

八、证 由题设知 $g(x)$ 在 $[-1,0]$ 上连续,在区间 $(-1,0)$ 内可导,且

$$g(-1) = g(0) = 0,$$

于是由罗尔定理知,在 $(-1,0)$ 内至少存在一点 ξ,使得

$$g'(\xi) = 0 \quad (-1 < \xi < 0).$$

又在区间 $[-1,0]$ 上函数 $g(x)$ 的导数为

$$g'(x) = \pi f(x)\cos\pi(x+1) + f'(x)\sin\pi(x+1),$$

由题设知,$g'(x)$ 在 $[-1,\xi]$ 上连续,在区间 $(-1,\xi)$ 内可导,且

$$g'(-1) = g'(\xi) = 0,$$

故由罗尔定理知,在 $(-1,\xi)$ 内至少存在一点 c,使得 $g''(c) = 0$.

2004—2005年第一学期
高等数学（216学时）试题 B 卷

一、填空题（每小题5分，共20分）

1. $\lim\limits_{x \to 1} \dfrac{\sin(1-x)}{(x-1)(x+2)} = $ _____ .

2. 设 $f'(x_0) = -2$，则 $\lim\limits_{h \to 0} \dfrac{f(x_0-h) - f(x_0+h)}{h} = $ _____ .

3. 幂级数 $\sum\limits_{n=1}^{\infty} \dfrac{1}{n \cdot 2^n}(x-1)^n$ 的收敛域为 _____ .

4. $\dfrac{\mathrm{d}}{\mathrm{d}x} \int_0^{x^2} \dfrac{\sin t}{1+\cos^2 t} \mathrm{d}t = $ _____ .

二、选择题（每小题4分，共16分）

1. $x = 2$ 是函数 $f(x) = \arctan \dfrac{1}{2-x}$ 的（　　）.

   A. 连续点　　　　　　　　B. 可去间断点
   C. 第一类不可去间断点　　D. 第二类间断点

2. 设 $f(x) = \begin{cases} \dfrac{1-\cos x}{\sqrt{x}}, & x > 0, \\ x^2 g(x), & x \leqslant 0, \end{cases}$ 其中 $g(x)$ 是有界函数，则 $f(x)$ 在 $x = 0$ 处（　　）.

   A. 极限不存在　　　　　　B. 极限存在，但不连续
   C. 连续，但不可导　　　　D. 可导

3. 在区间 (a,b) 内，$f(x)$ 的一阶导数 $f'(x) > 0$，二阶导数 $f''(x) < 0$，则 $f(x)$ 在区间 (a,b) 内是（　　）.

   A. 单增且凸　　B. 单减且凸　　C. 单增且凹　　D. 单减且凹

4. 下列命题中正确的是（　　）.

   A. $f''(x_0) = 0$，则 $(x_0, f(x_0))$ 一定是曲线 $y = f(x)$ 的拐点
   B. 若 $f'(x_0) = 0$，则 $f(x)$ 在 x_0 处一定取极值
   C. $f(x)$ 可导，且在 $x = x_0$ 上取得极值，则 $f'(x_0) = 0$

D. $f(x)$ 在 $[a,b]$ 上取得最大值，则该最大值一定是 $f(x)$ 在 (a,b) 内的极大值

三、试解下列各题（每小题 6 分，共 36 分）

1. 求 $\lim\limits_{x \to 0} \dfrac{1}{x}\left(\cot x - \dfrac{1}{x}\right)$.

2. $y = x\arctan x - \ln\sqrt{1+x^2}$，求 $\mathrm{d}y$.

3. $\begin{cases} x = \cos t^2, \\ y = t\cos t^2 - \displaystyle\int_1^{t^2} \dfrac{1}{2\sqrt{u}}\cos u\, \mathrm{d}u \end{cases}$ $(t > 0)$，求 $\dfrac{\mathrm{d}y}{\mathrm{d}x}, \dfrac{\mathrm{d}^2 y}{\mathrm{d}x^2}$.

4. 求 $\displaystyle\int_{-\frac{\pi}{4}}^{\frac{\pi}{4}} \dfrac{\sin^2 x}{1+\mathrm{e}^{-x}}\, \mathrm{d}x$.

5. 求 $\displaystyle\int_0^1 \arctan(1+\sqrt{x})\, \mathrm{d}x$.

6. 设级数 $\displaystyle\sum_{n=2}^{\infty} |u_n - u_{n-1}|$ 收敛，且正项级数 $\displaystyle\sum_{n=1}^{\infty} v_n$ 收敛，证明：级数 $\displaystyle\sum_{n=1}^{\infty} u_n v_n^2$ 收敛.

四、(5 分) 举例说明：广义积分 $\displaystyle\int_a^b f(x)\,\mathrm{d}x$ 收敛时，广义积分 $\displaystyle\int_a^b f^2(x)\,\mathrm{d}x$ 不一定收敛.

五、(6 分) 证明：当 $x > 0$ 时，$\mathrm{e}^x - 1 < x\mathrm{e}^x$.

六、(6 分) 设函数 $f(x)$ 在 $[-1,1]$ 上三阶可导，且 $f(-1) = 0, f(0) = 0, f(1) = 1, f'(0) = 0$. 证明：存在某个 $\eta \in (-1,1)$，使 $f'''(\eta) \geq 3$.

七、(5 分) 证明：$f(x) = \sin x$ 在 $(-\infty, +\infty)$ 上一致连续.

八、(6 分) 如图所示，在 $[0,1]$ 上给定函数 $y = x^2$，问 t 为何值时，面积 S_1 与 S_2 之和最小？何时最大？

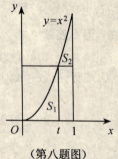

(第八题图)

2004—2005 年第一学期高等数学 (216 学时) 试题 B 卷答案

一、1. $-\dfrac{1}{3}$； 2. 4； 3. $[-1,3)$； 4. $\dfrac{2x\sin x^2}{1+\cos^2 x^2}$.

二、1. C； 2. D； 3. A； 4. C.

三、1. $\lim\limits_{x\to 0}\dfrac{1}{x}\left(\cot x-\dfrac{1}{x}\right)=\lim\limits_{x\to 0}\dfrac{x\cos x-\sin x}{x^2\sin x}=\lim\limits_{x\to 0}\dfrac{x\cos x-\sin x}{x^3}$
$=\lim\limits_{x\to 0}\dfrac{-\sin x}{3x}=-\dfrac{1}{3}$.

2. $dy=\left(\arctan x+\dfrac{x}{1+x^2}-\dfrac{x}{1+x^2}\right)dx=\arctan x\,dx$.

3. $dx=-2t\sin t^2\,dt$, $dy=(\cos t^2-2t^2\sin t^2-\cos t^2)dt=-2t^2\sin t^2\,dt$,
$\dfrac{dy}{dx}=\dfrac{2t^2\sin t^2}{2t\sin t^2}=t$, $d\dfrac{dy}{dx}=dt$, $\dfrac{d^2y}{dx^2}=-\dfrac{1}{2t\sin t^2}$.

4. 因 $\displaystyle\int_{-\frac{\pi}{4}}^{0}\dfrac{\sin^2 x}{1+e^{-x}}dx\xlongequal{x=-t}\int_{0}^{\frac{\pi}{4}}\dfrac{\sin^2 t}{1+e^{t}}dt$, 故
$\displaystyle\int_{-\frac{\pi}{4}}^{\frac{\pi}{4}}\dfrac{\sin^2 x}{1+e^{-x}}dx=\int_{-\frac{\pi}{4}}^{0}\dfrac{\sin^2 x}{1+e^{-x}}dx+\int_{0}^{\frac{\pi}{4}}\dfrac{\sin^2 x}{1+e^{-x}}dx$
$\displaystyle =\int_{0}^{\frac{\pi}{4}}\sin^2 x\,dx=\dfrac{1}{2}\int_{0}^{\frac{\pi}{4}}(1-\cos 2x)dx$
$=\dfrac{1}{2}\left(x-\dfrac{1}{2}\sin 2x\right)\Big|_{0}^{\frac{\pi}{4}}=\dfrac{1}{8}(\pi-2)$.

5. $\displaystyle\int_{0}^{1}\arctan(1+\sqrt{x})\,dx\xlongequal{\sqrt{x}+1=t}\int_{1}^{2}\arctan t\,d(t-1)^2$
$=\left[(t-1)^2\arctan t\right]\Big|_{1}^{2}-\displaystyle\int_{1}^{2}\left(1-\dfrac{2t}{1+t^2}\right)dt$
$=\arctan 2+\ln\dfrac{5}{2}-1$.

6. 设 $\displaystyle\sum_{n=2}^{\infty}(u_n-u_{n-1})$ 的部分和为 S_n. 由于 $\displaystyle\sum_{n=2}^{\infty}|u_n-u_{n-1}|$ 收敛，故 $\displaystyle\sum_{n=2}^{\infty}(u_n-u_{n-1})$ 收敛，从而 $\lim\limits_{n\to\infty}S_n$ 存在. 因为 $\lim\limits_{n\to\infty}S_n=\lim\limits_{n\to\infty}(u_{n+1}-u_1)$，所

以 $\lim\limits_{n\to\infty} u_{n+1}$ 存在,从而 $\lim\limits_{n\to\infty} u_n$ 存在.由收敛数列必有界知,存在 $M>0$,使得
$$|u_n| \leqslant M, \quad n \in \mathbf{N}_+.$$
因正项级数 $\sum v_n$ 收敛,故 $\lim v_n = 0$,从而 $0 \leqslant v_n \leqslant 1$,得 $0 \leqslant v_n^2 \leqslant v_n$,故级数 $\sum v_n^2$ 收敛.又 $|u_n v_n^2| \leqslant M v_n^2$,所以 $\sum |u_n v_n^2|$ 收敛,从而 $\sum u_n v_n^2$ 收敛.

四、解 例如广义积分 $\int_0^1 \dfrac{1}{\sqrt{x}} \mathrm{d}x$ 收敛,但广义积分 $\int_0^1 \dfrac{1}{x} \mathrm{d}x$ 发散.

五、证 令 $f(x) = xe^x - e^x + 1 \ (x > 0)$.因
$$f'(x) = e^x + xe^x - e^x = xe^x > 0,$$
故 $f(x)$ 在 $x>0$ 上单调增.又因 $\lim\limits_{x\to 0^+} f(x) = 0$,得 $f(x)>0$,即当 $x>0$ 时,
$$e^x - 1 < xe^x.$$

六、证 由题设及泰勒公式知
$$f(x) = f(0) + f'(0)x + \frac{1}{2}f''(0)x^2 + \frac{1}{6}f'''(\xi)x^3$$
$$= \frac{1}{2}f''(0)x^3 + \frac{1}{6}f'''(\xi)x^3 \quad (\xi \text{ 在 } 0 \text{ 与 } x \text{ 之间}).$$

令 $x=1$,得
$$1 = f(1) = \frac{1}{2}f''(0) + \frac{1}{6}f'''(\xi_1) \quad (0 < \xi_1 < 1). \qquad ①$$

令 $x=-1$,得
$$0 = f(-1) = \frac{1}{2}f''(0) - \frac{1}{6}f'''(\xi_2) \quad (-1 < \xi_2 < 0). \qquad ②$$

①,② 两式相减,得
$$6 = f'''(\xi_1) + f'''(\xi_2) \leqslant 2\max\{f'''(\xi_1), f'''(\xi_2)\}.$$
当 $f'''(\xi_1) \geqslant f'''(\xi_2)$ 时,取 $\eta = \xi_1$,有 $f'''(\eta) \geqslant 3$;当 $f'''(\xi_2) \geqslant f'''(\xi_1)$ 时,取 $\eta = \xi_2$,有 $f'''(\eta) \geqslant 3$.故存在 $\eta \in (-1,1)$,使 $f'''(\eta) \geqslant 3$.

七、证 由于 $x_1, x_2 \in (-\infty, +\infty)$ 时,恒有
$$|\sin x_1 - \sin x_2| = \left|2\cos\frac{x_1+x_2}{2}\sin\frac{x_1-x_2}{2}\right|$$
$$\leqslant 2\left|\sin\frac{x_1-x_2}{2}\right| \leqslant 2\left|\frac{x_1-x_2}{2}\right|$$
$$= |x_1 - x_2|,$$
所以,对任给的 $\varepsilon > 0$,取 $\delta = \varepsilon$,那么对一切 $x_1, x_2 \in (-\infty, +\infty)$,只要

$|x_1 - x_2| < \delta$, 就有
$$|\sin x_1 - \sin x_2| < \varepsilon,$$
故 $f(x) = \sin x$ 在 $(-\infty, +\infty)$ 上一致连续.

八、解 $S(t) = S_1(t) + S_2(t)$
$$= \int_0^t (t^2 - x^2) dx + \int_t^1 (x^2 - t^2) dx$$
$$= \frac{4}{3}t^3 - t^2 + \frac{1}{3}, \quad 0 \leqslant t \leqslant 1.$$

由 $S'(t) = 4t^2 - 2t = 0$, 得 $t_1 = 0, t_2 = \frac{1}{2}$. 因
$$S(0) = \frac{1}{3}, \quad S\left(\frac{1}{2}\right) = \frac{1}{4} \quad S(1) = \frac{2}{3},$$

故当 $t = 1$ 时, $S_1 + S_2$ 取最大面积 $\frac{2}{3}$; 当 $t = \frac{1}{2}$ 时, $S_1 + S_2$ 取最小面积 $\frac{1}{4}$.

2005—2006 年第一学期
高等数学（216 学时）试题 A 卷

一、试解下列各题（每小题 4 分，共 16 分）

1. 已知 $\lim\limits_{x\to\infty}\left(\dfrac{x+c}{x-c}\right)^x = 4$，求常数 c 的值．

2. 运用定积分求初速度为 v_0，从时刻 $t=0$ 到 $t=T$ 的时间间隔内之自由落体速度的平均值．

3. 设 $f(x)$ 在 $(-\infty,+\infty)$ 上连续，且对任何 x,y 有
$$f(x+y) = f(x) + f(y),$$
求 $\int_{-1}^{1}(x^2+1)f(x)\mathrm{d}x$ 的值．

4. 确定函数 $f(x) = |x|\sin\dfrac{1}{x}$ 的间断点，并判定其类型．

二、计算下列各题（每小题 5 分，共 25 分）

1. 求 $\lim\limits_{n\to\infty}(\sqrt{2}\cdot\sqrt[4]{2}\cdot\sqrt[8]{2}\cdot\cdots\cdot\sqrt[2^n]{2})$．

2. 设 $f(x)$ 为连续函数，函数 $y=y(x)$ 由方程
$$y\int_{1}^{x}t\,\mathrm{d}t + \int_{y^2}^{2}u^2\,\mathrm{d}u = \int_{1}^{2}f(x)\mathrm{d}x$$
确定，求 $\dfrac{\mathrm{d}y}{\mathrm{d}x}$．

3. 计算不定积分 $\int\dfrac{x^3\arctan x - 1}{x(x^2+1)}\mathrm{d}x$．

4. 设 $f(x) = \int_{0}^{x}\dfrac{\sin t}{\pi - t}\mathrm{d}t$，计算 $\int_{0}^{\pi}f(x)\mathrm{d}x$．

5. 计算反常积分 $\int_{2}^{+\infty}\dfrac{1}{(x+7)\sqrt{x-2}}\mathrm{d}x$．

三、（10 分） 设 $y=y(x)$ 由参数方程 $\begin{cases}x=1+t^2\\y=\cos t\end{cases}$ 所确定，求

(1) 曲线 $y=y(x)$ 在 $t=\dfrac{\pi}{2}$ 对应点处的切线方程；

(2) $\lim\limits_{x\to 1^+}\dfrac{dy}{dx}$ 和 $\lim\limits_{x\to 1^+}\dfrac{d^2y}{dx^2}$.

四、(10 分) 设函数 $f(x)=\begin{cases} e^{2x}+b, & x\leqslant 0, \\ \sin ax, & x>0, \end{cases}$ 问：a,b 为何值时，$f(x)$ 在 $x=0$ 处可导？并求 $f'(0)$.

五、(10 分) 设平面图形 D 是由 $y=\sin x$，$y=\cos x$（其中 $0\leqslant x\leqslant \dfrac{\pi}{2}$）及直线 $x=0$，$x=\dfrac{\pi}{2}$ 所围成的平面图形. 求

(1) 平面图形 D 的面积；

(2) 平面图形 D 绕 x 轴旋转一周所成的立体体积.

六、(15 分) 设 $f(x)=\dfrac{x^2}{2(x+1)^2}$，求

(1) 函数 $f(x)$ 的单调增加、单调减少区间，极大、极小值；

(2) 曲线 $y=f(x)$ 的凸性区间、拐点、渐近线方程.

七、(6 分) 证明：函数 $f(x)=e^{-x^2}\int_0^x t e^{t^2} dt$ 在 $(-\infty,+\infty)$ 上有界.

八、(8 分) 设函数 $f(x)$ 有连续的导数，且 $m\leqslant f(x)\leqslant M$，试证：

(1) $\lim\limits_{a\to 0^+}\dfrac{1}{4a^2}\int_{-a}^{a}(f(x+a)-f(x-a))dx = f'(0)$；

(2) $\left|\dfrac{1}{2a}\int_{-a}^{a}f(x)dx-f(x)\right|\leqslant M-m$.

2005—2006 年第一学期高等数学 (216 学时) 试题 A 卷答案

一、**1.** $\lim\limits_{x\to\infty}\left(\dfrac{x+c}{x-c}\right)^x = \lim\limits_{x\to\infty}\left(1+\dfrac{2c}{x-c}\right)^{\frac{x-c}{2c}\cdot 2c+c} = e^{2c}$，故 $e^{2c}=4$，所以 $c=\ln 2$.

2. 初速度为 v_0 的自由落体的速度为 $v=v_0+gt$，故从时刻 $t=0$ 到 $t=T$ 的时间间隔内之自由落体速度的平均值为

$$\bar{v} = \frac{1}{T}\int_0^T (v_0 + gt)\,dt = v_0 + \frac{1}{2}gT.$$

3. 由 $f(x+y) = f(x) + f(y)$，取 $y = 0$，有 $f(x) = f(0) + f(x)$，故 $f(0) = 0$. 取 $y = -x$，有
$$f(x) = f(0) - f(-x) = -f(-x),$$
故 $f(x)$ 为奇函数. 而 $x^2 + 1$ 是偶函数，所以 $\int_{-1}^{1} (x^2 + 1)f(x)\,dx = 0$.

4. 由在 $x = 0$ 处 $f(x)$ 无意义，故 $x = 0$ 是函数 $f(x)$ 的间断点. 又
$$\lim_{x \to 0} f(x) = \lim_{x \to 0} |x| \sin \frac{1}{x} = 0,$$
故 $x = 0$ 是 $f(x)$ 的第一类间断点，为可去间断点.

二、1. $\lim_{n \to \infty} (\sqrt{2} \cdot \sqrt[4]{2} \cdot \sqrt[8]{2} \cdots \sqrt[2^n]{2}) = \lim_{n \to \infty} \dfrac{2}{2^{\frac{1}{2^n}}} = 2.$

2. 两边对 x 求导数，得 $y' \int_1^x t\,dt + yx - y^4 \cdot 2y \cdot y' = 0$，即
$$y' \cdot \frac{1}{2}(x^2 - 1) + yx - 2y^5 \cdot y' = 0,$$
故有 $\dfrac{dy}{dx} = \dfrac{2xy}{4y^5 - x^2 + 1}$.

3. $\displaystyle\int \frac{x^3 \arctan x - 1}{x(x^2+1)}\,dx = \int \frac{x \arctan x}{x^2 + 1}\,dx - \int \frac{1}{x(x^2+1)}\,dx$

$\displaystyle = \int \frac{(x^2 + 1 - 1)\arctan x}{1 + x^2}\,dx - \int \left(\frac{1}{x} - \frac{x}{x^2+1}\right)dx$

$\displaystyle = \int \arctan x\,dx - \int \arctan x\,d\arctan x - \int \frac{1}{x}\,dx + \int x\,d\arctan x$

$\displaystyle = x\arctan x - \ln|x| - \frac{1}{2}(\arctan x)^2 + C.$

4. 用分部积分，有
$$\int_0^\pi f(x)\,dx = xf(x)\Big|_0^\pi - \int_0^\pi xf'(x)\,dx$$
$$= \pi \int_0^\pi \frac{\sin t}{\pi - t}\,dt - \int_0^\pi x \cdot \frac{\sin x}{\pi - x}\,dx$$
$$= \int_0^\pi \frac{\pi \sin x}{\pi - x}\,dx - \int_0^\pi \frac{x \sin x}{\pi - x}\,dx$$
$$= \int_0^\pi \sin x\,dx = 2.$$

5. $\int_{2}^{+\infty} \frac{1}{(x+7)\sqrt{x-2}} dx \xlongequal{t=\sqrt{x-2}} \int_{0}^{+\infty} \frac{2}{t^2+9} dt$

$$= 2\lim_{b\to+\infty}\left(\frac{1}{3}\arctan\frac{t}{3}\Big|_0^b\right) = \frac{\pi}{3}.$$

三、解 (1) 由条件有

$$\frac{dy}{dx} = \frac{\frac{dy}{dt}}{\frac{dx}{dt}} = \frac{-\sin t}{2t} = -\frac{\sin t}{2t}, \quad \frac{dy}{dx}\Big|_{t=\frac{\pi}{2}} = -\frac{1}{\pi},$$

故切线方程为 $y = -\frac{1}{\pi}(x-1) + \frac{\pi}{4}$.

(2) 由

$$\frac{d^2y}{dx^2} = \frac{d}{dx}\left(\frac{dy}{dx}\right) = \frac{d}{dt}\left(-\frac{\sin t}{2t}\right) \cdot \frac{dt}{dx} = -\frac{1}{2} \cdot \frac{t\cos t - \sin t}{t^2} \cdot \frac{1}{2t}$$

$$= \frac{\sin t - t\cos t}{4t^3},$$

故

$$\lim_{x\to 1^+}\frac{dy}{dx} = \lim_{t\to 0}\frac{-\sin t}{2t} = -\frac{1}{2}, \quad \lim_{x\to 1^+}\frac{d^2y}{dx^2} = \lim_{t\to 0}\frac{\sin t - t\cos t}{4t^3} = \frac{1}{12}.$$

四、解 由 $f(x)$ 在 $x=0$ 处可导, 故 $f(x)$ 在 $x=0$ 点处连续, 所以

$$f_-(0) = f_+(0),$$

即有 $b+1=0$, 得 $b=-1$. 从而 $f(0)=0$. 又 $f(x)$ 在 $x=0$ 处可导, 故 $f'_-(0) = f'_+(0)$. 而

$$f'_-(0) = \lim_{x\to 0^-}\frac{f(x)-f(0)}{x-0} = \lim_{x\to 0^-}\frac{e^{2x}-1}{x} = 2,$$

$$f'_+(0) = \lim_{x\to 0^+}\frac{f(x)-f(0)}{x-0} = \lim_{x\to 0^+}\frac{\sin ax - 0}{x} = a,$$

故有 $a=2$, 所以 $f'(0) = 2$.

五、解 (1) $S = \int_0^{\frac{\pi}{4}}(\cos x - \sin x)dx + \int_{\frac{\pi}{4}}^{\frac{\pi}{2}}(\sin x - \cos x)dx$

$$= 2(\sqrt{2}-1).$$

(2) $V = \pi\int_0^{\frac{\pi}{4}}(\cos^2 x - \sin^2 x)dx + \pi\int_{\frac{\pi}{4}}^{\frac{\pi}{2}}(\sin^2 x - \cos^2 x)dx = \pi.$

六、解 函数的定义域为$(-\infty, -1) \cup (-1, +\infty)$. 求导数得

$$y' = \frac{x}{(1+x)^3}.$$

令 $y' = 0$,得驻点 $x = 0$. 再求二阶导数:

$$y'' = \frac{1-2x}{(1+x)^4}.$$

令 $y'' = 0$,得 $x = \frac{1}{2}$. 构造如下表格:

x	$(-\infty, -1)$	-1	$(-1, 0)$	0	$\left(0, \frac{1}{2}\right)$	$\frac{1}{2}$	$\left(\frac{1}{2}, +\infty\right)$
y'	$+$		$-$		$+$		$+$
y''	$+$		$+$		$+$		$-$
y	单增		单减	极小值 0	单增		单增
$y = f(x)$	下凸		下凸		下凸	拐点 $\left(\frac{1}{2}, \frac{1}{18}\right)$	上凸

(1) 故单调增加区间为$(-\infty, -1), (0, +\infty)$,单调减少区间为$(-1, 0)$,极小值为 $f(0) = 0$,无极大值.

(2) 下凸区间为$(-\infty, -1), \left(-1, \frac{1}{2}\right)$,上凸区间为$\left(\frac{1}{2}, +\infty\right)$,拐点为$\left(\frac{1}{2}, \frac{1}{18}\right)$,$x = -1$ 为垂直渐近线,$y = \frac{1}{2}$ 为水平渐近线,无斜渐近线.

七、证法 1 令 $g(x) = \int_0^x t e^{t^2} dt$. 由

$$g(-x) = \int_0^{-x} t e^{t^2} dt \xrightarrow{u = -t} \int_0^x -u e^{(-u)^2} d(-u)$$
$$= \int_0^x u e^{u^2} du = \int_0^x t e^{t^2} dt = g(x),$$

故 $f(x)$ 是偶函数,所以只需证明 $f(x)$ 在$[0, +\infty)$上有界. 又

$$\lim_{x \to +\infty} f(x) = \lim_{x \to +\infty} \frac{\int_0^x t e^{t^2} dt}{e^{x^2}} = \lim_{x \to +\infty} \frac{x e^{x^2}}{2x e^{x^2}} = \frac{1}{2},$$

所以对于 $\varepsilon = \frac{1}{2}$,$\exists X > 0$,当 $x > X$ 时,有

$$\left|f(x)-\frac{1}{2}\right|<\frac{1}{2},$$

即 $0<f(x)<1$. 又 $f(x)$ 在 $[0,X]$ 上连续，于是 $\exists l>0$，使 $\forall x\in[a,X]$，恒有 $0\leqslant f(x)\leqslant l$. 取 $M=\max\{l,1\}$，则 $\forall x\in[0,+\infty)$，有

$$0\leqslant f(x)\leqslant M.$$

因 $f(x)$ 为偶函数，故 $f(x)$ 在 $(-\infty,+\infty)$ 上有界.

证法 2 事实上，可求得

$$f(x)=e^{-x^2}\left(\frac{1}{2}e^{t^2}\bigg|_0^1\right)=\frac{1}{2}(1-e^{-x^2}).$$

因 $0\leqslant e^{-x^2}\leqslant 1$, $x\in[0,+\infty)$，故

$$0\leqslant f(x)\leqslant\frac{1}{2},\quad x\in[0,+\infty).$$

又因 $f(x)$ 为偶函数，故 $f(x)$ 在 $(-\infty,+\infty)$ 上有界.

八、证 (1) 由积分中值定理和微分中值定理，得

$$\int_{-a}^{a}(f(x+a)-f(x-a))\mathrm{d}x=2a(f(\xi+a)-f(\xi-a))$$
$$=4a^2f'(\xi_1),$$

$\xi\in[-a,a]$，ξ_1 介于 $a-\xi,a+\xi$ 之间. 当 $a\to 0^+$ 时，$\xi_1\to 0$. 故有

$$\lim_{a\to 0^+}\frac{1}{4a^2}\int_{-a}^{a}(f(x+a)-f(x-a))\mathrm{d}x=f'(0).$$

(2) 由 $m\leqslant f(x)\leqslant M$，知 $-M\leqslant -f(x)\leqslant -m$. 由积分中值定理，存在 $\xi\in[-a,a]$，使得 $\frac{1}{2a}\int_{-a}^{a}f(x)\mathrm{d}x=f(\xi)$，故有

$$\left|\frac{1}{2a}\int_{-a}^{a}f(x)\mathrm{d}x-f(x)\right|=|f(\xi)-f(x)|\leqslant M-m.$$

2005—2006年第一学期
高等数学（216学时）试题 B 卷

一、试解下列各题（每小题4分，共16分）

1. 设函数
$$f(x) = \begin{cases} \dfrac{1-e^{\tan x}}{\arcsin \dfrac{x}{2}}, & x > 0, \\ a\,e^{2x}, & x \leqslant 0 \end{cases}$$

在 $x=0$ 处连续，求 a 的值.

2. 求极限：$\lim\limits_{n\to\infty}\left(\dfrac{\pi}{n}\sum\limits_{k=1}^{n}\dfrac{n}{n+k}\right)$.

3. 已知 $f(\alpha)=\int_0^{+\infty}e^{-t}t^{\alpha-1}dt\ (\alpha>0)$，求 $f(1),f(3)$ 的值.

4. $\lim\limits_{x\to 0}\dfrac{(1-\cos x)(1+x^2)^{\frac{1}{\ln(1+x^2)}}}{\ln(1+x^2)}$.

二、计算下列各题（每小题5分，共25分）

1. $\lim\limits_{n\to\infty}\sin^2(\pi\sqrt{n^2+n})$.

2. 设 $y=e^{\sin x}+x^{\arctan x}$，求 dy.

3. 已知变量 x,y 满足方程 $y(x-y)^2=x$，求不定积分 $\displaystyle\int\dfrac{1}{x-y}dx$.

4. 计算定积分 $\displaystyle\int_0^{\ln 2}\sqrt{e^x-1}\,dx$.

5. 设 $y=y(x)$ 由方程 $\displaystyle\int_0^y e^{t^2}dt+\int_0^{x^2}\dfrac{\sin t}{\sqrt{t}}dt=\sin\dfrac{\pi}{2}$ 确定，求 y'.

三、（10分）设函数 $f(x)$ 满足 $af(x)+bf\left(\dfrac{1}{x}\right)=\dfrac{c}{x}$，其中 a,b,c 都是常数，且 $|a|\neq|b|$.

(1) 求 $f'(x), f''(x), f^{(2006)}(x)$.

(2) 若 $c>0, |a|>|b|$，则 a,b 应满足怎样的条件，$f(x)$ 才有极大值和极小值？

四、(12 分) 设平面图形 D 是由 $y=\sin x, y=\cos x$ ($0 \leqslant x \leqslant \frac{\pi}{2}$) 及直线 $x=0, x=\frac{\pi}{2}$ 所围成的平面图形，求

(1) 平面图形 D 的面积；

(2) 平面图形 D 绕 y 轴旋转一周所成的立体体积.

五、(8 分) 用定义证明：若 $f(x), g(x)$ 都在区间 I 上一致连续，则 $f(x)+g(x)$ 也在区间 I 上一致连续.

六、(12 分) 设 $a>0, b>0, c>0$,

$$A(x)=\begin{cases}\left(\dfrac{a^x+b^x}{2}\right)^{\frac{1}{x}}, & x\neq 0, \\ c, & x=0.\end{cases}$$

(1) 讨论 $A(x)$ 在 $x=0$ 处的连续性.

(2) 讨论 $\lim\limits_{x\to+\infty}A(x), \lim\limits_{x\to-\infty}A(x), \lim\limits_{x\to 0}A(x), A(-1), A(1)$ 五者之间的大小关系.

七、(9 分) 半径为 r 的球沉入水中，且与水面相切，求

(1) 球面上所受的静压力；

(2) 从水中取出比重为 1 的球所做的功.

八、(8 分) 设函数 $f(x)$ 在 $[-a,a]$ ($a>0$) 上连续，在 $x=0$ 处可导，且 $f'(0)\neq 0$，求证：

(1) $\forall x\in(0,a)$，存在 $0<\theta<1$，使

$$\int_0^x f(t)dt+\int_0^{-x}f(t)dt=x(f(\theta x)-f(-\theta x));$$

(2) $\lim\limits_{x\to 0^+}\theta=\dfrac{1}{2}$.

2005—2006 年第一学期高等数学 (216 学时) 试题 B 卷答案

一、1. $\lim\limits_{x \to 0^-} f(x) = \lim\limits_{x \to 0^-} a e^{2x} = a,$

$$\lim\limits_{x \to 0^+} f(x) = \lim\limits_{x \to 0^+} \frac{1 - e^{\tan x}}{\arcsin \dfrac{x}{2}} = \lim\limits_{x \to 0^+} \frac{-\tan x}{\dfrac{x}{2}} = -2,$$

又 $f(x)$ 在 $x = 0$ 处连续,故 $a = -2$.

2. $\lim\limits_{n \to \infty} \dfrac{\pi}{n} \sum\limits_{k=1}^{n} \dfrac{n}{n+k} = \lim\limits_{n \to \infty} \dfrac{\pi}{n} \cdot n \cdot \sum\limits_{k=1}^{n} \dfrac{1}{1 + \dfrac{k}{n}} \cdot \dfrac{1}{n}$

$$= \pi \int_0^1 \dfrac{1}{1+x} dx = \pi \ln 2.$$

3. $f(1) = \int_0^{+\infty} e^{-t} dt = 1,$

$f(3) = \int_0^{+\infty} e^{-t} t^2 dt = -t^2 e^{-t} \Big|_0^{+\infty} + 2 \int_0^{+\infty} t e^{-t} dt = 2.$

4. $\lim\limits_{x \to 0} \dfrac{(1 - \cos x)(1 + x^2)^{\frac{1}{\ln(1+x^2)}}}{\ln(1+x^2)} = \lim\limits_{x \to 0} \dfrac{\dfrac{1}{2} x^2 \cdot (1 + x^2)^{\frac{1}{x^2}}}{x^2} = \dfrac{1}{2} e.$

二、1. $\lim\limits_{n \to \infty} \sin^2(\pi \sqrt{n^2 + n}) = \lim\limits_{n \to \infty} \sin^2(\pi \sqrt{n^2+n} - n\pi)$

$= \lim\limits_{n \to \infty} \sin^2 \pi(\sqrt{n^2+n} - n) = \lim\limits_{n \to \infty} \sin^2 \dfrac{n\pi}{\sqrt{n^2+n}+n}$

$= \lim\limits_{n \to \infty} \sin^2 \dfrac{\pi}{\sqrt{1 + \dfrac{1}{n}} + 1} = 1.$

2. $dy = \left[e^{\sin x} \cos x + x^{\arctan x} \left(\dfrac{\ln x}{1+x^2} + \dfrac{\arctan x}{x} \right) \right] dx.$

3. 令 $t = x - y$,则 $y = x - t$. 代入 $y(x-y)^2 = x$,得

$$x = \dfrac{t^3}{t^2 - 1}, \quad y = \dfrac{t}{t^2 - 1}, \quad dx = \dfrac{t^2(t^2 - 3) dt}{(t^2 - 1)^2}.$$

故

$$\int \dfrac{1}{x-y} dy = \int \dfrac{1}{\dfrac{t^3}{t^2-1} - \dfrac{t}{t^2-1}} \cdot \dfrac{t^2(t^2-3)}{(t^2-1)^2} dt = \int \dfrac{t(t^2-3) dt}{(t^2-1)^2}$$

$$= \int \frac{t(t^2-1-2)dt}{(t^2-1)^2} = \int \frac{t}{t^2-1}dt - \int \frac{2t}{(t^2-1)^2}dt$$

$$= \frac{1}{2}\ln|t^2-1| + \frac{1}{t^2-1} + C$$

$$= \ln|(x-y)^2-1| + \frac{1}{(x-y)^2-1} + C.$$

4. 设 $\sqrt{e^x-1} = t$, $x = \ln(t^2+1)$, 则 $dx = \frac{2t}{t^2+1}dt$. 当 $x=0$ 时, $t=0$; 当 $x=\ln 2$ 时, $t=1$. 故

$$\int_0^{\ln 2} \sqrt{e^x-1}\,dx = \int_0^1 \frac{2t^2}{t^2+1}dt = 2\int_0^1 \left(1 - \frac{1}{1+t^2}\right)dt$$

$$= 2(t-\arctan t)\Big|_0^1 = \frac{4-\pi}{2}.$$

5. 对方程两边 x 求导, 得

$$e^{y^2} \cdot y' + \frac{\sin x^2}{\sqrt{x^2}} \cdot 2x = 0,$$

即 $y' = \pm 2e^{-y^2}\sin x^2$.

三、解 将 x 换成 $\frac{1}{x}$ 代入等式, 有

$$af\left(\frac{1}{x}\right) + bf(x) = cx, \qquad ①$$

$$af(x) + bf\left(\frac{1}{x}\right) = \frac{c}{x}. \qquad ②$$

联立①,②, 因 $|a| \neq |b|$, 得

$$f(x) = \frac{1}{a^2-b^2}\left(\frac{ac}{x} - bcx\right).$$

(1) $f'(x) = \frac{ac}{a^2-b^2}\left(-\frac{ac}{x^2} - bc\right)$, $f''(x) = \frac{2ac}{a^2-b^2} \cdot x^{-3}$, $f^{(2006)}(x) = \frac{ac}{a^2-b^2} \cdot 2006! \cdot x^{-2007}$.

(2) 令 $f'(x) = 0$, 得 $x = \pm\sqrt{-\frac{a}{b}}$. 由此可见要求 a,b 异号, 且 $b \neq 0$. 特别, 当 $x = \sqrt{-\frac{a}{b}}$ 时, 若 $a > 0$, 由 $c > 0$ 可知, $f''(x) < 0$, $f(x)$ 有极大值. 同理, 当 $x = -\sqrt{-\frac{a}{b}}$ 时, 若 $a > 0$ 则有极大值, 若 $a < 0$ 则有极小值.

四、解 (1) $S = \int_0^{\frac{\pi}{4}} (\cos x - \sin x)\mathrm{d}x + \int_{\frac{\pi}{4}}^{\frac{\pi}{2}} (\sin x - \cos x)\mathrm{d}x = 2(\sqrt{2} - 1).$

(2) $V_y = 2\pi \int_0^{\frac{\pi}{4}} x(\cos x - \sin x)\mathrm{d}x + 2\pi \int_{\frac{\pi}{4}}^{\frac{\pi}{2}} x(\sin x - \cos x)\mathrm{d}x$

$\qquad = 2\pi \Big(x\sin x \Big|_0^{\frac{\pi}{4}} - \int_0^{\frac{\pi}{4}} \sin x\,\mathrm{d}x + x\cos x \Big|_0^{\frac{\pi}{4}} - \int_0^{\frac{\pi}{4}} \cos x\,\mathrm{d}x$

$\qquad\quad -x\cos x \Big|_{\frac{\pi}{4}}^{\frac{\pi}{2}} - \int_{\frac{\pi}{4}}^{\frac{\pi}{2}} \cos x\,\mathrm{d}x - x\sin x \Big|_{\frac{\pi}{4}}^{\frac{\pi}{2}} + \int_{\frac{\pi}{4}}^{\frac{\pi}{2}} \sin x\,\mathrm{d}x \Big)$

$\qquad = 2\pi(\sqrt{2} - 1).$

五、证 $\forall \varepsilon > 0$，由 $f(x), g(x)$ 都在区间 I 上一致连续，必存在 $\delta_1 > 0$, $\delta_2 > 0$，使得 $\forall x_1, x_2 \in I$，只要 $|x_1 - x_2| < \delta_1$，就有 $|f(x_1) - f(x_2)| < \frac{\varepsilon}{2}$；只要 $|x_1 - x_2| < \delta_2$，就有 $|g(x_1) - g(x_2)| < \frac{\varepsilon}{2}$. 取 $\delta = \min\{\delta_1, \delta_2\}$，则 $\forall x_1, x_2 \in I$，只要 $|x_1 - x_2| < \delta$，就有

$$|(f(x_1) + g(x_1)) - (f(x_2) + g(x_2))|$$
$$= |f(x_1) - f(x_2) + g(x_1) - g(x_2)|$$
$$\leqslant |f(x_1) - f(x_2)| + |g(x_1) - g(x_2)|$$
$$< \frac{\varepsilon}{2} + \frac{\varepsilon}{2} = \varepsilon.$$

由定义知，$f(x) + g(x)$ 也在区间 I 上一致连续.

六、解 (1) 因为

$$\lim_{x \to 0} A(x) = \lim_{x \to 0} \Big(\frac{a^x + b^x}{2}\Big)^{\frac{1}{x}} = \lim_{x \to 0} \exp\Big(\frac{1}{x} \ln \frac{a^x + b^x}{2}\Big)$$

$$= \exp\Big(\lim_{x \to 0} \frac{a^x \ln a + b^x \ln b}{a^x + b^x}\Big) = \exp\Big(\lim_{x \to 0} \frac{\ln a + \ln b}{2}\Big) = \sqrt{ab},$$

所以，当 $c = \sqrt{ab}$ 时，$A(x)$ 在 $x = 0$ 处连续.

(2) 易知 $A(1) = \frac{a+b}{2}$，$A(-1) = \frac{2ab}{a+b}$，$\lim\limits_{x \to 0} A(x) = \sqrt{ab}$，而

$$\lim_{x \to +\infty} A(x) = \lim_{x \to +\infty} 2^{-\frac{1}{x}} \max\{a,b\} \Big[1 + \Big(\frac{\min\{a,b\}}{\max\{a,b\}}\Big)^x\Big]^{\frac{1}{x}}$$
$$= \max\{a, b\},$$

同理可求得 $\lim\limits_{x \to -\infty} A(x) = \min\{a, b\}$，故所考虑的五者大小关系为

$$\max\{a,b\} \geqslant \frac{a+b}{2} \geqslant \sqrt{ab} \geqslant \frac{2}{\frac{1}{a}+\frac{1}{b}} \geqslant \min\{a,b\},$$

或 $\lim\limits_{x\to+\infty} A(x) \geqslant A(1) \geqslant \lim\limits_{x\to 0} A(x) \geqslant A(-1) \geqslant \lim\limits_{x\to-\infty} A(x).$

七、解 (1) 对任一微元区间 $[y, y+dy]$ 对应的圆台的侧面积为

$$dA = 2\pi x ds = 2\pi x \sqrt{1+x'^2}\, dy = 2\pi r\, dy,$$

$dp = 2\pi r y\, dy$,故 $p = 2\pi r \int_0^{2r} y\, dy = 4\pi r^3.$

(2) 球体的小体积微元为 $\pi x^2 dy = \pi(2ry - y^2)dy$,功的微元为 $dW = \pi(2ry - y^2)(2r - y)dy$,故

$$W = \int_0^{2r} \pi(2ry - y^2)(2r - y)dy = \frac{4}{3}\pi r^4.$$

八、证 (1) 令

$$F(x) = \int_0^x f(t)dt + \int_0^{-x} f(t)dt, \quad x \in [-a, a],$$

则 $F(x)$ 在 $[0,x]$ 上连续,可导.由微分中值定理,有

$$F(x) - F(0) = F'(\theta x)x \quad (0 < \theta < 1).$$

又 $F(0) = 0$,所以有

$$\int_0^x f(t)dt + \int_0^{-x} f(t)dt = x(f(\theta x) - f(-\theta x)).$$

(2) 由结论(1),得

$$\frac{\int_0^x f(t)dt + \int_0^{-x} f(t)dt}{2x^2} = \frac{f(\theta x) - f(-\theta x)}{2x\theta} \cdot \theta.$$

由 $f(x)$ 在 $x = 0$ 处可导,且 $f'(0) \neq 0$,在上式两边令 $x \to 0^+$,取极限得

$$\text{左边} = \lim_{x\to 0^+} \frac{f(x) - f(-x)}{4x} = \frac{1}{2}f'(0),$$

$$\text{右边} = \lim_{x\to 0^+} \frac{f(\theta x) - f(-\theta x)}{2\theta x} \cdot \theta = f'(0) \cdot \lim_{x\to 0^+} \theta,$$

故 $\lim\limits_{x\to 0^+} \theta = \frac{1}{2}.$

2006—2007 年第一学期
高等数学（216 学时）试题 A 卷

一、(6 分) 设 $y = y(x)$ 由参数方程 $\begin{cases} x = \ln \sin t, \\ y = 1 + e^y \sin t \end{cases}$ 所确定，求 $\dfrac{dy}{dx}$.

二、(6 分) 计算积分 $\displaystyle\int \dfrac{\arctan x}{(1+x^2)^{\frac{3}{2}}} dx$.

三、(10 分) 设 $f(x) = x^3 - 3x^2 - 9x + 5$，求
   (1) 函数 $f(x)$ 的单调增加、单调减少区间，极大、极小值；
   (2) 曲线 $y = f(x)$ 的凸性区间、拐点.

四、(10 分) 设 $f(x) = (\cos x - 4)\sin x + 3x$.
   (1) 求 $\dfrac{df(x)}{d(x^2)}$.
   (2) 当 $x \to 0$ 时，$f(x)$ 为 x 的几阶无穷小？

五、(8 分) 当 $x \in \left(-\dfrac{1}{2}, 1\right]$ 时，确定函数 $f(x) = \dfrac{\tan \pi x}{|x|(x^2-1)}$ 的间断点，并判定其类型.

六、(12 分) 设 $f(x) = \lim\limits_{n \to \infty} x \cos 2x \cos \dfrac{x}{2} \cos \dfrac{x}{4} \cdots \cos \dfrac{x}{2^n}$ $(x > 0)$.
   (1) 求证：$f(x) = \cos 2x \sin x$.
   (2) 求 $f^{(20)}(x)$.
   (3) 计算不定积分：$\displaystyle\int f(x) dx$.

七、(12 分) 设函数
$$F(x) = \begin{cases} \dfrac{\displaystyle\int_0^x t f(t) dt}{x^2}, & x \neq 0, \\ a, & x = 0, \end{cases}$$

其中 $f(x)$ 具有二阶连续导数,且 $f(0)=0$.
(1) a 为何值时, $F(x)$ 在 $x=0$ 处连续?
(2) 讨论 $F(x)$ 在 $(-\infty,+\infty)$ 上的可微性.
(3) 讨论 $F'(x)$ 在 $(-\infty,+\infty)$ 上的连续性.

八、(10 分) 设有微分方程 $\dfrac{d^2y}{dx^2}-\dfrac{dy}{dx}-e^{2x}y=e^{3x+e^x}$.

(1) 验证变换 $x=\ln t$ 可将微分方程化简为 $\dfrac{d^2y}{dt^2}-y=te^t$.

(2) 求解微分方程 $\dfrac{d^2y}{dt^2}-y=te^t$,并写出微分方程 $\dfrac{d^2y}{dx^2}-\dfrac{dy}{dx}-e^{2x}y=e^{3x+e^x}$ 的通解.

九、(10 分) 有一圆台形水池,盛满了水,池高为 5 米,上、下底半径分别为 1 米和 2 米,试求将池内水全部抽出池外所耗费的功.

十、(10 分) 设
$$f(x)=\begin{cases}\dfrac{2+x(\arcsin x)^2}{\sqrt{4-x^2}}, & -1\leqslant x\leqslant 1,\\[2mm] \dfrac{\arctan x}{x^2}, & x>1,\end{cases}$$
求 $\displaystyle\int_{-1}^{+\infty}f(x)dx$.

十一、(6 分) 试证明:若 $f(x),g(x)$ 都是可微函数,且当 $x\geqslant a$ 时,$|f'(x)|\leqslant g'(x)$,则当 $x\geqslant a$ 时,有 $|f(x)-f(a)|\leqslant g(x)-g(a)$.

2006—2007 年第一学期高等数学 (216 学时) 试题 A 卷答案

一、解 $\dfrac{dx}{dt}=\dfrac{\cos t}{\sin t},\dfrac{dy}{dt}=\dfrac{e^y\cos t}{1-e^y\sin t}$,故
$$\dfrac{dy}{dx}=\dfrac{\dfrac{dy}{dt}}{\dfrac{dx}{dt}}=\dfrac{e^y\sin t}{1-e^y\sin t}=\dfrac{y-1}{2-y}.$$

二、**解法 1**

$$\int \frac{\arctan x}{(1+x^2)^{\frac{3}{2}}} dx \xrightarrow{x=\tan u} \int u\cos u\, du = \int u\, d\sin u$$

$$= u\sin u - \int \sin u\, du = u\sin u + \cos u + C$$

$$= \frac{x}{\sqrt{1+x^2}}\arctan x + \frac{1}{\sqrt{1+x^2}} + C.$$

解法 2 原式 $= \int \arctan x\, d\left(\frac{x}{\sqrt{1+x^2}}\right)$

$$= \frac{x}{\sqrt{1+x^2}}\arctan x - \int \frac{x}{(1+x^2)^{\frac{3}{2}}} dx$$

$$= \frac{x}{\sqrt{1+x^2}}\arctan x + \frac{1}{\sqrt{1+x^2}} + C.$$

三、**解** 定义域为 $(-\infty, +\infty)$. 函数 $y = f(x)$ 的一阶导数和二阶导数分别为

$$y' = 3(x-3)(x+1), \quad y'' = 6(x-1).$$

令 $y' = 0$, 得驻点 $x = 3, -1$. 令 $y'' = 0$, 得 $x = 1$.

(1) 单调增加区间为 $(-\infty, -1), (3, +\infty)$, 单调减少区间为 $(-1, 3)$, 极小值为 $f(3) = -22$, 极大值为 $f(-1) = 10$.

(2) 下凸区间为 $(1, +\infty)$, 上凸区间为 $(-\infty, 1)$, 拐点为 $(1, -6)$.

四、**解** (1) $\dfrac{df(x)}{d(x^2)} = \dfrac{(\cos 2x - 4\cos x + 3)dx}{2x\, dx} = \dfrac{\cos 2x - 4\cos x + 3}{2x}.$

(2) **方法 1** 由

$$\sin x = x - \frac{x^3}{3!} + \frac{x^5}{5!} + o(x^6), \quad \sin 2x = 2x - \frac{(2x)^3}{3!} + \frac{(2x)^5}{5!} + o(x^6),$$

可得 $f(x) = \dfrac{1}{2}\sin 2x - 4\sin x + 3x = \dfrac{1}{10}x^5 + o(x^6)$, 故 $f(x)$ 为 x 的 5 阶无穷小.

方法 2

$$\lim_{x\to 0}\frac{(\cos x - 4)\sin x + 3x}{x^a} = \lim_{x\to 0}\frac{4(1-\cos x)\sin x}{a(a-1)x^{a-2}} = \lim_{x\to 0}\frac{2x^{5-a}}{a(a-1)},$$

当 $a = 1, 2, 3, 4$ 时上述极限为零, 当 $a = 5$ 时此极限不为零, 从而 $f(x)$ 为 x 的 5 阶无穷小.

五、**解** 在 $x = 0$ 处 $f(x)$ 无意义, 故 $x = 0$ 是函数 $f(x)$ 的间断点. 又

$$\lim_{x\to 0^+} f(x) = \lim_{x\to 0^+} \frac{\tan \pi x}{x(x^2-1)} = -\pi,$$

$$\lim_{x \to 0^-} f(x) = \lim_{x \to 0^-} \frac{\tan \pi x}{-x(x^2-1)} = \pi,$$

所以 $x=0$ 是 $f(x)$ 的第一类间断点，为跳跃间断点.

在 $x=1$ 处 $f(x)$ 无意义，故 $x=1$ 是函数 $f(x)$ 的间断点. 又

$$\lim_{x \to 1} f(x) = \lim_{x \to 1} \frac{\tan \pi x}{x(x-1)(x+1)} \xlongequal{t=x-1} \lim_{t \to 0} \frac{\tan \pi t}{t(t+1)(t+2)} = \frac{\pi}{2},$$

所以 $x=1$ 是 $f(x)$ 的第一类间断点，为可去间断点.

在 $x=\frac{1}{2}$ 处 $f(x)$ 无意义，故 $x=\frac{1}{2}$ 是函数 $f(x)$ 的间断点. 又

$$\lim_{x \to \frac{1}{2}} f(x) = \lim_{x \to \frac{1}{2}} \frac{\tan \pi x}{x(x-1)(x+1)} = \infty,$$

故 $x=\frac{1}{2}$ 是函数 $f(x)$ 的第二类间断点，为无穷间断点.

六、证 (1) $f(x) = \lim\limits_{n \to \infty} \dfrac{x \cos 2x}{\sin \frac{x}{2^n}} \cos \frac{x}{2} \cos \frac{x}{4} \cdots \cos \frac{x}{2^n} \sin \frac{x}{2^n}$

$$= \lim_{n \to \infty} \frac{x \cos 2x \sin x}{2^n \sin \frac{x}{2^n}} = \cos 2x \sin x.$$

解 (2) $f^{(20)}(x) = (\cos 2x \sin x)^{(20)} = \frac{1}{2}(\sin 3x - \sin x)^{(20)}$

$$= \frac{1}{2}(3^{20} \sin(3x + 10\pi) - \sin(x + 10\pi))$$

$$= \frac{1}{2}(3^{20} \sin 3x - \sin x).$$

(3) $\displaystyle\int f(x) \mathrm{d}x = \int \cos 2x \sin x \, \mathrm{d}x = -\int (2\cos^2 x - 1) \, \mathrm{d} \cos x$

$$= \cos x - \frac{2}{3} \cos^3 x + C.$$

也可以这样求：

$$\int f(x) \mathrm{d}x = \frac{1}{2} \int (\sin 3x - \sin x) \mathrm{d}x = \frac{1}{2} \left(\cos x - \frac{1}{3} \cos 3x \right) + C.$$

七、解 (1) 由

$$\lim_{x \to 0} F(x) = \lim_{x \to 0} \frac{\int_0^x t f(t) \mathrm{d}t}{x^2} = \lim_{x \to 0} \frac{x f(x)}{2x} = \frac{f(0)}{2} = 0,$$

可知当 $a=0$ 时，$f(x)$ 在 $x=0$ 处连续.

(2) 若 $x \neq 0$，则

$$F'(x) = \left[\frac{\int_0^x tf(t)dt}{x^2}\right]' = \frac{xf(x) \cdot x^2 - 2x \cdot \int_0^x tf(t)dt}{x^4}$$

$$= \frac{x^2 f(x) - 2\int_0^x tf(t)dt}{x^3}.$$

若 $x = 0$，则有 $F'(0) = \lim\limits_{x \to 0} \dfrac{\int_0^x tf(t)dt}{x^3} = \lim\limits_{x \to 0} \dfrac{f(x)}{3x} = \dfrac{f'(0)}{3}$. 于是

$$F'(x) = \begin{cases} \dfrac{x^2 f(x) - 2\int_0^x tf(t)dt}{x^3}, & x \neq 0, \\ \dfrac{f'(0)}{3}, & x = 0. \end{cases}$$

(3) 由于

$$\lim_{x \to 0} F'(x) = \lim_{x \to 0} \frac{x^2 f(x) - 2\int_0^x tf(t)dt}{x^3} = \lim_{x \to 0} \frac{f'(x)}{3} = \frac{f'(0)}{3} = F'(0),$$

故 $F'(x)$ 在 $x = 0$ 处连续. 于是 $F'(x)$ 在 $(-\infty, +\infty)$ 上连续.

八、证 (1) 令 $\begin{cases} x = \ln t, \\ y = y(t), \end{cases}$ 则

$$\frac{dy}{dx} = t \cdot \frac{dy}{dt}, \quad \frac{d^2 y}{dx^2} = t\left(\frac{dy}{dt} + t\frac{d^2 y}{dt^2}\right).$$

由于 $t = e^x$，故已知方程可化简为

$$\frac{d^2 y}{dt^2} - y = t e^t. \qquad ①$$

解 (2) 由特征方程 $r^2 - 1 = 0$，得 $r_1 = 1, r_2 = -1$. 从而对应的齐次方程的通解为

$$y = C_1 e^t + C_2 e^{-t}.$$

因为 1 是单特征根，故方程的特解形式为 $y^* = t(At + B)e^t$. 利用待定系数法，得 $A = \dfrac{1}{4}, B = -\dfrac{1}{4}$，所以 ① 式的通解为

$$y = C_1 e^t + C_2 e^{-t} + \frac{t}{4}(t - 1)e^t.$$

将 $t = e^x$ 代入上式，得原微分方程的通解为

$$y = C_1 e^{e^x} + C_2 e^{-e^x} + \frac{e^x}{4}(e^x - 1)e^{e^x}.$$

九、解 建立如图所示坐标系，直线 AB 的方程为 $y=5(x-1)$. 功的微元为

$$dW = \pi\rho y x^2 dy = \pi\rho y\left(1+\frac{y}{5}\right)^2 dy,$$

其中 ρ 是水的比重，故

$$W = \int_0^5 \pi\rho y\left(1+\frac{y}{5}\right)^2 dy$$
$$= 35.45\pi \text{（吨·米）}.$$

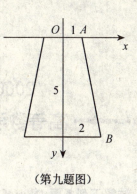

（第九题图）

十、解 $\int_{-1}^1 f(x)dx = \int_{-1}^1 \frac{2+x(\arcsin x)^2}{\sqrt{4-x^2}}dx$

$$= \int_{-1}^1 \frac{2}{\sqrt{4-x^2}}dx + \int_{-1}^1 \frac{x(\arcsin x)^2}{\sqrt{4-x^2}}dx$$

$$= \int_{-1}^1 \frac{2}{\sqrt{4-x^2}}dx \xrightarrow{x=2\sin t} 4\int_0^{\frac{\pi}{6}} dt = \frac{2}{3}\pi,$$

$\int_1^{+\infty} f(x)dx = \int_1^{+\infty} \frac{\arctan x}{x^2}dx = -\int_1^{+\infty} \arctan x \, d\left(\frac{1}{x}\right)$

$$= -\frac{1}{x}\arctan x \Big|_1^{+\infty} + \int_1^{+\infty} \frac{1}{x}\cdot\frac{1}{1+x^2}dx$$

$$= \frac{\pi}{4} + \int_1^{+\infty}\left(\frac{1}{x}-\frac{x}{1+x^2}\right)dx$$

$$= \frac{\pi}{4} + \frac{1}{2}\ln\frac{x^2}{1+x^2}\Big|_1^{+\infty} = \frac{\pi}{4}+\frac{1}{2}\ln 2,$$

故 $\int_{-1}^{+\infty} f(x)dx = \int_{-1}^1 f(x)dx + \int_1^{+\infty} f(x)dx = \frac{11}{12}\pi + \frac{1}{2}\ln 2.$

十一、证 令 $F(x)=g(x)-f(x), x\geqslant a$. 由拉格朗日定理知，$\exists \xi \in (a,x)$，使
$$F(x)-F(a) = F'(\xi)(x-a).$$
因 $x\geqslant a$ 时，$-g'(x)\leqslant f'(x)\leqslant g'(x)$，所以 $F'(\xi)=g'(\xi)-f'(\xi)\geqslant 0$. 于是 $F(x)-F(a)\geqslant 0$. 因此当 $x\geqslant a$ 时，有
$$g(x)-g(a)\geqslant f(x)-f(a). \qquad ①$$
令 $G(x)=g(x)+f(x), x\geqslant a$. 由拉格朗日定理知，$\exists \eta\in(a,x)$，使
$$G(x)-G(a)=G'(\eta)(x-a).$$
因 $x\geqslant a$ 时，$-g'(x)\leqslant f'(x)\leqslant g'(x)$，于是 $G'(\eta)=g'(\eta)+f'(\eta)\geqslant 0$. 因此当 $x\geqslant a$ 时，有
$$-(g(x)-g(a))\leqslant f(x)-f(a). \qquad ②$$
由①，②式，得 $x\geqslant a$ 时，$|f(x)-f(a)|\leqslant g(x)-g(a)$.

2006—2007年第一学期
高等数学（216学时）试题 B 卷

一、试解下列各题（每小题6分，共24分）

1. 已知
$$f(x) = \begin{cases} e^x(\sin x + \cos x), & x > 0, \\ 2x + a, & x \leq 0 \end{cases}$$
在 $(-\infty, +\infty)$ 上连续，求 a 的值.

2. 已知 $\int_1^{\sin x} f(t)\,dt = \cos 2x$，其中 $f(x)$ 为连续函数，求 $f\left(\dfrac{\sqrt{2}}{2}\right)$ 的值.

3. 设函数 $f(x) = f(x+2)$，$f(0) = 0$ 且在 $(-1,1]$ 上有 $f'(x) = 2|x|$，求 $f(5)$ 的值.

4. 确定函数 $f(x) = \dfrac{x(x-1)}{|x|x^2 - |x|}$ 的间断点，并判定其类型.

二、计算下列各题（每小题6分，共24分）

1. 求 $\lim\limits_{x \to 0} \dfrac{\sin^2 x}{\sqrt{1+x\sin x} - \sqrt{\cos x}}$.

2. 已知 $y = \int_1^{1+\sin t}(1 + e^{\frac{1}{u}})\,du$，其中 $t = t(x)$ 由 $\begin{cases} x = \cos 2v \\ t = \sin v \end{cases}$ 确定，求 $\dfrac{dy}{dx}$.

3. 计算不定积分 $\int \dfrac{f'(x)g(x) + f(x)g'(x)}{\sqrt{f(x)g(x) + 1}}\,dx$.

4. 已知 $\int_0^{+\infty} \dfrac{\sin x}{x}\,dx = \dfrac{\pi}{2}$，计算反常积分 $\int_0^{+\infty} \left(\dfrac{\sin x}{x}\right)^2 dx$.

三、（10分） 设函数
$$f(x) = \begin{cases} \dfrac{g(x) - e^{-x}}{x}, & x \neq 0, \\ a, & x = 0, \end{cases}$$
其中 $g(x)$ 具有二阶连续导数，且 $g(0) = 1$，$g'(0) = -1$.

(1) 问：a 为何值时，$f(x)$ 在 $x=0$ 处连续？

(2) 求 $f'(x)$ 并讨论 $f'(x)$ 在 $x=0$ 处的连续性.

四、(8分) 设由曲线 $y=\cos x$ (其中 $0 \leqslant x \leqslant \dfrac{\pi}{2}$) 及 x 轴、y 轴所围成平面图形的面积被曲线 $y=a\sin x$ ($a>0$) 二等分.

(1) 确定 a 的值.

(2) 求曲线 $y=\cos x$，$y=a\sin x$，$x=0$ 所围平面图形绕 $y=0$ 旋转一周所成的立体体积.

五、(10分) 设函数 $y=y(x)$ 在 $(-\infty,+\infty)$ 内具有二阶导数，且 $y'(x) \neq 0$，$x=x(y)$ 是 $y=y(x)$ 的反函数.

(1) 试验证 $y=y(x)$ 所满足的微分方程 $\dfrac{d^2 y}{dx^2}+(x+e^{2y})\left(\dfrac{dy}{dx}\right)^3=0$ 可变换为 $x=x(y)$ 满足的微分方程 $\dfrac{d^2 x}{dy^2}-x=e^{2y}$.

(2) 求微分方程 $\dfrac{d^2 x}{dy^2}-x=e^{2y}$ 满足初始条件 $x(0)=0$，$x'(0)=\dfrac{2}{3}$ 的特解.

六、(12分) 设 $f(x)=\dfrac{x}{3}+\dfrac{1}{3}\ln\left(\dfrac{x}{x-1}\right)^2-\dfrac{1}{3}$，求

(1) 函数 $f(x)$ 的单调增加、单调减少区间，极大、极小值；

(2) 曲线 $y=f(x)$ 的凸性区间、拐点、渐近线方程.

七、(6分) 设 $f(x)$ 在 $(-\infty,+\infty)$ 上有界且可导，证明：方程
$$f'(x)(1+x^2)=2xf(x)$$
至少有一个实根.

八、(6分) 设函数 $f(x)$ 在 $[a,b]$ 上可导($a>0$，$b>0$)，且满足方程
$$2\int_a^{\frac{a+b}{2}} e^{\lambda(x-b)(x+b)} f(x) dx = (b-a)f(b).$$

证明：存在 $\xi \in (a,b)$ 使 $2\lambda\xi f(\xi)+f'(\xi)=0$ 成立.

2006—2007 年第一学期高等数学 (216 学时) 试题 B 卷答案

一、1. 由于 $\lim\limits_{x \to 0^+} f(x) = 1$, $\lim\limits_{x \to 0^-} f(x) = a$, $f(0) = a$, 故 $a = 1$.

2. 两边求导得

$$\left(\int_1^{\sin x} f(t)\,dt\right)' = f(\sin x)\cos x = -2\sin 2x.$$

等式两边取 $x = \dfrac{\pi}{4}$, 得 $f\left(\dfrac{\sqrt{2}}{2}\right) = -2\sqrt{2}$.

3. 在 $(-1, 1]$ 上, 有

$$f'(x) = \begin{cases} -2x, & -1 < x \leqslant 0, \\ 2x, & 0 < x \leqslant 1, \end{cases}$$

故

$$f(x) = \begin{cases} -x^2 + C_1, & -1 < x \leqslant 0, \\ x^2 + C_2, & 0 < x \leqslant 1, \end{cases}$$

且 $f(0) = 0$, 得 $C_1 = C_2$. 因此

$$f(x) = \begin{cases} -x^2, & -1 < x \leqslant 0, \\ x^2, & 0 < x \leqslant 1, \end{cases}$$

且 $f(5) = f(3) = f(1) = 1$.

4. 函数 $f(x)$ 在 $x = -1, 0, 1$ 处无意义, 故 $x = -1, 0, 1$ 是函数 $f(x)$ 的间断点. 又

$$\lim_{x \to 1} f(x) = \lim_{x \to 1} \frac{x(x-1)}{|x|(x-1)(x+1)} = \frac{1}{2},$$

故 $x = 1$ 是 $f(x)$ 的第一类间断点, 为可去间断点.

$$\lim_{x \to 0^+} f(x) = \lim_{x \to 0^+} \frac{x(x-1)}{x(x-1)(x+1)} = 1,$$

$$\lim_{x \to 0^-} f(x) = \lim_{x \to 0^-} \frac{x(x-1)}{-x(x-1)(x+1)} = -1,$$

故 $x = 0$ 是 $f(x)$ 的第一类间断点, 为跳跃间断点.

$$\lim_{x \to -1} f(x) = \lim_{x \to -1} \frac{x(x-1)}{-x(x-1)(x+1)} = -\infty,$$

故 $x = -1$ 是 $f(x)$ 的第二类间断点, 为无穷间断点.

二、1. 原式 $= \lim\limits_{x\to 0}\dfrac{\sin^2 x\,(\sqrt{1+x\sin x}+\sqrt{\cos x})}{1-\cos x+x\sin x}$

$$= \lim_{x\to 0}\dfrac{\dfrac{\sin^2 x}{x^2}(\sqrt{1+x\sin x}+\sqrt{\cos x})}{\dfrac{1-\cos x}{x^2}+\dfrac{\sin x}{x}}=\dfrac{4}{3}.$$

2. $\dfrac{\mathrm{d}y}{\mathrm{d}x}=\dfrac{\mathrm{d}y}{\mathrm{d}t}\cdot\dfrac{\mathrm{d}t}{\mathrm{d}x}=-\dfrac{1}{4t}(1+\mathrm{e}^{\frac{1}{1+\sin t}})\cos t.$

3. $\displaystyle\int\dfrac{f'(x)g(x)+f(x)g'(x)}{\sqrt{f(x)g(x)+1}}\mathrm{d}x=\int\dfrac{\mathrm{d}(f(x)g(x)+1)}{\sqrt{f(x)g(x)+1}}$
$$=2\sqrt{f(x)g(x)+1}+C.$$

4. $\displaystyle\int_0^{+\infty}\left(\dfrac{\sin x}{x}\right)^2\mathrm{d}x=-\int_0^{+\infty}\sin^2 x\,\mathrm{d}\dfrac{1}{x}$
$$=-\dfrac{\sin^2 x}{x}\Big|_0^{+\infty}+\int_0^{+\infty}\dfrac{2\sin x\cos x}{x}\mathrm{d}x$$
$$=\int_0^{+\infty}\dfrac{\sin 2x}{x}\mathrm{d}x=\dfrac{\pi}{4}.$$

三、解 (1) 由于
$$\lim_{x\to 0}f(x)=\lim_{x\to 0}\dfrac{g(x)-\mathrm{e}^{-x}}{x}=\lim_{x\to 0}\dfrac{g(x)-g(0)}{x}+\lim_{x\to 0}\dfrac{\mathrm{e}^{-x}-1}{-x}$$
$$=g'(0)+1=0,$$
所以当 $a=0$ 时, $f(x)$ 在 $x=0$ 处连续.

(2) 当 $x\neq 0$ 时, 有
$$f'(x)=\left(\dfrac{g(x)-\mathrm{e}^{-x}}{x}\right)'=\dfrac{xg'(x)-g(x)+(x+1)\mathrm{e}^{-x}}{x^2}.$$
当 $x=0$ 时, 因
$$f'(0)=\lim_{x\to 0}\dfrac{g(x)-\mathrm{e}^{-x}}{x^2}=\lim_{x\to 0}\dfrac{g'(x)+\mathrm{e}^{-x}}{2x}$$
$$=\lim_{x\to 0}\dfrac{g''(x)-\mathrm{e}^{-x}}{2}=\dfrac{1}{2}(g''(0)-1),$$
于是, 有
$$f'(x)=\begin{cases}\dfrac{xg'(x)-g(x)+(x+1)\mathrm{e}^{-x}}{x^2}, & x\neq 0,\\[2mm] \dfrac{1}{2}(g''(0)-1), & x=0.\end{cases}$$

因
$$\lim_{x\to 0} f'(x) = \lim_{x\to 0} \frac{xg'(x) - g(x) + (x+1)\mathrm{e}^{-x}}{x^2}$$
$$= \lim_{x\to 0} \frac{xg''(x) - x\mathrm{e}^{-x}}{2x} = \frac{1}{2}(g''(0) - 1) = f'(0),$$

故 $f'(x)$ 在 $x = 0$ 处连续.

四、解 (1) 设曲线 $y = \cos x$ 与 $y = a\sin x$ 相交于点 (x_1, y_1). 由于 $\cos x_1 = a\sin x_1$, 故 $\tan x_1 = \frac{1}{a}$. 又由条件, 有

$$\int_0^{\frac{\pi}{2}} (\cos x - a\sin x)\mathrm{d}x = \int_0^{x_1} a\sin x\,\mathrm{d}x + \int_{x_1}^{\frac{\pi}{2}} \cos x\,\mathrm{d}x,$$

即 $\sin x_1 + a\cos x_1 - a = -a(\cos x_1 - 1) + 1 - \sin x_1$. 整理得
$$2\sin x_1 + 2a\cos x_1 = 2a + 1.$$

由 $\sec^2 x_1 = \tan^2 x_1 + 1$, 有
$$\cos x_1 = \sqrt{\frac{1}{\tan^2 x_1 + 1}} = \frac{a}{\sqrt{a^2 + 1}}, \quad \sin x_1 = \frac{1}{\sqrt{a^2 + 1}}.$$

故 $2\frac{1}{\sqrt{a^2+1}} + 2a\frac{a}{\sqrt{a^2+1}} = 2a + 1$, 解得 $a = \frac{3}{4}$.

(2) 由 $x_1 = \arctan \frac{4}{3}$, 有
$$V = \pi \int_0^{\arctan\frac{4}{3}} \left(\cos^2 x - \frac{9}{16}\sin^2 x\right)\mathrm{d}x$$
$$= \pi \int_0^{\arctan\frac{4}{3}} \left(\frac{1+\cos 2x}{2} - \frac{9 - 9\cos 2x}{32}\right)\mathrm{d}x$$
$$= \frac{\pi}{32} \int_0^{\arctan\frac{4}{3}} (7 + 25\cos 2x)\mathrm{d}x$$
$$= \frac{\pi}{64}\left(14\arctan\frac{4}{3} + 25\sin\left(2\arctan\frac{4}{3}\right)\right).$$

五、证 (1) 因
$$\frac{\mathrm{d}y}{\mathrm{d}x} = \frac{1}{\frac{\mathrm{d}x}{\mathrm{d}y}}, \quad \frac{\mathrm{d}^2 y}{\mathrm{d}x^2} = \frac{\mathrm{d}}{\mathrm{d}y}\left(\frac{1}{\frac{\mathrm{d}x}{\mathrm{d}y}}\right)\frac{\mathrm{d}y}{\mathrm{d}x} = -\frac{\frac{\mathrm{d}^2 x}{\mathrm{d}y^2}}{\left(\frac{\mathrm{d}x}{\mathrm{d}y}\right)^3},$$

将 $\frac{\mathrm{d}y}{\mathrm{d}x}, \frac{\mathrm{d}^2 y}{\mathrm{d}x^2}$ 代入方程 $\frac{\mathrm{d}^2 y}{\mathrm{d}x^2} + (x + \mathrm{e}^{2y})\left(\frac{\mathrm{d}y}{\mathrm{d}x}\right)^3 = 0$, 得 $\frac{\mathrm{d}^2 x}{\mathrm{d}y^2} - x = \mathrm{e}^{2y}$.

解 (2) 由 $r^2-1=0$, 得方程 $\dfrac{d^2x}{dy^2}-x=0$ 的通解:
$$x=C_1e^y+C_2e^{-y}.$$

设 $\dfrac{d^2x}{dy^2}-x=e^{2y}$ 的特解为 $x^*=Ae^{2y}$. 因
$$(x^*)'=2Ae^{2y}, \quad (x^*)''=4Ae^{2y},$$

代入方程 $\dfrac{d^2x}{dy^2}-x=e^{2y}$ 得 $A=\dfrac{1}{3}$. 故得方程的特解为 $x^*=\dfrac{1}{3}e^{2y}$. 所以方程的通解为
$$x=C_1e^y+C_2e^{-y}+\dfrac{1}{3}e^{2y}.$$

又 $x(0)=0$, $x'(0)=\dfrac{2}{3}$, 得 $C_1=-\dfrac{1}{6}$, $C_2=-\dfrac{1}{6}$, 所以方程满足初始条件的特解为
$$x=-\dfrac{1}{6}e^y-\dfrac{1}{6}e^{-y}+\dfrac{1}{3}e^{2y}.$$

六、解 该曲线在 $(-\infty,0)$, $(0,1)$ 和 $(1,+\infty)$ 上连续. 由 $\lim\limits_{x\to 0}y=-\infty$ 知, $x=0$ 是它的铅直渐近线; 由 $\lim\limits_{x\to 1}y=+\infty$ 知, $x=1$ 也是它的铅直渐近线; 由
$$\lim_{x\to\infty}\dfrac{y}{x}=\dfrac{1}{3}, \quad \lim_{x\to\infty}\left(y-\dfrac{x}{3}\right)=-\dfrac{1}{3}$$

知, 直线 $y=\dfrac{x}{3}-\dfrac{1}{3}$ 是它的斜渐近线.

由 $y'=\dfrac{(x-2)(x+1)}{3x(x-1)}=0$, 得驻点 $x_1=-1$, $x_2=2$;

由 $y''=\dfrac{2(2x-1)}{3x^2(x-1)^2}=0$, 得可疑拐点 $x_3=\dfrac{1}{2}$.

列表如下:

x	$(-\infty,-1)$	-1	$(-1,0)$	$\left(0,\dfrac{1}{2}\right)$	$\dfrac{1}{2}$	$\left(\dfrac{1}{2},1\right)$	$(1,2)$	2	$(2,+\infty)$
y'	$+$	0	$-$	$+$	$+$	$+$	$-$	0	$+$
y''	$-$	$-$	$-$	0	$+$	$+$	$+$	$+$	$+$
$y=y(x)$	增 上凸	极大 1	减 上凸	增 上凸	拐点 $-\dfrac{1}{6}$	增 上凹	减 上凹	极小 0.8	增 上凹

(1) 故单调增加区间为$(-\infty,-1),(0,1),(2,+\infty)$，单调减少区间为$(-1,0),(1,2)$，极小值为$f(2)=\dfrac{1}{3}+\dfrac{2}{3}\ln 2$，极大值为$f(-1)=-\dfrac{2}{3}-\dfrac{2}{3}\ln 2$.

(2) 上凸区间为$(-\infty,0),\left(0,\dfrac{1}{2}\right)$，下凸区间为$\left(\dfrac{1}{2},1\right),(1,+\infty)$，拐点为$\left(\dfrac{1}{2},-\dfrac{1}{6}\right)$，$x=0$和$x=1$为垂直渐近线，斜渐近线$y=\dfrac{x}{3}-\dfrac{1}{3}$.

七、证 令$F(x)=\dfrac{f(x)}{x^2+1}$，显然$F(x)$在$(-\infty,+\infty)$上可导，所以有

$$F'(x)=\dfrac{f'(x)(1+x^2)-2xf(x)}{(1+x^2)^2},$$

若在$(-\infty,+\infty)$上$F(x)\equiv 0$，则$F'(x)=0$对任意实数均成立，从而有

$$f'(x)(1+x^2)=2xf(x),\quad \forall x\in\mathbf{R}.$$

结论成立.

若在$(-\infty,+\infty)$上$F(x)\equiv 0$不成立，则存在$x_0\in(-\infty,+\infty)$，有$F(x_0)\neq 0$. 不妨设$F(x_0)>0$，此时由$\lim\limits_{x\to-\infty}F(x)=\lim\limits_{x\to+\infty}F(x)=0$可知，$F(x)$在$(-\infty,+\infty)$上必有最大值，设其最大值点为$\xi$. 由费马定理知，有$F'(\xi)=0$，即$f'(\xi)(1+\xi^2)=2\xi f(\xi)$.

八、证 由$2\displaystyle\int_a^{\frac{a+b}{2}}e^{\lambda(x-b)(x+b)}f(x)\mathrm{d}x=(b-a)f(b)$，有

$$2\int_a^{\frac{a+b}{2}}e^{\lambda x^2}f(x)\mathrm{d}x=e^{\lambda b^2}(b-a)f(b).$$

令$F(x)=e^{\lambda x^2}f(x)$，由积分中值定理，得

$$F(b)=e^{\lambda b^2}f(b)=\dfrac{2}{b-a}\int_a^{\frac{a+b}{2}}e^{\lambda x^2}f(x)\mathrm{d}x$$
$$=e^{\lambda \eta^2}f(\eta)=F(\eta).$$

由微分中值定理得，在(η,b)中至少存在一点ξ使$F'(\xi)=0$，即

$$2\lambda\xi f(\xi)+f'(\xi)=0.$$

2007—2008 年第一学期 高等数学（216 学时）试题 A 卷

一、试解下列各题（每小题 7 分，共 56 分）

1. 计算 $\lim\limits_{n\to\infty}(\sqrt{n+3\sqrt{n}}-\sqrt{n-\sqrt{n}})$.

2. 计算 $\lim\limits_{x\to 0}\dfrac{\ln(1+x)-x}{\cos x-1}$.

3. 计算 $\displaystyle\int\dfrac{\sqrt{x}}{1+\sqrt{x}}\mathrm{d}x$.

4. 设 $f(x)=\displaystyle\int_0^{1-x}\mathrm{e}^{t(2-t)}\mathrm{d}t$，计算积分 $\displaystyle\int_0^1 f(x)\mathrm{d}x$.

5. 计算 $\displaystyle\int_0^{+\infty}x\mathrm{e}^{-x}\mathrm{d}x$.

6. 求曲线 $x^2+2xy^2+3y^4=6$ 在点 $M(1,-1)$ 处的切线与法线方程.

7. $\begin{cases}x=\displaystyle\int_1^{t^2}u\ln u\,\mathrm{d}u,\\ y=\displaystyle\int_{t^2}^1 u^2\ln u\,\mathrm{d}u\end{cases}$ $(t>1)$，求 $\dfrac{\mathrm{d}^2 y}{\mathrm{d}x^2}$.

8. 设 $y=\dfrac{1-x}{1+x}$，求 $y^{(n)}$.

二、(15 分) 已知函数 $y=\dfrac{x^3}{(x-1)^2}$，求

(1) 函数 $f(x)$ 的单调增加、单调减少区间，极大、极小值；

(2) 函数图形的凸性区间、拐点、渐近线.

三、(10 分) 设 $g(x)$ 是 $[1,2]$ 上的连续函数，$f(x)=\displaystyle\int_1^x g(t)\mathrm{d}t$.

(1) 用定义证明：$f(x)$ 在 $(1,2)$ 内可导.

(2) 证明：$f(x)$ 在 $x=1$ 处右连续.

四、(10 分) (1) 设平面图形 A 由抛物线 $y=x^2$，直线 $x=8$ 及 x 轴所围成，

求平面图形 A 绕 x 轴旋转一周所形成的立体体积.

(2) 在抛物线 $y = x^2 (0 \leqslant x \leqslant 8)$ 上求一点，使得过此点所作切线与直线 $x = 8$ 及 x 轴所围图形面积最大.

五、(9 分) 当 $x \geqslant 0$ 时，对 $f(x)$ 在 $[0, b]$ 上应用拉格朗日中值定理有
$$f(b) - f(0) = f'(\xi) b, \quad \xi \in (0, b).$$
对于函数 $f(x) = \arcsin x$，求极限 $\lim\limits_{b \to 0} \dfrac{\xi}{b}$.

2007—2008 年第一学期高等数学（216 学时）试题 A 卷答案

一、1. $\lim\limits_{n \to \infty} (\sqrt{n + 3\sqrt{n}} - \sqrt{n - \sqrt{n}})$

$$= \lim_{n \to \infty} \frac{(\sqrt{n + 3\sqrt{n}} - \sqrt{n - \sqrt{n}})(\sqrt{n + 3\sqrt{n}} + \sqrt{n - \sqrt{n}})}{\sqrt{n + 3\sqrt{n}} + \sqrt{n - \sqrt{n}}}$$

$$= \lim_{n \to \infty} \frac{4\sqrt{n}}{\sqrt{n + 3\sqrt{n}} + \sqrt{n - \sqrt{n}}} = 2.$$

2. $\lim\limits_{x \to 0} \dfrac{\ln(1 + x) - x}{\cos x - 1} = \lim\limits_{x \to 0} \dfrac{\dfrac{1}{1+x} - 1}{-\sin x} = \lim\limits_{x \to 0} \dfrac{-x}{-(1+x)\sin x} = 1.$

3. 原式 $\xlongequal{t = \sqrt{x}} \displaystyle\int \dfrac{2t^2}{1+t} \mathrm{d}t = 2\int \dfrac{t^2 - 1 + 1}{1+t} \mathrm{d}t$

$$= 2\int (t - 1)\mathrm{d}t + 2\int \dfrac{1}{1+t} \mathrm{d}t = (t - 1)^2 + 2\ln(t+1) + C$$

$$= (\sqrt{x} - 1)^2 + 2\ln(\sqrt{x} + 1) + C.$$

4. $\displaystyle\int_0^1 f(x)\mathrm{d}x = xf(x)\Big|_0^1 + \int_0^1 xf'(x)\mathrm{d}x = \int_0^1 x\mathrm{e}^{1-x^2}\mathrm{d}x$

$$= \mathrm{e}\left(-\dfrac{1}{2}\mathrm{e}^{-x^2}\right)\Big|_0^1 = \dfrac{\mathrm{e} - 1}{2}.$$

5. $\displaystyle\int_0^{+\infty} x\mathrm{e}^{-x}\mathrm{d}x = -x\mathrm{e}^{-x}\Big|_0^{+\infty} + \int_0^{+\infty} \mathrm{e}^{-x}\mathrm{d}x = -\mathrm{e}^{-x}\Big|_0^{+\infty} = 1.$

6. 由 $x^2 + 2xy^2 + 3y^4 = 6$ 两边求导，得
$$2x + 2y^2 + 4xyy' + 12y^3 y' = 0.$$

把 $(1,-1)$ 代入上式，得
$$2+2-4y'(1)-12y'(1)=0,$$
即 $y'(1)=\dfrac{1}{4}$. 于是在 $M(1,-1)$ 处曲线的切线方程为
$$y+1=\dfrac{1}{4}(x-1),\text{ 即 } x-4y-5=0;$$
在 $M(1,-1)$ 处曲线的法线方程为
$$y+1=-4(x-1),\text{ 即 } 4x+y-3=0.$$

7. $\dfrac{\mathrm{d}y}{\mathrm{d}x}=\dfrac{-t^4\ln t^2\cdot 2t}{t^2\ln t^2\cdot 2t}=-t^2,$

$\dfrac{\mathrm{d}^2y}{\mathrm{d}x^2}=\dfrac{\mathrm{d}}{\mathrm{d}x}\left(\dfrac{\mathrm{d}y}{\mathrm{d}x}\right)=\dfrac{\mathrm{d}(-t^2)}{\mathrm{d}x}=-2t\dfrac{\mathrm{d}t}{\mathrm{d}x}=-2t\dfrac{1}{4t^3\ln t}=-\dfrac{1}{2t^2\ln t}.$

8. 由 $y=-1+\dfrac{2}{1+x}=2(x+1)^{-1}-1$，得 $y'=2(-1)(1+x)^{-2}$，
$y''=2(-1)(-2)(1+x)^{-3}$, $\cdots$, $y^{(n)}=(-1)^n\cdot 2\cdot n!\cdot (1+x)^{-(n+1)}$.

二、解 定义域为 $(-\infty,1)\cup(1,+\infty)$. $y'=\dfrac{x^2(x-3)}{(x-1)^3}$, 令 $y'=0$, 得驻点 $x=0,3$. $y''=\dfrac{6x}{(x-1)^4}$, 令 $y''=0$, 得 $x=0$. 构造如下表格：

x	$(-\infty,0)$	0	$(0,1)$	1	$(1,3)$	3	$(3,+\infty)$
y'	+		+		−		+
y''	−		+		+		+
y	单增		单增		单减		单增
$y=f(x)$	上凸	拐点 $(0,0)$	下凸		下凸	极小值点	下凸

(1) 单调增加区间为 $(-\infty,1),(3,+\infty)$，单调减少区间为 $(1,3)$，极小值为 $f(3)=\dfrac{27}{4}$，无极大值.

(2) 下凸区间为 $(0,1),(1,+\infty)$，上凸区间为 $(-\infty,0)$，拐点为 $(0,0)$. 由于 $\lim\limits_{x\to 1}\dfrac{x^3}{(x-1)^2}=\infty$，故 $x=1$ 为函数图形的铅直渐近线. 又
$$\lim_{x\to\infty}\dfrac{f(x)}{x}=\lim_{x\to\infty}\dfrac{x^2}{(x-1)^2}=1,$$

$$\lim_{x\to\infty}(f(x)-x)=\lim_{x\to\infty}\left[\frac{x^3}{(x-1)^2}-x\right]=2,$$

故 $y=x+2$ 为函数图形的斜渐近线.

三、证 (1) $\forall x \in (1,2)$，由积分中值定理，因

$$\frac{f(x+\Delta x)-f(x)}{\Delta x}=\frac{\int_x^{x+\Delta x}g(t)\mathrm{d}t}{\Delta x}=g(\xi), \quad \xi \in [x,x+\Delta x],$$

两边取极限，得

$$\lim_{\Delta x\to 0}\frac{f(x+\Delta x)-f(x)}{\Delta x}=\lim_{\Delta x\to 0}\frac{\int_x^{x+\Delta x}g(t)\mathrm{d}t}{\Delta x}=\lim_{\xi\to x}g(\xi)=g(x),$$

即 $f(x)$ 在 $(1,2)$ 内可导，且 $f'(x)=g(x)$.

(2) 由积分中值定理，有

$$\lim_{\Delta x\to 0^+}(f(1+\Delta x)-f(1))$$

$$=\lim_{\Delta x\to 0^+}\int_1^{1+\Delta x}g(t)\mathrm{d}t=\lim_{\Delta x\to 0^+}(g(\xi)\cdot\Delta x)=0,$$

其中 ξ 介于 $[1,1+\Delta x]$ 之间，所以 $f(x)$ 在 $x=1$ 处右连续.

四、解 (1) $V=\pi\int_0^8 x^4\mathrm{d}x=\frac{8^5}{5}\pi.$

(2) 过曲线上点 (x,y) 的切线方程为 $Y-y=Y'(X-x)$，即

$$Y-x^2=2x(X-x).$$

此切线与 $X=8,Y=0$ 的交点的纵坐标与横坐标分别为

$$Y=2x(8-x)+x^2, \quad X=\frac{x}{2},$$

则所求面积为

$$S=\frac{1}{2}\left(8-\frac{x}{2}\right)[2x(8-x)+x^2].$$

由 $S'(x)=\frac{3}{4}x^2-16x+64$，令 $S'(x)=0$，得 $x=\frac{16}{3}$ 和 $x=16$（舍去）. 故当 $x=\frac{16}{3}$ 时，S 取得最大值，所以所求点为 $\left(\frac{16}{3},\frac{256}{9}\right)$.

五、解 对 $f(x)=\arcsin x$ 在 $[0,b]$ 上应用拉格朗日中值定理，有

$$\arcsin b=\frac{b}{\sqrt{1-\xi^2}}, \quad \xi\in(0,b),$$

所以
$$\xi^2 = 1 - \left(\frac{b}{\arcsin b}\right)^2, \quad \xi \in (0,b).$$

因此
$$\lim_{b \to 0} \frac{\xi^2}{b^2} = \lim_{b \to 0} \frac{1 - \left(\frac{b}{\arcsin b}\right)^2}{b^2} = \lim_{b \to 0} \frac{(\arcsin b)^2 - b^2}{b^2 (\arcsin b)^2}$$
$$= \lim_{t \to 0} \frac{t^2 - \sin^2 t}{t^4} = \lim_{t \to 0} \frac{2t - \sin 2t}{4t^3}$$
$$= \lim_{t \to 0} \frac{2 - 2\cos 2t}{12t^2} = \lim_{t \to 0} \frac{2t^2}{6t^2} = \frac{1}{3}.$$

故 $\lim_{b \to 0} \frac{\xi}{b} = \frac{1}{\sqrt{3}}$.

2007—2008年第一学期 高等数学（216学时）试题 B 卷

一、试解下列各题（每小题6分，共48分）

1. 计算 $\lim\limits_{x \to 0} \dfrac{\arctan x - x}{\ln(1 + 2x^3)}$.

2. 计算 $\int_0^1 \dfrac{\ln(1+x)}{(2-x)^2} dx$.

3. 计算积分：$\int_1^{+\infty} \dfrac{\arctan x}{x^2} dx$.

4. 已知两曲线由 $y = f(x)$ 与 $xy + e^{x+y} = 1$ 所确定，且在点 $(0,0)$ 处的切线相同，写出此切线方程，并求极限 $\lim\limits_{n \to \infty} nf\left(\dfrac{2}{n}\right)$.

5. 设 $\begin{cases} x = \cos t^2, \\ y = t\cos t^2 - \int_1^{t^2} \dfrac{1}{2\sqrt{u}} \cos u \, du, \end{cases}$ 试求 $\left.\dfrac{dy}{dx}, \dfrac{d^2 y}{dx^2}\right|_{t=\sqrt{\frac{\pi}{2}}}$ 的值.

6. 确定函数 $f(x) = \lim\limits_{t \to x} \left(\dfrac{\sin t}{\sin x}\right)^{\frac{x}{\sin t - \sin x}}$ 的间断点，并判定间断点的类型.

7. 设 $y = \dfrac{1}{x(1-x)}$，求 $y^{(n)}$.

8. 求位于曲线 $y = xe^{-x} (x \geq 0)$ 下方、x 轴上方之图形面积.

二、(12分) 设 $f(x)$ 具有二阶连续导数，且 $f(a) = 0$，

$$g(x) = \begin{cases} \dfrac{f(x)}{x-a}, & x \neq a, \\ A, & x = a. \end{cases}$$

(1) 试确定 A 的值，使 $g(x)$ 在 $x = a$ 处连续.

(2) 求 $g'(x)$.

(3) 证明：$g'(x)$ 在 $x = a$ 处连续.

三、(15 分) 设 $P(x,y)$ 为曲线

$$L: \begin{cases} x = \cos t, \\ y = 2\sin^2 t \end{cases} \quad (0 \leqslant t \leqslant \frac{\pi}{2})$$

上一点，作过原点 $O(0,0)$ 和点 P 的直线 OP，由曲线 L、直线 OP 以及 x 轴所围成的平面图形记为 A.
(1) 将 y 表成 x 的函数.
(2) 求平面图形 A 的面积 $S(x)$ 的表达式.
(3) 将平面图形 A 的面积 $S(x)$ 表成 t 的函数 $S = S(t)$，并求 $\dfrac{dS}{dt}$ 取得最大值时点 P 的坐标.

四、(15 分) 已知函数 $y = \dfrac{x^2-5}{x-3}$，求
(1) 函数 $f(x)$ 的单调增加、单调减少区间、极大、极小值；
(2) 函数图形的凸性区间、拐点、渐近线.

五、(10 分) 设函数 $f(x)$ 在 $[-l, l]$ 上连续，在 $x = 0$ 处可导，且 $f'(0) \neq 0$.
(1) 证明：对于任意 $x \in (0, l)$，至少存在一个 $\theta \in (0, 1)$，使
$$\int_0^x f(t)dt + \int_0^{-x} f(t)dt = x(f(\theta x) - f(-\theta x)).$$
(2) 求极限 $\lim\limits_{x \to 0^+} \theta$.

2007—2008 年第一学期高等数学 (216 学时) 试题 B 卷答案

一、1. $\lim\limits_{x \to 0} \dfrac{\arctan x - x}{\ln(1+2x^3)} = \lim\limits_{x \to 0} \dfrac{\arctan x - x}{2x^3} = \lim\limits_{x \to 0} \dfrac{\dfrac{1}{1+x^2} - 1}{6x^2}$

$= \lim\limits_{x \to 0} \dfrac{\dfrac{-x^2}{1+x^2}}{6x^2} = -\dfrac{1}{6}.$

2. 原式 $= \dfrac{\ln(1+x)}{2-x} \Big|_0^1 - \int_0^1 \dfrac{1}{(1+x)(2-x)} dx$

$= \ln 2 - \dfrac{1}{3} \int_0^1 \left(\dfrac{1}{1+x} + \dfrac{1}{2-x} \right) dx$

$$= \ln 2 - \frac{1}{3}\Big(\ln(x+1)\Big|_0^1 - \ln(2-x)\Big|_0^1\Big) = \frac{1}{3}\ln 2.$$

3. $\displaystyle\int_1^{+\infty} \frac{\arctan x}{x^2}\mathrm{d}x = -\frac{1}{x}\arctan x\Big|_1^{+\infty} + \int_1^{+\infty} \frac{1}{x(1+x^2)}\mathrm{d}x$

$$= \frac{\pi}{4} + \Big(\ln x - \frac{1}{2}\ln(1+x^2)\Big)\Big|_1^{+\infty}$$

$$= \frac{\pi}{4} + \frac{1}{2}\ln 2.$$

4. 由 $f(0)=0$, $f'(0)=y'(0)$, 又 $y+xy'+e^{x+y}(1+y')=0$, 得 $y'(0)=-1$, $f'(0)=-1$. 故所求切线方程为 $x+y=0$, 且

$$\lim_{n\to\infty} nf\Big(\frac{2}{n}\Big) = \lim_{n\to\infty} \frac{f\big(\frac{2}{n}\big)-f(0)}{\frac{2}{n}} \cdot 2 = 2f'(0) = -2.$$

5. $\dfrac{\mathrm{d}y}{\mathrm{d}t} = -2t^2\sin t^2 \ (t>0)$, $\dfrac{\mathrm{d}t}{\mathrm{d}x} = -2t\sin t^2$,

$\dfrac{\mathrm{d}y}{\mathrm{d}x} = t$, $\dfrac{\mathrm{d}y}{\mathrm{d}x}\Big|_{t=\sqrt{\frac{\pi}{2}}} = \sqrt{\dfrac{\pi}{2}}$,

$\dfrac{\mathrm{d}^2y}{\mathrm{d}x^2} = \dfrac{1}{-2t\sin t^2}$, $\dfrac{\mathrm{d}^2y}{\mathrm{d}x^2}\Big|_{t=\sqrt{\frac{\pi}{2}}} = \dfrac{1}{-\sqrt{2\pi}}$.

6. $f(x) = \lim\limits_{t\to x}\Big(\dfrac{\sin t}{\sin x}\Big)^{\frac{x}{\sin t - \sin x}} = e^{\frac{x}{\sin x}}$, 故 $x=0$ 是 $f(x)$ 的第一类间断点, 为可去间断点. $\lim\limits_{x\to k\pi} f(x) = \infty$, 故 $x=k\pi$ ($k=\pm 1, \pm 2, \cdots$) 是函数 $f(x)$ 的第二类间断点, 为无穷间断点.

7. 由 $y = \dfrac{1}{x} + \dfrac{1}{1-x}$, 可得

$$y^{(n)} = [(-1)^n x^{-(n+1)} + (1-x)^{-(n+1)}]n!.$$

8. $S = \displaystyle\int_0^{+\infty} x e^{-x}\mathrm{d}x = -xe^{-x}\Big|_0^{+\infty} + \int_0^{+\infty} e^{-x}\mathrm{d}x = -e^{-x}\Big|_0^{+\infty} = 1.$

二、解 (1) $A = \lim\limits_{x\to a} \dfrac{f(x)}{x-a} = f'(a).$

(2) 当 $x \neq a$ 时, 有

$$g'(x) = \frac{f'(x)(x-a)-f(x)}{(x-a)^2}.$$

当 $x=a$ 时, 有

$$g'(a) = \lim_{x\to a}\frac{g(x)-g(a)}{(x-a)} = \lim_{x\to a}\frac{f(x)-f'(x)(x-a)}{(x-a)^2} = \frac{f''(a)}{2}.$$

所以
$$g'(x) = \begin{cases} \dfrac{f'(x)(x-a)-f(x)}{(x-a)^2}, & x \neq a, \\ \dfrac{f''(a)}{2}, & x = a. \end{cases}$$

证 (3) 因
$$\lim_{x \to a} g'(x) = \lim_{x \to a} \frac{f'(x)(x-a)-f(x)}{(x-a)^2} = \frac{f''(a)}{2} = g'(a),$$
故 $g'(x)$ 在 $x=a$ 处连续.

三、解 (1) $y = 2(1-x^2)$.

(2) 设曲线上有点 $P(x, 2(1-x^2))$, 而 OP 的方程为
$$Y = \frac{y}{x}X = \frac{2(1-x^2)}{x}X,$$
故所求面积为
$$S(x) = \int_0^x \frac{2(1-x^2)}{x} X \, \mathrm{d}X + \int_x^1 2(1-X^2)\, \mathrm{d}X = \frac{4}{3} - x - \frac{1}{3}x^3.$$

(3) $S(t) = \dfrac{4}{3} - \cos t - \dfrac{1}{3}\cos^3 t$, 于是
$$S'(t) = \sin t\,(1+\cos^2 t), \quad S''(t) = \cos t\,(3\cos^2 t - 1).$$
令 $S''(t) = 0$, 得 $\cos^2 t = \dfrac{1}{3}$, $\sin^2 t = \dfrac{4}{3}$, 故 $x = \dfrac{1}{\sqrt{3}}$, $y = \dfrac{4}{3}$, 得 $\dfrac{\mathrm{d}S}{\mathrm{d}t}$ 取得最大值时点 P 的坐标为 $P\left(\dfrac{1}{\sqrt{3}}, \dfrac{4}{3}\right)$.

四、解 定义域为 $(-\infty, 3) \cup (3, +\infty)$. $y' = \dfrac{(x-1)(x-3)}{(x-3)^2}$, 令 $y' = 0$, 得驻点 $x = 1, 3$. $y'' = \dfrac{8}{(x-3)^3}$. 构造如下表格：

x	$(-\infty,1)$	1	$(1,3)$	3	$(3,5)$	5	$(5,+\infty)$
y'	+		−		−		+
y''	−		−		+		+
y	单增	极大值点	单减		单减	极小值点	单增
$y=f(x)$	上凸		上凸		下凸		下凸

(1) 单调增加区间为 $(-\infty, 1)$, $(5, +\infty)$, 单调减少区间为 $(1,3)$, $(3,5)$, 极小值为 $f(5) = 10$, 极大值为 $f(1) = 2$.

(2) 下凸区间为 $(3, +\infty)$, 上凸区间为 $(-\infty, 3)$.

由 $\lim\limits_{x \to 3} \dfrac{x^3}{(x-1)^2} = \infty$, 故 $x = 3$ 为函数图形的铅直渐近线. 又

$$\lim_{x \to \infty} \frac{f(x)}{x} = 1, \quad \lim_{x \to \infty} (f(x) - x) = 3,$$

故 $y = x + 3$ 为函数图形的斜渐近线.

五、证 (1) 令

$$F(x) = \int_0^x f(t)\,\mathrm{d}t + \int_0^{-x} f(t)\,\mathrm{d}t, \quad x \in [-l, l],$$

则 $F(x)$ 在 $[0, x]$ 上连续, 可导. 由微分中值定理, 有

$$F(x) - F(0) = F'(\theta x) x \quad (0 < \theta < 1).$$

又 $F(0) = 0$, 所以有

$$\int_0^x f(t)\,\mathrm{d}t + \int_0^{-x} f(t)\,\mathrm{d}t = x(f(\theta x) - f(-\theta x)).$$

解 (2) 由结论(1), 得

$$\frac{\int_0^x f(t)\,\mathrm{d}t + \int_0^{-x} f(t)\,\mathrm{d}t}{2x^2} = \frac{f(\theta x) - f(-\theta x)}{2x\theta} \cdot \theta.$$

由 $f(x)$ 在 $x = 0$ 处可导, 且 $f'(0) \neq 0$, 在上式两边令 $x \to 0^+$, 取极限得

$$\text{左边} = \lim_{x \to 0^+} \frac{f(x) - f(-x)}{4x} = \frac{1}{2} f'(0),$$

$$\text{右边} = \lim_{x \to 0^+} \frac{f(\theta x) - f(-\theta x)}{2\theta x} \cdot \theta = f'(0) \cdot \lim_{x \to 0^+} \theta,$$

故 $\lim\limits_{x \to 0^+} \theta = \dfrac{1}{2}$.

2002—2003年第二学期
高等数学（216学时）试题 A 卷

一、填空题(每小题4分，共12分)

1. 设 S 为 $x^2+y^2+z^2=4$，则 $\oiint\limits_{S}(x^2+y^2)\mathrm{d}S=$ _____．

2. 设 $D=\{(x,y)\,|\,x^2+y^2\leqslant\rho^2\}$，$f$ 为连续函数，则
$$\lim_{\rho\to 0}\frac{1}{\pi\rho^2}\iint\limits_{D}f(x,y)\mathrm{d}x\mathrm{d}y=\underline{\qquad}.$$

3. 周期为2的函数 $f(x)$ 在一个周期 $[-1,1]$ 上的表达式为 $f(x)=|x|$，设它的傅里叶级数的和函数为 $s(x)$，则 $s(-5)=$ _____．

二、选择题(每小题4分，共12分)

1. 微分方程 $y''-y=\mathrm{e}^x+1$ 的一个特解应有形式(式中 a,b 为常数)（　　）．

   A. $a\mathrm{e}^x+b$ B. $ax\mathrm{e}^x+bx$ C. $a\mathrm{e}^x+bx$ D. $ax\mathrm{e}^x+b$

2. 函数
$$f(x,y)=\begin{cases}\dfrac{\sin 2(x^2+y^2)}{x^2+y^2}, & x^2+y^2\neq 0,\\ 2, & x^2+y^2=0\end{cases}$$
在点 $(0,0)$ 处（　　）．

   A. 无定义　　　　　　　　B. 连续
   C. 有极限但不连续　　　　D. 无极限

3. 设 L 是 $|y|=1-x^2\;(-1\leqslant x\leqslant 1)$ 表示的围线的正向，则 $\oint_L\dfrac{2x\mathrm{d}x+y\mathrm{d}y}{2x^2+y^2}$ 之值等于（　　）．

   A. 0 B. 2π C. -2π D. $4\ln 2$

三、(12分) 计算下列积分：

(1) $I=\iint\limits_{D}x\mathrm{d}x\mathrm{d}y$，其中 $D=\{(x,y)\,|\,0\leqslant x\leqslant 1,\,0\leqslant y\leqslant x^2\}$；

(2) $I = \iiint\limits_{\Omega} xy^2 z^3 \mathrm{d}x\mathrm{d}y\mathrm{d}z$,其中 Ω 是由曲面 $z = xy$,$y = x$,$x = 1$ 及 $z = 0$ 围成的闭区域.

四、(8 分) 求曲面 $4x^2 + 4z^2 - 17y^2 + 2y - 1 = 0$ 在点 $M_0(2,1,0)$ 处的切平面方程.

五、(8 分) 设 Ω 为旋转抛物面 $x^2 + y^2 = az$ 与锥面 $z = 2a - \sqrt{x^2 + y^2}$ ($a > 0$) 所围成的空间闭区域,求 Ω 的体积.

六、(12 分) 设有向量场

$$\mathbf{F} = \left(x^2 yz^2, \frac{1}{z}\arctan\frac{y}{z} - xy^2 z^2, \frac{1}{y}\arctan\frac{y}{z} + z(1+xyz)\right).$$

(1) 计算 $\mathrm{div}\,\mathbf{F}\big|_{(1,1,1)}$ 的值.

(2) 设空间区域 Ω 由锥面 $y^2 + z^2 = x^2$ 与球面 $x^2 + y^2 + z^2 = a^2$,$x^2 + y^2 + z^2 = 4a^2$ 所围成 ($x > 0$),其中 a 为正常数,记 Ω 表面的外侧为 Σ,计算积分

$$\oiint\limits_{\Sigma} x^2 yz^2 \mathrm{d}y\mathrm{d}z + \left(\frac{1}{z}\arctan\frac{y}{z} - xy^2 z^2\right)\mathrm{d}z\mathrm{d}x + \left[\frac{1}{y}\arctan\frac{y}{z} + z(1+xyz)\right]\mathrm{d}x\mathrm{d}y.$$

七、(8 分) 已知 $\varphi(x) = \frac{1}{2}\left(x - \frac{1}{x}\right)$,试证曲线积分

$$I = \int_A^B (x - \varphi(x))\frac{y}{x}\mathrm{d}x + \varphi(x)\mathrm{d}y$$

与路径无关,并求当 A,B 两点分别为 $(1,0)$ 及 (π,π) 时这个积分的值.

八、(7 分) 求曲面 $xy - z^2 + 1 = 0$ 上离原点最近的点.

九、(5 分) 证明:设 $f(x)$ 在 $[-1,1]$ 上连续,且 $\Omega: x^2 + y^2 + z^2 \leqslant 1$,则

$$\iiint\limits_{\Omega} f(x)\mathrm{d}x\mathrm{d}y\mathrm{d}z = \pi\int_{-1}^{1} f(x)(1-x^2)\mathrm{d}x.$$

十、(8 分) 设有空间直线 $l: \dfrac{x-1}{1} = \dfrac{y}{1} = \dfrac{z-1}{-1}$ 和平面 $\pi: x - y + 2z - 1 = 0$,求

(1) 直线 l 在平面 π 上的投影直线 l_0 的方程;

(2) 投影直线 l_0 绕 y 轴旋转一周所成的旋转曲面方程 $F(x,y,z) = 0$.

十一、(8分) 设 $z = f(e^x \sin y)$, $f(u)$ 具有二阶连续导数.

(1) 求 $\dfrac{\partial^2 z}{\partial x^2} + \dfrac{\partial^2 z}{\partial y^2}$.

(2) 若 $\dfrac{\partial^2 z}{\partial x^2} + \dfrac{\partial^2 z}{\partial y^2} = z e^{2x}$, 且 $f(0) = 0$, $f'(0) = 1$, 求 $f(u)$.

2002—2003 年第二学期高等数学 (216 学时) 试题 A 卷答案

一、1. $\dfrac{128}{3}\pi$; 2. $f(0,0)$; 3. 1.

二、1. D; 2. B; 3. A.

三、**解** (1) $I = \displaystyle\int_0^1 x \, dx \int_0^{x^2} dy = \int_0^1 x^3 \, dx = \dfrac{1}{4}$.

(2) $I = \displaystyle\int_0^1 x \, dx \int_0^x y^2 \, dy \int_0^{xy} z^3 \, dz = \dfrac{1}{4} \int_0^1 x^5 \, dx \int_0^x y^6 \, dy$

$= \dfrac{1}{28} \displaystyle\int_0^1 x^{12} \, dx = \dfrac{1}{364}$.

四、**解** 设 $F(x,y,z) = 4x^2 + 4z^2 - 17y^2 + 2y - 1$, 故有

$$F'_x = 8x, \quad F'_y = -34y + 2, \quad F'_z = 8z.$$

于是 M_0 点处的切平面的法向量为

$$\boldsymbol{n}_2 = (16, -32, 0) = 16(1, -2, 0).$$

因此, 旋转曲面 $F(x,y,z) = 0$ 在点 $M_0(2,1,0)$ 处的切平面方程为

$$1 \cdot (x-2) - 2 \cdot (y-1) = 0,$$

即 $x - 2y = 0$.

五、**解** 由 $\begin{cases} x^2 + y^2 = az, \\ z = 2a - \sqrt{x^2+y^2} \end{cases}$ 消去 z, 得投影柱面

$$x^2 + y^2 = a^2.$$

因此它在 xOy 面上的投影域为 $D: x^2 + y^2 \leqslant a^2$. 于是区域 Ω 的体积为

$$V = \iint\limits_D \left(2a - \sqrt{x^2+y^2} - \dfrac{x^2+y^2}{a} \right) dx \, dy$$

$$= \int_0^{2\pi} d\theta \int_0^a \left(2a - r - \frac{r^2}{a}\right) r \, dr = \frac{5}{6}\pi a^3.$$

六、解 (1) 令 $P = x^2 y z^2$,

$$Q = \frac{1}{z}\arctan\frac{y}{z} - xy^2z^2, \quad R = \frac{1}{y}\arctan\frac{y}{z} + z(1+xyz),$$

故有 $\dfrac{\partial P}{\partial x} = 2xyz^2$,

$$\frac{\partial Q}{\partial y} = \frac{1}{z^2}\frac{1}{1+\left(\frac{y}{z}\right)^2} - 2xyz^2, \quad \frac{\partial R}{\partial z} = -\frac{1}{z^2}\frac{1}{1+\left(\frac{y}{z}\right)^2} + (1+2xyz).$$

从而有 $\left(\dfrac{\partial P}{\partial x} + \dfrac{\partial Q}{\partial y} + \dfrac{\partial R}{\partial z}\right) = 1 + 2xyz$. 所以

$$\text{div}\,\boldsymbol{F}\big|_{(1,1,1)} = \left(\frac{\partial P}{\partial x} + \frac{\partial Q}{\partial y} + \frac{\partial R}{\partial z}\right)\bigg|_{(1,1,1)}$$
$$= (1+2xyz)\big|_{(1,1,1)} = 3.$$

(2) 记 Ω 为 Σ 所围区域，由高斯公式，得

$$I = \iiint_\Omega (1+2xyz)\,dx\,dy\,dz = \iiint_\Omega dx\,dy\,dz + 2\iiint_\Omega xyz\,dx\,dy\,dz$$
$$= \iiint_\Omega r^2\sin\varphi\,dr\,d\theta\,d\varphi = \int_0^{2\pi}d\theta\int_0^{\frac{\pi}{4}}d\varphi\int_a^{2a} r^2\sin\varphi\,dr$$
$$= \frac{7}{3}a^3(2-\sqrt{2})\pi.$$

(由于 Ω 关于 xOz 平面对称，xyz 是区域 Ω 上关于 y 的奇函数，故有 $\iiint_\Omega xyz\,dx\,dy\,dz = 0$)

七、证 由题设知

$$\frac{\partial \varphi(x)}{\partial x} = \frac{1}{2}\left(1+\frac{1}{x^2}\right) = \frac{\partial}{\partial y}\left[(x-\varphi(x))\frac{y}{x}\right],$$

故曲线积分 $I = \int_A^B (x-\varphi(x))\dfrac{y}{x}dx + \varphi(x)dy$ 与路径无关. 于是

$$I = \int_{(1,0)}^{(\pi,\pi)}\left[x - \left(\frac{1}{2}x - \frac{1}{2x}\right)\right]\frac{y}{x}dx + \frac{1}{2}\left(x-\frac{1}{x}\right)dy$$
$$= \int_0^\pi \frac{1}{2}\left(\pi - \frac{1}{\pi}\right)dy = \frac{1}{2}(\pi^2 - 1).$$

八、解 由题设有 $d=\sqrt{x^2+y^2+z^2}$, 即 $d^2=f(x,y,z)=x^2+y^2+z^2$. 令
$$F(x,y,z,\lambda)=x^2+y^2+z^2+\lambda(xy-z^2+1).$$
由
$$\begin{cases} F'_x=2x+\lambda y=0, \\ F'_y=2y+\lambda x=0, \\ F'_z=2z-2\lambda z=0, \\ F'_\lambda=xy-z^2+1=0, \end{cases}$$
得驻点 $(1,-1,0),(-1,1,0),(0,0,\pm 1)$. 而
$$f(1,-1,0)=f(-1,1,0)=2, \quad f(0,0,\pm 1)=1,$$
比较知, 此曲面上离原点最近的点为 $(0,0,\pm 1)$.

九、证 将 $\Omega: x^2+y^2+z^2\leqslant 1$ 向 x 轴投影, 得 $-1\leqslant x\leqslant 1$, 并用垂直于 x 轴的平面截 Ω, 得 $D_x: y^2+z^2\leqslant 1-x^2$. 于是有
$$\iiint\limits_{\Omega} f(x)\mathrm{d}x\mathrm{d}y\mathrm{d}z = \int_{-1}^{1} f(x)\mathrm{d}x\iint\limits_{D_x}\mathrm{d}y\mathrm{d}z = \int_{-1}^{1} f(x)\cdot\pi(1-x^2)\mathrm{d}x$$
$$=\pi\int_{-1}^{1} f(x)(1-x^2)\mathrm{d}x,$$
故命题得证.

十、解 (1) 设 π_1 为过 l 且垂直于 π 的平面. 由于直线 l 的一般方程为
$$\begin{cases} x-y-1=0, \\ y+z-1=0, \end{cases}$$
所以过 l 的平面束方程为 $x-y-1+\lambda(y+z-1)=0$, 即
$$x+(\lambda-1)y+\lambda z-(\lambda+1)=0.$$
其法向量为 $\boldsymbol{n}_1=(1,\lambda-1,\lambda)$, 平面 π 的法向量为 $\boldsymbol{n}=(1,-1,2)$, 由 π_1 与 π 垂直知, $\boldsymbol{n}_1\cdot\boldsymbol{n}=0$, 所以有 $\lambda=-2$. 于是 π_1 的方程为 $x-3y-2z+1=0$, 从而直线 l_0 的方程为
$$\begin{cases} x-3y-2z+1=0, \\ x-y+2z-1=0. \end{cases}$$

(2) 将 $l_0: \begin{cases} x-3y-2z+1=0, \\ x-y+2z-1=0 \end{cases}$ 化为参数方程:
$$\begin{cases} x=2y, \\ y=y, \\ z=-\dfrac{1}{2}(y-1). \end{cases}$$

设 $P_0(x_0, y_0, z_0)$ 是 l_0 上一点，则有
$$\begin{cases} x_0 = 2y_0, \\ z_0 = -\dfrac{1}{2}(y_0 - 1). \end{cases}$$

若 $P(x, y, z)$ 是由 l_0 旋转到达的另一点，由于 y 坐标不变且 P_0, P 到 y 轴的距离相等，则有 $y = y_0$，$x^2 + z^2 = x_0^2 + z_0^2$，于是
$$x^2 + z^2 = (2y_0)^2 + \left[-\frac{1}{2}(y_0 - 1)\right]^2 = 4y^2 + \frac{1}{4}(y-1)^2,$$

即 $4x^2 + 4z^2 - 17y^2 + 2y - 1 = 0$ 为所求旋转曲面方程.

十一、解 (1) 由复合函数求导法则，可得
$$\frac{\partial z}{\partial x} = f'(u)\mathrm{e}^x \sin y, \quad \frac{\partial z}{\partial y} = f'(u)\mathrm{e}^x \cos y,$$
$$\frac{\partial^2 z}{\partial x^2} = f'(u)\mathrm{e}^x \sin y + f''(u)\mathrm{e}^{2x} \sin^2 y,$$
$$\frac{\partial^2 z}{\partial y^2} = -f'(u)\mathrm{e}^x \sin y + f''(u)\mathrm{e}^{2x} \cos^2 y,$$

所以
$$\begin{aligned}\frac{\partial^2 z}{\partial x^2} + \frac{\partial^2 z}{\partial y^2} &= f'(u)\mathrm{e}^x \sin y + f''(u)\mathrm{e}^{2x} \sin^2 y \\ &\quad - f'(u)\mathrm{e}^x \sin y + f''(u)\mathrm{e}^{2x} \cos^2 y \\ &= f''(u)\mathrm{e}^{2x}.\end{aligned}$$

故 $\dfrac{\partial^2 z}{\partial x^2} + \dfrac{\partial^2 z}{\partial y^2} = f''(u)\mathrm{e}^{2x}$.

(2) 由题设知，$f''(u)\mathrm{e}^{2x} = f(u)\mathrm{e}^{2x}$，即
$$f''(u) - f(u) = 0.$$

其特征方程为 $r^2 - 1 = 0$，有特征根为 $r_1 = 1, r_2 = -1$. 故
$$f(u) = C_1 \mathrm{e}^u + C_2 \mathrm{e}^{-u}.$$

再由 $f(0) = 0$, $f'(0) = 1$，得 $C_1 = \dfrac{1}{2}$, $C_2 = -\dfrac{1}{2}$. 所以
$$f(u) = \frac{1}{2}\mathrm{e}^u - \frac{1}{2}\mathrm{e}^{-u}.$$

2002—2003年第二学期
高等数学（216学时）试题 B 卷

一、选择题（每小题4分，共16分）

1. 设曲线积分 $\int_L (f(x)-e^x)\sin y\, dx - f(x)\cos y\, dy$ 与路径无关，其中 $f(x)$ 具有连续的一阶导数，且 $f(0)=0$，则 $f(x)$ 等于（　　）.

   A. $\dfrac{e^{-x}-e^x}{2}$　　B. $\dfrac{e^x-e^{-x}}{2}$　　C. $\dfrac{e^{-x}+e^x}{2}$　　D. $1-\dfrac{e^x-e^{-x}}{2}$

2. 若 $f(x,x^2)=x^3$，$f'_x(x,x^2)=x^2-2x^4$，则 $f'_y(x,x^2)=$（　　）.

   A. $x+x^3$　　B. $2x^2+2x^4$　　C. x^2+x^5　　D. $2x+2x^2$

3. $I=\int_1^e dx \int_0^{\ln x} f(x,y)\, dy$ 交换积分次序得（其中 $f(x,y)$ 连续）（　　）.

   A. $I=\int_1^e dy \int_0^{\ln x} f(x,y)\, dx$　　B. $I=\int_{e^y}^e dy \int_0^1 f(x,y)\, dx$

   C. $I=\int_0^{\ln x} dy \int_1^e f(x,y)\, dx$　　D. $I=\int_0^1 dy \int_{e^y}^e f(x,y)\, dx$

4. 设函数 $f(x,y)$ 在点 $(0,0)$ 附近有定义，且 $f'_x(0,0)=3$，$f'_y(0,0)=1$，则（　　）.

   A. $dz\big|_{(0,0)}=3dx+dy$

   B. 曲面 $z=f(x,y)$ 在点 $(0,0,f(0,0))$ 的法向量为 $(3,1,0)$

   C. 曲线 $\begin{cases} z=f(x,y), \\ y=0 \end{cases}$ 在点 $(0,0,f(0,0))$ 的切向量为 $(1,0,3)$

   D. 曲线 $\begin{cases} z=f(x,y), \\ y=0 \end{cases}$ 在点 $(0,0,f(0,0))$ 的切向量为 $(3,0,1)$

二、填空题（每小题4分，共16分）

1. 若单位向量 $\boldsymbol{a},\boldsymbol{b},\boldsymbol{c}$ 满足 $\boldsymbol{a}+\boldsymbol{b}+\boldsymbol{c}=\boldsymbol{0}$，则 $\boldsymbol{a}\cdot\boldsymbol{b}+\boldsymbol{b}\cdot\boldsymbol{c}+\boldsymbol{c}\cdot\boldsymbol{a}=$ _____.

2. 微分方程 $y''-5y'+6y=0$ 的通解是 _____.

3. 若 L 是单位圆周在第一象限的部分，则 $\int_L xy\,ds =$ _____.

4. 设空间物体占区域 $\Omega: 4x^2 + y^2 \leqslant 1$ $(0 \leqslant z \leqslant 1)$，其体密度函数为 $\mu(x,y,z) = (1-y)z$，则此空间物体的质量为 _____.

三、(8分) 设方程 $e^{y+z} - x\sin z = e$ 确定了点 $(x,y) = (0,1)$ 附近的一个隐函数 $z = z(x,y)$，求 $\left.\dfrac{\partial z}{\partial x}\right|_{(0,1)}, \left.\dfrac{\partial z}{\partial y}\right|_{(0,1)}, \left.\dfrac{\partial^2 z}{\partial x \partial y}\right|_{(0,1)}$.

四、(6分) 求过直线 $L: \dfrac{x+1}{1} = \dfrac{y}{2} = \dfrac{z-1}{-1}$ 的平面 π，使它平行于直线 L': $\dfrac{x-1}{3} = \dfrac{y-2}{2} = \dfrac{z-3}{1}$.

五、(24分) 计算下列各题：

(1) $\int_0^1 dy \int_{\arcsin y}^{\pi - \arcsin y} \sin^3 x\, dx$；

(2) $\iint\limits_{D} \sqrt{a^2 - x^2 - y^2}\, dx\, dy$，其中 $D: x^2 + y^2 \leqslant ax$ $(a > 0)$；

(3) 计算积分 $\iiint\limits_{\Omega} \dfrac{e^z}{\sqrt{x^2+y^2}}\, dV$，其中 Ω 是 yOz 面上的直线 $y = z$ 绕 Oz 轴旋转一周得到的曲面与平面 $z = 1, z = 2$ 所围成的空间区域.

六、(10分) 求圆锥面 $z = \sqrt{x^2+y^2}$ 与平面 $2z - y = 3$ 所围成的立体的表面积.

七、(10分) 在曲面 $S: z = x^2 + 2y^2$ 上求一点 $P(x_0, y_0, z_0)$，使它到平面 π: $x - y + 2z + 6 = 0$ 的距离最短.

八、(10分) 计算积分 $I = \oiint\limits_{\Sigma} \dfrac{x\,dy\,dz + y\,dz\,dx + z\,dx\,dy}{(x^2+y^2+z^2)^{\frac{3}{2}}}$，其中

(1) Σ 是球面 $x^2 + y^2 + z^2 = R^2$ 外侧；

(2) Σ 是球面 $(x-1)^2 + (y-2)^2 + (z-3)^2 = 1$ 的外侧；

(3) Σ 是椭球面 $2x^2 + 3y^2 + 4z^2 = 1$ 的外侧.

2002—2003年第二学期高等数学（216学时）试题B卷答案

一、1. B； 2. D； 3. D； 4. C.

二、1. $-\dfrac{3}{2}$； 2. $y = C_1 e^{2x} + C_2 e^{3x}$； 3. $\dfrac{1}{2}$； 4. $\dfrac{\pi}{4}$.

三、解 $z(0,1) = 0$,

$$\dfrac{\partial z}{\partial x} = \dfrac{\sin z}{e^{y+z} - x\cos z}, \quad \left.\dfrac{\partial z}{\partial x}\right|_{(0,1)} = 0,$$

$$\dfrac{\partial z}{\partial y} = \dfrac{-e^{y+z}}{e^{y+z} - x\cos z}, \quad \left.\dfrac{\partial z}{\partial y}\right|_{(0,1)} = -1,$$

$$\dfrac{\partial^2 z}{\partial x \partial y} = \dfrac{\cos z \cdot z_y (e^{y+z} - x\cos z) - \sin z \cdot (e^{y+z} - x\cos z)'_y}{(e^{y+z} - x\cos z)^2},$$

$$\left.\dfrac{\partial^2 z}{\partial x \partial y}\right|_{(0,1)} = -\dfrac{1}{e}.$$

四、解 直线 L 的一般方程可化为 $\begin{cases} 2x - y + 2 = 0, \\ y + 2z - 2 = 0. \end{cases}$ 设过直线 L 的平面方程为

$$\pi: 2x - y + 2 + \lambda(y + 2z - 2) = 0,$$

则平面 π 的法向量为 $\boldsymbol{n} = (2, \lambda-1, 2\lambda)$，直线 L' 的方向向量为 $\boldsymbol{s} = (3, 2, 1)$. 因 $\pi \parallel L'$，所以 $\boldsymbol{n} \perp \boldsymbol{s}$，即 $(2, \lambda-1, 2\lambda) \cdot (3, 2, 1) = 0$. 解得 $\lambda = -1$. 故所求平面的方程为 $\pi: x - y - z + 2 = 0$.

五、解 （1）方法 1

$$I = \int_0^\pi dx \int_0^{\sin x} \sin^3 x \, dy = \int_0^\pi \sin^4 x \, dx = 2\int_0^{\frac{\pi}{2}} \sin^4 x \, dx$$

$$= 2 \cdot \dfrac{3}{4} \cdot \dfrac{1}{2} \cdot \dfrac{\pi}{2} = \dfrac{3\pi}{8}.$$

方法 2

$$I = \int_0^1 dy \int_{\arcsin y}^{\pi - \arcsin y} (\cos^2 x - 1) d\cos x$$

$$= \int_0^1 \left(-\dfrac{2}{3}\cos^3(\arcsin y) + 2\cos(\arcsin y)\right) dy$$

$$= \int_0^{\frac{\pi}{2}} \left(-\frac{2}{3}\cos^3 t + 2\cos t\right)\cos t\, dt \quad (\arcsin y = t,\ y = \sin t)$$

$$= \int_0^{\frac{\pi}{2}} \left(-\frac{2}{3}\cos^4 t + 2\cos^2 t\right) dt = \left(-\frac{2}{3}\cdot\frac{3}{4}\cdot\frac{1}{2} + 2\cdot\frac{1}{2}\right)\frac{\pi}{2} = \frac{3\pi}{8}.$$

(2) $D: 0 \leqslant r \leqslant a\cos\theta,\ -\frac{\pi}{2} \leqslant \theta \leqslant \frac{\pi}{2}$, 有

$$I = \int_{-\frac{\pi}{2}}^{\frac{\pi}{2}} d\theta \int_0^{a\cos\theta} r\sqrt{a^2-r^2}\, dr = \int_{-\frac{\pi}{2}}^{\frac{\pi}{2}} \left(-\frac{1}{3}\right)(a^2-r^2)^{\frac{3}{2}}\Big|_0^{a\cos\theta} d\theta$$

$$= \frac{2}{3}a^3\int_0^{\frac{\pi}{2}}(1-\sin^3\theta)\,d\theta = \frac{2}{3}a^3\left(\frac{\pi}{2}-\frac{2}{3}\right) = \frac{a^3}{9}(3\pi-4).$$

(3) 方法 1 由题设，Ω 是由 $z=\sqrt{x^2+y^2}$ 与 $z=1$, $z=2$ 所围. 设 $\Omega = \Omega_1 \cup \Omega_2$, 在柱坐标系下：

$$\Omega_1: 0 \leqslant r \leqslant 1,\ 0 \leqslant \theta \leqslant 2\pi,\ 1 \leqslant z \leqslant 2,$$
$$\Omega_2: 1 \leqslant r \leqslant 2,\ 0 \leqslant \theta \leqslant 2\pi,\ r \leqslant z \leqslant 2,$$

故有

$$I = I_1 + I_2 = \iiint_{\Omega_1} \frac{e^z}{\sqrt{x^2+y^2}}\, dv + \iiint_{\Omega_2} \frac{e^z}{\sqrt{x^2+y^2}}\, dv$$

$$= \iiint_{\Omega_1} \frac{e^z}{r} r\, dr\, d\theta\, dz + \iiint_{\Omega_2} \frac{e^z}{r} r\, dr\, d\theta\, dz$$

$$= \int_0^{2\pi} d\theta \int_0^1 dr \int_1^2 e^z\, dz + \int_0^{2\pi} d\theta \int_1^2 dr \int_r^2 e^z\, dz$$

$$= 2\pi e^2 - 2\pi e + 2\pi e = 2\pi e^2.$$

方法 2

$$I = \int_1^2 dz \iint_{D_z} \frac{e^z}{\sqrt{x^2+y^2}}\, dx\, dy \quad (\text{其中 } D_z: x^2+y^2 \leqslant z^2)$$

$$= \int_1^2 e^z\, dz \iint_{D_{r\theta}} \frac{1}{r} r\, dr\, d\theta \quad (\text{其中 } D_{r\theta}: 0 \leqslant r \leqslant z,\ 0 \leqslant \theta \leqslant 2\pi)$$

$$= \int_1^2 e^z\, dz \int_0^{2\pi} d\theta \int_0^z dr = 2\pi e^2.$$

六、解法 1 交线 $\begin{cases} z = \sqrt{x^2+y^2}, \\ 2z - y = 3 \end{cases}$, 在 xOy 面上的投影为

$$\begin{cases} \dfrac{x^2}{3} + \dfrac{(y-1)^2}{4} = 1, \\ z = 0, \end{cases}$$

故立体的投影区域为 D_{xy}: $\begin{cases} \dfrac{x^2}{3} + \dfrac{(y-1)^2}{4} \leqslant 1, \\ z = 0. \end{cases}$ 于是，圆锥面部分的表面积为

$$S_1 = \iint\limits_{D_{xy}} \sqrt{1 + z_x^2 + z_y^2}\, dx\, dy = \iint\limits_{D_{xy}} \sqrt{1 + \left(\dfrac{x}{z}\right)^2 + \left(\dfrac{y}{z}\right)^2}\, dx\, dy$$

$$= \iint\limits_{D_{xy}} \sqrt{2}\, dx\, dy = \sqrt{2} \cdot \pi\sqrt{3} \cdot \sqrt{4} = 2\sqrt{6}\pi;$$

平面部分的表面积为

$$S_2 = \iint\limits_{D_{xy}} \sqrt{1 + z_x^2 + z_y^2}\, dx\, dy = \iint\limits_{D_{xy}} \sqrt{1 + 0 + \left(\dfrac{1}{2}\right)^2}\, dx\, dy$$

$$= \iint\limits_{D_{xy}} \dfrac{\sqrt{5}}{2}\, dx\, dy = \dfrac{\sqrt{5}}{2} \cdot \pi\sqrt{3} \cdot \sqrt{4} = \sqrt{15}\pi.$$

所以，立体的表面积为 $S = S_1 + S_2 = \pi(2\sqrt{6} + \sqrt{15})$.

解法 2 交线 $\begin{cases} z = \sqrt{x^2 + y^2}, \\ 2z - y = 3 \end{cases}$ 在 xOy 面上的投影为

$$\begin{cases} \dfrac{x^2}{3} + \dfrac{(y-1)^2}{4} = 1, \\ z = 0, \end{cases}$$

故立体的投影区域为 D_{xy}: $\begin{cases} \dfrac{x^2}{3} + \dfrac{(y-1)^2}{4} \leqslant 1, \\ z = 0, \end{cases}$ D_{xy} 的面积为

$$A(D_{xy}) = \pi \cdot \sqrt{3} \cdot \sqrt{4} = 2\sqrt{3}\pi.$$

因圆锥面法向量 $\boldsymbol{n}_1 = (x, y, -z)$，平面法向量 $\boldsymbol{n}_2 = (0, -1, 2)$，有

$$|\cos(\widehat{\boldsymbol{n}_1, \boldsymbol{k}})| = \dfrac{|z|}{\sqrt{x^2 + y^2 + z^2}} = \dfrac{1}{\sqrt{2}}, \quad |\cos(\widehat{\boldsymbol{n}_2, \boldsymbol{k}})| = \dfrac{2}{\sqrt{5}},$$

故立体的表面积为

$$S = S_1 + S_2 = \dfrac{A(D_{xy})}{|\cos(\widehat{\boldsymbol{n}_1, \boldsymbol{k}})|} + \dfrac{A(D_{xy})}{|\cos(\widehat{\boldsymbol{n}_2, \boldsymbol{k}})|} = \pi(2\sqrt{6} + \sqrt{15}).$$

七、解法 1 距离最短(或最长)时，曲面 S 在点 P 的切平面平行于平面 π，故切平面法向量 $\boldsymbol{n} = (2x_0, 4y_0, -1) \,/\!/\, (1, -1, 2)$，即

$$\dfrac{2x_0}{1} = \dfrac{4y_0}{-1} = \dfrac{-1}{2}.$$

解得 $x_0 = -\frac{1}{4}$, $y_0 = \frac{1}{8}$, 从而 $z_0 = \frac{3}{32}$, 得到唯一的点 $P\left(-\frac{1}{4}, \frac{1}{8}, \frac{3}{32}\right)$. 由几何意义知, $P(x_0, y_0, z_0)$ 到平面 π 的距离最短.

解法 2 $d^2(P, \pi) = \frac{1}{6}(x_0 - y_0 + 2z_0 + 6)^2$, 问题转化为: 在条件 $z_0 = x_0^2 + 2y_0^2$ 下, 求 $d^2(P, \pi)$ 的最小值点.

将 x_0, y_0, z_0 换成 x, y, z, 构造拉格朗日函数

$$L(x, y, z, \lambda) = (x - y + 2z + 6)^2 + \lambda(x^2 + 2y^2 - z).$$

从而有

$$L'_x = 2(x - y + 2z + 6) + 2\lambda x = 0,$$
$$L'_y = -2(x - y + 2z + 6) + 4\lambda y = 0,$$
$$L'_z = 4(x - y + 2z + 6) - \lambda = 0,$$
$$L'_\lambda = x^2 + 2y^2 - z = 0.$$

解得 $x_0 = -\frac{1}{4}$, $y_0 = \frac{1}{8}$, $z_0 = \frac{3}{32}$, 由几何意义知, $P(x_0, y_0, z_0)$ 为最小值点, 它是 $P\left(-\frac{1}{4}, \frac{1}{8}, \frac{3}{32}\right)$.

八、解 (1) 由高斯公式, 有
$$I = \frac{1}{R^3}\oiint_\Sigma x\,dy\,dz + y\,dz\,dx + z\,dx\,dy = \frac{3}{R^3}\iiint_\Omega dx\,dy\,dz = \frac{3}{R^3} \cdot \frac{4}{3}\pi R^3 = 4\pi.$$

(2) 设 $r = \sqrt{x^2 + y^2 + z^2}$, $P = \frac{x}{r^3}$, $Q = \frac{y}{r^3}$, $R = \frac{z}{r^3}$. 因

$$\frac{\partial P}{\partial x} = \frac{1}{r^3} - \frac{3x^2}{r^5}, \quad \frac{\partial Q}{\partial y} = \frac{1}{r^3} - \frac{3y^2}{r^5}, \quad \frac{\partial R}{\partial z} = \frac{1}{r^3} - \frac{3z^2}{r^5},$$

又 Σ 不包含有原点在其内部, 故可以用高斯公式, 得

$$I = \iiint_\Omega \left(\frac{\partial P}{\partial x} + \frac{\partial Q}{\partial y} + \frac{\partial R}{\partial z}\right) dx\,dy\,dz = 0.$$

(3) 作小球面 $\Sigma_\varepsilon: x^2 + y^2 + z^2 = \varepsilon^2$, ε 充分小, 取其内侧.

$$I = \oiint_{\Sigma + \Sigma_\varepsilon} \frac{x\,dy\,dz + y\,dz\,dx + z\,dx\,dy}{(x^2 + y^2 + z^2)^{\frac{3}{2}}} - \iint_{\Sigma_\varepsilon} \frac{x\,dy\,dz + y\,dz\,dx + z\,dx\,dy}{(x^2 + y^2 + z^2)^{\frac{3}{2}}}$$

$$= 0 + \iint_{-\Sigma_\varepsilon} \frac{x\,dy\,dz + y\,dz\,dx + z\,dx\,dy}{(x^2 + y^2 + z^2)^{\frac{3}{2}}}$$

$$= \frac{1}{\varepsilon^3}\iint_{-\Sigma_\varepsilon} x\,dy\,dz + y\,dz\,dx + z\,dx\,dy = \frac{3}{\varepsilon^3} \cdot \frac{4}{3}\pi\varepsilon^3 = 4\pi.$$

2003—2004年第二学期 高等数学（216学时）试题 A 卷

一、填空题（每小题 2 分，共 8 分）

1. 设 S 为 $x^2+y^2+z^2=1$ 的外侧，则
$$\oiint_S x\,dy\,dz + \cos y\,dz\,dx + dx\,dy = \underline{\hspace{2cm}}.$$

2. 设函数 $u=\ln(x^2+y^2+z^2)$ 在点 $M(1,2,-2)$ 处的梯度 $(\mathrm{grad}\,u)\big|_M$
= \underline{\hspace{2cm}}, $\mathrm{div}(\mathrm{grad}\,u)\big|_M = \underline{\hspace{2cm}}$.

3. 设周期为 4 的偶函数 $f(x)$ 在 $[0,2]$ 上的表达式为 $f(x)=x$，它的傅里叶级数的和函数为 $s(x)$，则 $s(-5)=\underline{\hspace{2cm}}$.

4. 顶点在原点，准线为 $\begin{cases} x=h, \\ z^2-2y^2=1 \end{cases}$ 的锥面方程为 $\underline{\hspace{2cm}}$.

二、选择题（每小题 2 分，共 8 分）

1. 级数 $\sum_{n=1}^{\infty}\dfrac{(x-2)^{2n}}{n\cdot 4^n}$ 的收敛域为（　　）.

 A. $(0,4)$ B. $(0,4]$ C. $[0,4)$ D. $[0,4]$

2. 在曲线 $x=t, y=-t^2, z=t^3$ 的所有切线中，与平面 $x+2y+z=4$ 平行的切线（　　）.

 A. 只有一条   B. 只有 2 条
 C. 至少有 3 条   D. 不存在

3. $\lim\limits_{\substack{x\to+\infty \\ y\to+\infty}}(x^2+y^2)e^{-(x+y)}=$（　　）.

 A. 0   B. 1   C. -1 D. 不存在

4. 直线 $\dfrac{x-1}{1}=\dfrac{y-5}{-2}=\dfrac{z+5}{1}$ 与直线 $\begin{cases} x-y=6, \\ 2y+z=3 \end{cases}$ 的交角为（　　）.

 A. $\dfrac{\pi}{6}$ B. $\dfrac{\pi}{4}$ C. $\dfrac{\pi}{3}$ D. $\dfrac{\pi}{2}$

三、计算下列各题(每小题 7 分，共 28 分)

1. 计算 $I = \iint\limits_{D} e^{\frac{y}{x+y}} dx dy$，其中 $D = \{(x,y) | x+y \leq 1, 0 \leq x, 0 \leq y\}$.

2. 设 $I = \iiint\limits_{\Omega} f(\sqrt{x^2+y^2+z^2}) dx dy dz$，其中
$$\Omega = \{(x,y,z) | x^2+y^2+z^2 \leq t^2\},$$
$f(x)$ 在 $[0,1]$ 上连续，$f(0) = 0$，$f'(0) = 1$，求极限：$\lim\limits_{t \to 0^+} \dfrac{I}{\pi t^4}$.

3. 设函数 $f(u,v)$ 可微，方程 $z + xy = f(xz, yz)$ 确定可微函数 $z = z(x,y)$，求 $\dfrac{\partial z}{\partial x}$.

4. 求微分方程 $y'' + 3y' + 2y = 4e^{-2x}$ 的通解.

四、(10 分) 讨论函数
$$f(x,y) = \begin{cases} \dfrac{xy}{\sqrt{x^2+y^2}}, & x^2+y^2 \neq 0, \\ 0, & x^2+y^2 = 0 \end{cases}$$
在 $(0,0)$ 处的连续性、可导性、可微性.

五、(10 分) 已知 $\varphi(\pi) = 1$，试确定 $\varphi(x)$，使曲线积分
$$I = \int_A^B (\sin x - \varphi(x)) \frac{y}{x} dx + \varphi(x) dy$$
与路径无关，并求当 A, B 两点分别为 $(1,0)$ 及 (π, π) 时该积分的值.

六、(10 分) 设 Σ 为平面 $y + z = 5$ 被柱面 $x^2 + y^2 = 25$ 所截得的部分，计算曲面积分：$I = \iint\limits_{\Sigma} (x+y+z) dS$.

七、(10 分) 求曲面 $x + 2y - 1 = 0$ 和 $x^2 + 2y^2 + z^2 = 1$ 的交线上离原点最近的点.

八、(6 分) 设 $f(x)$ 在 $[a,b]$ 上连续，试研究 $\int_a^b dx \int_a^b (f(x) - f(y))^2 dy$，从而证明不等式：
$$\left(\int_a^b f(x) dx \right)^2 \leq (b-a) \int_a^b f^2(x) dx,$$
此外仅当 $f(x)$ 为常数时等号才成立.

九、(10分) 求过点 $M(2,1,3)$ 且与直线 $\dfrac{x+1}{3} = \dfrac{y-1}{2} = \dfrac{z}{-1}$ 垂直相交的直线方程.

2003—2004年第二学期高等数学 (216学时) 试题A卷答案

一、1. $\dfrac{4}{3}\pi$;   2. $\dfrac{2}{9}(1,2,-2)$ 或 $\dfrac{2}{9}\boldsymbol{i} + \dfrac{4}{9}\boldsymbol{j} - \dfrac{4}{9}\boldsymbol{k}$, $\dfrac{2}{9}$;   3. 1;

4. $z^2 - 2y^2 = \dfrac{x^2}{h^2}$.

二、1. A;   2. B;   3. A;   4. C.

三、1. 设 $\begin{cases} x + y = v, \\ y = u, \end{cases}$ 即

$$\begin{cases} x = v - u, \\ y = u. \end{cases}$$

则 D 变成 $D' = \{(u,v) \mid 0 \leqslant v \leqslant 1, 0 \leqslant u \leqslant v\}$, $\dfrac{\partial(x,y)}{\partial(u,v)} = -1$,

$$I = \iint\limits_{D'} e^{\frac{u}{v}} \, du \, dv = \int_0^1 dv \int_0^v e^{\frac{u}{v}} \, du = \int_0^1 v(e-1) \, dv = \dfrac{1}{2}(e-1).$$

2. $I = \int_0^{2\pi} d\theta \int_0^{\pi} d\varphi \int_0^t f(r) r^2 \sin\varphi \, dr = 4\pi \int_0^t f(r) r^2 \, dr$, 故

$$\lim_{t \to 0^+} \dfrac{I}{\pi t^4} = \lim_{t \to 0^+} \dfrac{4\pi \int_0^t f(r) r^2 \, dr}{\pi t^4} = \lim_{t \to 0^+} \dfrac{t^2 f(t)}{t^3} = \lim_{t \to 0^+} \dfrac{f(t)}{t}$$
$$= f'(0) = 1.$$

3. 在 $z + xy = f(xz, yz)$ 两边同时对 x 求导, 得

$$\dfrac{\partial z}{\partial x} + y = f_1'\left(z + x\dfrac{\partial z}{\partial x}\right) + f_2' y \dfrac{\partial z}{\partial x}.$$

解得 $\dfrac{\partial z}{\partial x} = \dfrac{f_1' z - y}{1 - f_1' x - f_2' y}$.

4. 由题设方程所对应的齐次微分方程的特征方程为

$$\lambda^2 + 3\lambda + 2 = 0,$$

解出 $\lambda_1 = -2$, $\lambda_2 = -1$. 故齐次微分方程的通解为

$$y = C_1 e^{-2x} + C_2 e^{-x},$$

其中 C_1, C_2 为任意常数. 设题给方程的一个特解为 $y^* = Ax e^{-2x}$, 得

$$(y^*)' = A e^{-2x} - 2Ax e^{-2x},$$

$$(y^*)'' = -2A e^{-2x} - (2A e^{-2x} - 4Ax e^{-2x}).$$

代入题给方程, 得

$$-4A e^{-2x} + 4Ax e^{-2x} + 3A e^{-2x} - 6Ax e^{-2x} + 2Ax e^{-2x} = 4 e^{-2x},$$

即 $-A e^{-2x} = 4 e^{-2x}$, 得 $A = -4$. 故特解为

$$y^* = -4x e^{-2x}.$$

由此得题给方程的通解为 $y = -4x e^{-2x} + C_1 e^{-2x} + C_2 e^{-x}$.

四、解 当 $x^2 + y^2 \neq 0$ 时, 显然 $f(x,y)$ 连续.

在点 $(0,0)$ 附近, 因为

$$|f(x,y) - f(0,0)| \leqslant \frac{|xy|}{\sqrt{x^2+y^2}} \leqslant \frac{\sqrt{x^2+y^2}}{2},$$

故 $\lim_{(x,y) \to (0,0)} f(x,y) = f(0,0)$, 从而 $f(x,y)$ 在点 $(0,0)$ 连续.

在点 $(0,0)$ 处, 按偏导数的定义, 有

$$f_x'(0,0) = \lim_{x \to 0} \frac{f(x,0) - f(0,0)}{x} = 0,$$

$$f_y'(0,0) = \lim_{x \to 0} \frac{f(0,y) - f(0,0)}{y} = 0,$$

故 $f(x,y)$ 在点 $(0,0)$ 处有一阶偏导数.

但因

$$\lim_{\substack{\Delta x \to 0 \\ \Delta y = \Delta x}} \frac{\Delta f - (f_x'(0,0)\Delta x + f_y'(0,0)\Delta y)}{\sqrt{\Delta x^2 + \Delta y^2}} = \lim_{\substack{\Delta x \to 0 \\ \Delta y = \Delta x}} \frac{\Delta x \Delta y}{\sqrt{\Delta x^2 + \Delta y^2}} = \frac{1}{2},$$

故函数 $f(x,y)$ 在点 $(0,0)$ 处不可微分.

五、解 由题设知, 因积分与路径无关, 有

$$\frac{\partial \varphi(x)}{\partial x} = \frac{\partial}{\partial y}\left[(\sin x - \varphi(x))\frac{y}{x}\right],$$

故得方程 $\varphi'(x) + \frac{1}{x}\varphi(x) = \frac{\sin x}{x}$, 其通解为

$$\varphi(x) = e^{-\int \frac{1}{x} dx} \left(\int \frac{\sin x}{x} e^{\int \frac{1}{x} dx} dx + C\right) = \frac{1}{x}(-\cos x + C).$$

由 $\varphi(\pi)=1$,知 $C=\pi-1$,故 $\varphi(x)=\dfrac{\pi-1-\cos x}{x}$,所以有

$$I=\int_A^B (\sin x-\varphi(x))\dfrac{y}{x}\mathrm{d}x+\varphi(x)\mathrm{d}y$$

$$=\int_{(1,0)}^{(\pi,\pi)}\left(\sin x-\dfrac{\pi-1-\cos x}{x}\right)\dfrac{y}{x}\mathrm{d}x+\dfrac{\pi-1-\cos x}{x}\mathrm{d}y$$

$$=\int_0^\pi \mathrm{d}y=\pi.$$

六、解 若设 D 为 xOy 平面上的圆域 $x^2+y^2\leqslant 25$,则曲面 Σ 的方程为
$$z=5-y,\quad (x,y)\in D,$$
曲面 Σ 上的面积微元

$$\mathrm{d}S=\sqrt{1+\left(\dfrac{\partial z}{\partial x}\right)^2+\left(\dfrac{\partial z}{\partial y}\right)^2}\,\mathrm{d}x\mathrm{d}y=\sqrt{2}\,\mathrm{d}x\mathrm{d}y.$$

由于 $\iint\limits_D x\,\mathrm{d}x\mathrm{d}y=0$,因此有

$$I=\iint\limits_\Sigma (x+y+z)\mathrm{d}S=\iint\limits_D (x+y+5-y)\sqrt{2}\,\mathrm{d}x\mathrm{d}y$$

$$=5\sqrt{2}\iint\limits_D \mathrm{d}x\mathrm{d}y=125\sqrt{2}\pi.$$

七、解法 1 化为无条件极值问题,设 $P(x,y,z)$ 为交线上的一点,则 P 到原点的距离的平方为
$$x^2+y^2+z^2=1-y^2=f(y)\quad (因\ x^2+z^2=1-2y^2).$$
将 $x=1-2y$ 代入 $x^2+2y^2+z^2=1$,得
$$\left(y-\dfrac{1}{3}\right)^2+\dfrac{z^2}{6}=\dfrac{1}{9}.$$

显然 $\left(y-\dfrac{1}{3}\right)^2\leqslant \dfrac{1}{9}$,即 $0\leqslant y\leqslant \dfrac{2}{3}$,因此 $y_{\max}^2=\dfrac{4}{9}$,此时 $x=-\dfrac{1}{3}$, $y=\dfrac{2}{3}$, $z=0$. 于是 $d^2=x^2+y^2+z^2\geqslant d_{\min}^2=\dfrac{5}{9}$,故交线上距离原点最近的点为 $P\left(-\dfrac{1}{3},\dfrac{2}{3},0\right)$.

解法 2 由题设有 $d=\sqrt{x^2+y^2+z^2}$,即 $d^2=f(x,y,z)=x^2+y^2+z^2$. 取拉格朗日函数
$$F(x,y,z,\lambda_1,\lambda_2)=x^2+y^2+z^2+\lambda_1(x+2y-1)+\lambda_2(x^2+2y^2+z^2-1),$$
则有

$$\begin{cases} F'_x = 2x + \lambda_1 + 2x\lambda_2 = 0, \\ F'_y = 2y + 2\lambda_1 + 4y\lambda_2 = 0, \\ F'_z = 2z + 2\lambda_2 z = 0, \\ F'_{\lambda_1} = x + 2y - 1 = 0, \\ F'_{\lambda_2} = x^2 + 2y^2 + z^2 - 1 = 0. \end{cases}$$

解得 $x = 1, y = 0, z = 0, \lambda_1 = 0, \lambda_2 = -1$,或 $x = -\dfrac{1}{3}, y = \dfrac{2}{3}, z = 0$, $\lambda_1 = 0, \lambda_2 = -1$. 对应的 d^2 分别为

$$f(1,0,0) = 1, \quad f\left(-\dfrac{1}{3}, \dfrac{2}{3}, 0\right) = \dfrac{5}{9}.$$

故交线上距离原点最近的点为 $P\left(-\dfrac{1}{3}, \dfrac{2}{3}, 0\right)$.

八、证 记 $D = [a,b] \times [a,b]$,有

$$0 \leqslant \int_a^b \mathrm{d}x \int_a^b (f(x) - f(y))^2 \mathrm{d}y = \iint_D (f(x) - f(y))^2 \mathrm{d}x\mathrm{d}y$$

$$= \iint_D f^2(x) \mathrm{d}x\mathrm{d}y - 2\iint_D f(x)f(y) \mathrm{d}x\mathrm{d}y + \iint_D (f(y))^2 \mathrm{d}x\mathrm{d}y$$

$$= (b-a)\int_a^b f^2(x) \mathrm{d}x + (b-a)\int_a^b f^2(y) \mathrm{d}y - 2\int_a^b f(x)\mathrm{d}x \int_a^b f(y)\mathrm{d}y$$

$$= 2(b-a)\int_a^b f^2(x) \mathrm{d}x - 2\left(\int_a^b f(x)\mathrm{d}x\right)^2,$$

故不等式成立.

显然由上述过程知等号成立的充要条件是

$$\iint_D (f(x) - f(y))^2 \mathrm{d}x\mathrm{d}y = 0.$$

由 $(f(x) - f(y))^2$ 连续,所以 $\iint_D (f(x) - f(y))^2 \mathrm{d}x\mathrm{d}y = 0$ 的充要条件是

$$f(x) - f(y) = 0, \quad \forall x, y \in [a,b],$$

即 $f(x)$ 为常数.

九、解法 1 过点 M 且垂直于已知直线的平面方程为

$$3(x-2) + 2(x-1) - (z-3) = 0,$$

即 $3x + 2y - z - 5 = 0$. 设它与已知直线的交点为 $M_1(x_1, y_1, z_1)$,则

$$x_1 = -1 + 3t_1, \quad y_1 = 1 + 2t_1, \quad z_1 = -t_1.$$

将其代入上述平面方程,得 $t_1 = \dfrac{3}{7}$,从而有 $M_1\left(\dfrac{2}{7}, \dfrac{13}{7}, -\dfrac{3}{7}\right)$.

因点 M 与 M_1 都在所求直线上,所以不妨取所求直线的方向向量为 $s = \overrightarrow{M_1M} = \dfrac{6}{7}(2,-1,4)$,故所求直线方程为
$$\dfrac{x-2}{2} = \dfrac{y-1}{-1} = \dfrac{z-3}{4}.$$

解法 2 设所求直线的方向向量为 $s = (m, n, p)$. 已知直线过点 $N(-1, 1, 0)$,其方向为 $s_1 = (3, 2, -1)$,则由所求直线与已知直线垂直知
$$s_1 \cdot s = 3m + 2n - p = 0. \qquad ①$$
又由这两条直线相交知,三向量 $\overrightarrow{NM}, s, s_1$ 共面,故
$$(\overrightarrow{NM} \times s) \cdot s_1 = \begin{vmatrix} 3 & 0 & 3 \\ 3 & 2 & -1 \\ m & n & p \end{vmatrix} = 0,$$
即
$$m - 2n - p = 0. \qquad ②$$
解 ①,② 两式,得 $m : n : p = 2 : (-1) : 4$. 故所求直线方程为
$$\dfrac{x-2}{2} = \dfrac{y-1}{-1} = \dfrac{z-3}{4}.$$

解法 3 已知直线过点 $N(-1, 1, 0)$,$\overrightarrow{NM} = (3, 0, 3)$,过点 M 与已知直线 l 的平面 π 的法向量为
$$n = \begin{vmatrix} i & j & k \\ 3 & 2 & -1 \\ 3 & 0 & 3 \end{vmatrix}, \text{ 或 } n = \begin{vmatrix} i & j & k \\ 3 & 2 & -1 \\ 1 & 0 & 1 \end{vmatrix} = (2, -4, 2).$$
不妨取 $n = (1, -2, 1)$,所以平面 π 方程为
$$x - 2y - z + 3 = 0, \qquad ①$$
过点 M 与已知直线 l 垂直的平面方程为
$$3x + 2y - z - 5 = 0. \qquad ②$$
由 ①,②,得所求的直线方程为
$$\begin{cases} x - 2y - z + 3 = 0, \\ 3x + 2y - z - 5 = 0. \end{cases}$$

2003—2004 年第二学期
高等数学（216学时）试题 B 卷

一、选择题（每小题 4 分，共 28 分）

1. 已知 $(axy^3 - y^2\cos x)dx + (1 + by\sin x + 3x^2y^2)dy$ 为某个二元函数 $f(x,y)$ 的全微分，则 a 和 b 的值分别是（   ）.

   A. -2 和 2 B. 2 和 -2 C. -3 和 3 D. 3 和 -3

2. 曲面 $z = \sin x \sin y \sin(x+y)$ 上点 $\left(\dfrac{\pi}{6}, \dfrac{\pi}{3}, \dfrac{\sqrt{3}}{4}\right)$ 处的法线与 xOy 面交角的正弦值为（   ）.

   A. $\dfrac{2\sqrt{26}}{13}$ B. $\dfrac{3\sqrt{26}}{26}$ C. $\dfrac{\sqrt{13}}{13}$ D. $\dfrac{1}{\sqrt{26}}$

3. $\lim\limits_{r \to 0} \dfrac{1}{\pi r^2} \iint\limits_{D} e^{x^2-y^2}\cos(x+y)\,dxdy = ($ $)$，其中 $D: x^2+y^2 \leqslant r^2$.

   A. π B. $\dfrac{1}{\pi}$ C. 1 D. -1

4. 母线平行于 x 轴且通过曲线 $\begin{cases} 2x^2 + y^2 + z^2 = 16, \\ x^2 - y^2 + z^2 = 0 \end{cases}$ 的柱面方程是（   ）.

   A. $3x^2 + 2z^2 = 16$ B. $3y^2 - z^2 = 16$
   C. $x^2 + 2y^2 = 16$ D. $3y^2 - z = 16$

5. 累次积分 $\int_0^{\frac{\pi}{2}} d\theta \int_0^{\cos\theta} f(r\cos\theta, r\sin\theta) r\,dr$ 可写成（   ）.

   A. $\int_0^1 dy \int_0^{\sqrt{y-y^2}} f(x,y)dx$ B. $\int_0^1 dy \int_0^{\sqrt{1-y^2}} f(x,y)dx$
   C. $\int_0^1 dx \int_0^1 f(x,y)dy$ D. $\int_0^1 dx \int_0^{\sqrt{x-x^2}} f(x,y)dy$

6. 级数 $\sum\limits_{n=1}^{\infty} \dfrac{(x-2)^{2n}}{n \cdot 4^n}$ 的收敛域为（   ）.

   A. $(0,4)$ B. $(0,4]$ C. $[0,4)$ D. $[0,4]$

7. 设 $f(x,y) = e^{x+y}\left[x^{\frac{1}{3}}(y-1)^{\frac{1}{3}} + y^{\frac{1}{3}}(x-1)^{\frac{2}{3}}\right]$，则在 $(0,1)$ 点处的两个偏导数 $f'_x(0,1)$ 和 $f'_y(0,1)$ 的情况为（   ）．

   A. 两个偏导数均不存在

   B. $f'_x(0,1)$ 不存在，$f'_y(0,1) = \dfrac{4}{3}e$

   C. $f'_x(0,1) = \dfrac{e}{3}$，$f'_y(0,1) = \dfrac{4}{3}e$

   D. $f'_x(0,1) = \dfrac{e}{3}$，$f'_y(0,1)$ 不存在

二、（12 分）设函数

$$f(x,y) = \begin{cases} (x^2+y^2)\sin\dfrac{1}{x^2+y^2}, & x^2+y^2 \neq 0, \\ 0, & x^2+y^2 = 0, \end{cases}$$

问在原点 $(0,0)$ 处：

(1) 偏导数是否存在？

(2) 偏导数是否连续？

(3) 是否可微？

均说明理由．

三、（6 分）设 $z = f(x,y,u) = xy + xF(u)$，其中 F 为可微函数，且 $u = \dfrac{y}{x}$，

试证明：$x\dfrac{\partial z}{\partial x} + y\dfrac{\partial z}{\partial y} = z + xy$．

四、（6 分）设 D 是矩形域：$0 \leqslant x \leqslant \pi$，$0 \leqslant y \leqslant \pi$，计算二重积分

$$\iint\limits_{D} \max\{x,y\}\sin x \sin y \, dx\, dy.$$

五、（10 分）将函数 $f(x) = 2 + |x|$ $(-1 \leqslant x \leqslant 1)$ 展成以 2 为周期的傅里叶级数，并求级数 $\sum\limits_{n=1}^{\infty} \dfrac{1}{n^2}$ 的和．

六、（10 分）设 $f(u)$ 连续，$F(t) = \iiint\limits_{G_t}(z^2 + f(x^2+y^2))dV$，其中

$$G_t:\ 0 \leqslant z \leqslant h,\ x^2+y^2 \leqslant t^2,$$

求 $\dfrac{dF}{dt}$ 及 $\lim\limits_{t \to 0^+} \dfrac{\int_0^1 F(xt)dx}{t}$．

七、(8分) 求微分方程 $y'' - 4y' + 4y = 3e^{2x}$ 的通解.

八、(10分) 已知平面两定点 $A(1,3), B(4,2)$. 试在方程为 $\dfrac{x^2}{9} + \dfrac{y^2}{4} = 1$ ($x \geqslant 0, y \geqslant 0$) 的椭圆周上求一点 C, 使 $\triangle ABC$ 的面积最大.

九、(10分) 计算:
$$I = \iint_\sigma (f(x,y,z)+x)\,dy\,dz + (2f(x,y,z)+y)\,dz\,dx + (f(x,y,z)+z)\,dx\,dy,$$
其中 $f(x,y,z)$ 为连续函数, σ 为平面 $x - y + z = 1$ 在第 4 卦限部分的上侧.

2003—2004 年第二学期高等数学 (216 学时) 试题 B 卷答案

一、**1.** B;　**2.** A;　**3.** C;　**4.** B;　**5.** D;　**6.** A;　**7.** C.

二、**解**　由于
$$f'_x(0,0) = \lim_{x \to 0} \frac{f(x,0) - f(0,0)}{x} = \lim_{x \to 0} x \sin \frac{1}{x^2} = 0,$$

同理 $f'_y(0,0) = 0$, 所以在原点处偏导数 $f'_x(0,0), f'_y(0,0)$ 存在, 并且易求得函数的偏导数为

$$f'_x(x,y) = \begin{cases} 2x \sin \dfrac{1}{x^2+y^2} - \dfrac{2x}{x^2+y^2} \cos \dfrac{1}{x^2+y^2}, & x^2+y^2 \neq 0, \\ 0, & x^2+y^2 = 0. \end{cases}$$

同样有

$$f'_y(x,y) = \begin{cases} 2y \sin \dfrac{1}{x^2+y^2} - \dfrac{2y}{x^2+y^2} \cos \dfrac{1}{x^2+y^2}, & x^2+y^2 \neq 0, \\ 0, & x^2+y^2 = 0. \end{cases}$$

故两偏导数均存在.

从上面 $f'_x(x,y)$ 的表达式容易看出, 当 (x,y) 沿直线 $y = x$ 趋于原点时, 极限

$$\lim_{\substack{y=x \\ x \to 0}} f'_x(x,y) = \lim_{x \to 0} \left(2x \sin \frac{1}{2x^2} - \frac{1}{2x} \cos \frac{1}{2x^2} \right)$$

不存在. 同理 $\lim\limits_{\substack{y=x\\x\to 0}} f'_y(x,y)$ 不存在，故偏导数 $f'_x(x,y), f'_y(x,y)$ 在原点不连续.

也可这样说明不连续：令 $x=\dfrac{1}{\sqrt{2k\pi}}$, $y=0$，则 $k\to +\infty$ 时，
$$f'_x(x,y) = -2\sqrt{2k\pi} \to \infty.$$

故 $f'_x(x,y)$ 在原点不连续. 同理 $f'_y(x,y)$ 在原点不连续.

注意到
$$\Delta z - (f'_x(0,0)\Delta x + f'_y(0,0)\Delta y) = (\Delta x^2 + \Delta y^2)\sin\dfrac{1}{\Delta x^2+\Delta y^2},$$

有
$$\lim_{\substack{\Delta x\to 0\\\Delta y\to 0}} \dfrac{(\Delta x^2+\Delta y^2)\sin\dfrac{1}{\Delta x^2+\Delta y^2}}{\sqrt{\Delta x^2+\Delta y^2}} = \lim_{\substack{\Delta x\to 0\\\Delta y\to 0}} \sqrt{\Delta x^2+\Delta y^2}\sin\dfrac{1}{\Delta x^2+\Delta y^2} = 0,$$

故 $f(x,y)$ 在原点可微，且 $\mathrm{d}z\big|_{(0,0)} = 0$.

三、证 $\dfrac{\partial z}{\partial x} = y + F(u) + x\dfrac{\mathrm{d}F}{\mathrm{d}u}\cdot\dfrac{\partial u}{\partial x} = y + F(u) + x\dfrac{\mathrm{d}F}{\mathrm{d}u}\left(-\dfrac{y}{x^2}\right)$

$$= y + F(u) - \dfrac{y}{x}\cdot\dfrac{\mathrm{d}F}{\mathrm{d}u},$$

$\dfrac{\partial z}{\partial y} = x + x\dfrac{\mathrm{d}F}{\mathrm{d}u}\cdot\dfrac{\partial u}{\partial y} = x + x\dfrac{\mathrm{d}F}{\mathrm{d}u}\cdot\dfrac{1}{x} = x + \dfrac{\mathrm{d}F}{\mathrm{d}u},$

故
$$x\dfrac{\partial z}{\partial x} + y\dfrac{\partial z}{\partial y} = xy + xF(u) - y\dfrac{\mathrm{d}F}{\mathrm{d}u} + xy + y\dfrac{\mathrm{d}F}{\mathrm{d}u}$$
$$= 2xy + xF(u) = z + xy.$$

四、解 $\iint\limits_{D} \max\{x,y\}\sin x \sin y \,\mathrm{d}x\,\mathrm{d}y$

$$= \int_0^\pi \mathrm{d}x\int_0^x x\sin x \sin y \,\mathrm{d}y + \int_0^\pi \mathrm{d}y\int_0^y y\sin x\sin y \,\mathrm{d}x = \dfrac{5}{2}\pi.$$

五、解 因为 $f(x)$ 是 $[-1,1]$ 上的偶函数，所以有

$a_0 = 2\displaystyle\int_0^1 (2+x)\mathrm{d}x = 5,$

$a_n = 2\displaystyle\int_0^1 (2+x)\cos\pi x\,\mathrm{d}x = \dfrac{2(\cos n\pi - 1)}{n^2\pi^2}$ $(n=1,2,\cdots)$,

$b_n = 0$ $(n=1,2,\cdots)$.

利用收敛定理，有

$$2+|x| = \frac{5}{2} + \sum_{n=1}^{\infty} \frac{2(\cos n\pi - 1)}{n^2 \pi^2} \cos n\pi x$$

$$= \frac{5}{2} - \frac{4}{\pi^2} \sum_{n=0}^{\infty} \frac{\cos(2n+1)\pi x}{(2n+1)^2}.$$

在上式两端令 $x=0$，得 $2 = \frac{5}{2} - \frac{4}{\pi^2} \sum_{n=0}^{\infty} \frac{1}{(2n+1)^2}$，即

$$\sum_{n=0}^{\infty} \frac{1}{(2n+1)^2} = \frac{\pi^2}{8}.$$

又

$$\sum_{n=1}^{\infty} \frac{1}{n^2} = \sum_{n=0}^{\infty} \frac{1}{(2n+1)^2} + \sum_{n=1}^{\infty} \frac{1}{(2n)^2} = \frac{\pi^2}{8} + \frac{1}{4} \sum_{n=1}^{\infty} \frac{1}{n^2},$$

由此可得 $\sum_{n=1}^{\infty} \frac{1}{n^2} = \frac{\pi^2}{6}$.

六、解 采用柱面坐标系，有

$$F(t) = \int_0^{2\pi} d\theta \int_0^t r\,dr \int_0^h (z^2 + f(r^2))\,dz = 2\pi \int_0^t \left(\frac{h^3}{3} + hf(r^2)\right) r\,dr.$$

于是

$$\frac{dF}{dt} = 2\pi \left(\frac{h^3}{3} + hf(t^2)\right) t = 2\pi h t \left(\frac{h^2}{3} + f(t^2)\right),$$

以及

$$\lim_{t \to 0^+} \frac{\int_0^1 F(xt)\,dx}{t^2} = \lim_{t \to 0^+} \frac{\int_0^t F(u)\,du}{t^3} = \lim_{t \to 0^+} \frac{F(t)}{3t^2} = \lim_{t \to 0^+} \frac{F'(t)}{6t}$$

$$= \lim_{t \to 0^+} \frac{2\pi h t \left(\frac{h^2}{3} + f(t^2)\right)}{6t} = \frac{1}{3} \pi h \left(\frac{h^2}{3} + f(0)\right).$$

七、解 题设方程的特征方程为

$$\lambda^2 - 4\lambda + 4 = 0,$$

解得 $\lambda = 2$. 故齐次微分方程的通解为

$$y = C_1 e^{2x} + C_2 x e^{2x},$$

其中 C_1, C_2 为任意常数. 因为 $\lambda = 2$ 是二重根，故可设题给方程的一个特解为 $y^* = Ax^2 e^{2x}$，得

$$(y^*)' = (Ax^2 e^{2x})' = (Ax^2)' e^{2x} + Ax^2 (e^{2x})' = 2A(x + x^2) e^{2x},$$

$$(y^*)'' = [2A(x+x^2)e^{2x}]' = [2A(x+x^2)]'e^{2x} + 2A(x+x^2)(e^{2x})'$$
$$= 2A(1+2x)e^{2x} + 4A(x+x^2)e^{2x} = 2A(1+4x+2x^2)e^{2x}.$$

代入题给方程,得
$$2A(1+4x+2x^2)e^{2x} - 4[2A(x+x^2)e^{2x}] + 4Ax^2 e^{2x} = 3e^{2x},$$

即 $2Ae^{2x} = 3e^{2x}$,得 $A = \dfrac{3}{2}$. 由此得方程的通解为
$$y = \frac{3}{2}x^2 e^{2x} + C_1 e^{2x} + C_2 x e^{2x}.$$

八、解 如图所示,设椭圆周上有一点 $C(x,y)$. 因直线 AB 方程为
$$x + 3y - 10 = 0,$$
所以点 C 到 AB 的距离为
$$d = \frac{|x+3y-10|}{\sqrt{10}}.$$

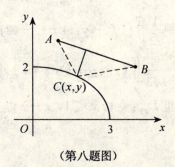

(第八题图)

而 $|AB| = \sqrt{10}$,所以
$$S_{\triangle ABC} = \frac{1}{2}|x+3y-10|.$$

所求问题实为函数 $f(x,y) = (x+3y-10)^2$ 在条件 $\dfrac{x^2}{9} + \dfrac{y^2}{4} = 1$ 下的极值问题. 作拉格朗日函数
$$F(x,y) = (x+3y-10)^2 + \lambda\left(\frac{x^2}{9} + \frac{y^2}{4} - 1\right),$$

解方程组
$$\begin{cases} F'_x = 2(x+3y-10) + \dfrac{2\lambda}{9}x = 0, \\ F'_y = 6(x+3y-10) + \dfrac{\lambda}{2}y = 0, \\ F'_\lambda = \dfrac{x^2}{9} + \dfrac{y^2}{4} - 1 = 0, \end{cases}$$

得驻点 $\left(\dfrac{3}{\sqrt{5}}, \dfrac{4}{\sqrt{5}}\right)$,此时
$$S_{\triangle ABC}\bigg|_{\left(\frac{3}{\sqrt{5}},\frac{4}{\sqrt{5}}\right)} = \frac{1}{2}\left|\frac{3}{\sqrt{5}} + 3\frac{4}{\sqrt{5}} - 10\right| \approx 1.646.$$

由几何问题的实际意义,所求点可能为点 $D(3,0)$ 和 $E(0,2)$,因 $S_{\triangle ABC}\big|_D = 3.5$,$S_{\triangle ABC}\big|_E = 2$,比较得取 $D(3,0)$ 时,$S_{\triangle ABC}\big|_D = 3.5$ 为最大.

九、解 由于 $f(x,y,z)$ 未知，无法直接计算积分. 因积分曲面只是平面的一部分，也不能用高斯公式，可以考虑两类曲面积分之间的关系.

由于 $x-y+z=1$ 的上侧的法线方向向量为 $(1,-1,1)$，可得方向余弦为

$$\cos\alpha = \frac{1}{\sqrt{3}}, \quad \cos\beta = -\frac{1}{\sqrt{3}}, \quad \cos\gamma = \frac{1}{\sqrt{3}}.$$

从而原积分可转化为

$$I = \iint_\sigma [(f(x,y,z)+x)\cos\alpha + (2f(x,y,z)+y)\cos\beta + (f(x,y,z)+z)\cos\gamma]\mathrm{d}S$$

$$= \frac{1}{\sqrt{3}} \iint_\sigma [(f(x,y,z)+x) - (2f(x,y,z)+y) + (f(x,y,z)+z)]\mathrm{d}S$$

$$= \frac{1}{\sqrt{3}} \iint_\sigma (x-y+z)\mathrm{d}S = \frac{1}{\sqrt{3}} \iint_\sigma \mathrm{d}S = \frac{1}{\sqrt{3}} \iint_{D_{xy}} \sqrt{3}\, \mathrm{d}x\,\mathrm{d}y = \frac{1}{2},$$

这里 $D_{xy}: 0 \leqslant x \leqslant 1, x-1 \leqslant y \leqslant 0.$

2004—2005年第二学期 高等数学（216学时）试题 A 卷

一、填空题（每小题 4 分，共 20 分）

1. 设 $f(x,y)$ 在 $[0,\pi]\times[0,\pi]$ 上连续，且恒取正值，则
$$\lim_{n\to\infty}\iint_{\substack{0\leqslant x\leqslant\pi\\0\leqslant y\leqslant\pi}}(\sin x)(f(x,y))^{\frac{1}{n}}\,dx\,dy=\underline{\qquad}.$$

2. 设函数 $u=e^{xyz}+\int_0^{xy}t\sin t\,dt+\int_0^{yz}t^2\,dt$，则 $\operatorname{rot}(\operatorname{grad}u)=\underline{\qquad}$.

3. 设直线
$$L:\begin{cases}x+y+b=0,\\ x+ay-z-3=0\end{cases}$$
在平面 π 上，而平面 π 与曲面 $z=x^2+y^2$ 相切于 $(1,-2,5)$，则 $a=\underline{\qquad}$，$b=\underline{\qquad}$.

4. 设 $f(x)$ 是周期为 2 的周期函数，它在 $[-1,1]$ 上的表达式
$$f(x)=\begin{cases}2,&-1<x\leqslant 0,\\ x^3,&0<x\leqslant 1,\end{cases}$$
它的傅里叶级数的和函数为 $s(x)$，则 $s(1)=\underline{\qquad}$.

5. 微分方程 $x^2y'+xy=y^2$ 在 $y(1)=1$ 的特解为 $\underline{\qquad}$.

二、计算下列各题（每小题 5 分，共 35 分）

1. 设 $z=f(x,y)$ 由 $z-y+xe^{z-y-x}=0$ 所确定，求 dz.

2. 计算 $I=\int_0^1 dy\int_y^1 (1+e^x)x^{-1}\sin x\,dx$.

3. 计算 $I=\iint_D\dfrac{(\sqrt{x}+\sqrt{y})^4}{x^2}dx\,dy$，其中 D 是由 x 轴，$y=x$，$\sqrt{x}+\sqrt{y}=1$ 和 $\sqrt{x}+\sqrt{y}=2$ 围成的有界区域.

4. 计算 $I=\int_L\sqrt{2y^2+z^2}\,ds$，其中 $L:\begin{cases}x^2+y^2+z^2=4,\\ x=y.\end{cases}$

5. 计算三重积分：$I = \iiint_\Omega e^z \dfrac{1}{\sqrt{x^2+y^2}} dv$，$\Omega$ 为由曲面 $z = \sqrt{x^2+y^2}$ 及平面 $z=1, z=2$ 围成的闭区域.

6. 求密度为 ρ 的均匀球面 $x^2+y^2+z^2 = a^2 (z \geqslant 0)$ 对于 z 轴的转动惯量.

7. 设 $z = f(x,y)$ 有一阶连续偏导数，$f(1,1)=1$，$f_1'(1,1)=a$，$f_2'(1,1)=b$，又 $f(x, f(x,x)) = F(x)$，求 $F(1), F'(1)$.

三、(12 分) 设函数

$$f(x,y) = \begin{cases} (x^2+y^2)\sin\dfrac{1}{x^2+y^2}, & x^2+y^2 \neq 0, \\ 0, & x^2+y^2 = 0, \end{cases}$$

问在原点 $(0,0)$ 处：
(1) 偏导数是否存在？
(2) 偏导数是否连续？
(3) 是否可微？
均说明理由.

四、(6 分) 已知 $u = u(\sqrt{x^2+y^2})$ 有连续二阶偏导数，且满足

$$\dfrac{\partial^2 u}{\partial x^2} + \dfrac{\partial^2 u}{\partial y^2} = x^2 + y^2,$$

试求函数 u 的表达式.

五、(7 分) 求常数 a,b,c 的值，使函数

$$f(x,y,z) = axy^2 + byz + cx^3z^2$$

在点 $(1,2,-1)$ 处沿 z 轴正向的方向导数有最大值 64.

六、(7 分) 设 $f'(x), g'(x)$ 连续且 $f(0) = -1, g(0) = 0$. 已知对任一条简单光滑闭曲线 L，有

$$\oint_L [(xf(x)+g(x))y^2 + 3x^2 y]dx + (yf(x)+g(x))dy = 0,$$

求 $f(x)$ 和 $g(x)$.

七、(6 分) 证明：函数 $z = (1+e^y)\cos x - ye^y$ 有无穷多个极大值点，而没有极小值点.

八、(7 分) 计算曲面积分

$$I = \iint_\Sigma 2xz^2\,dy\,dz + y(z^2+1)\,dz\,dx + (9-z^3)\,dx\,dy$$

其中 Σ 为曲面 $z = x^2 + y^2 + 1\ (1 \leqslant z \leqslant 2)$，取下侧.

2004—2005 年第二学期高等数学 (216 学时) 试题 A 卷答案

一、**1.** 2π; **2.** 0; **3.** $a=-5, b=-2$; **4.** $\dfrac{3}{2}$; **5.** $y = \dfrac{2x}{1+x^2}$.

二、**1.** 方程两端对 x 求偏导，得 $z_x + e^{z-y-x} + xe^{z-y-x}(z_x - 1) = 0$，所以

$$z_x = \frac{(x-1)e^{z-y-x}}{1 + xe^{z-y-x}}.$$

同样两边对 y 求偏导数，得 $z_y - 1 + xe^{z-y-x}(z_y - 1) = 0$，所以

$$z_y = \frac{1 + xe^{z-y-x}}{1 + xe^{z-y-x}} = 1.$$

从而有 $dz = \dfrac{(x-1)e^{z-y-x}}{1+xe^{z-y-x}}dx + dy.$

本题也可以直接两边求微分：
$$dz - dy + e^{z-y-x}dx + xe^{z-y-x}(dz - dy - dx) = 0,$$
整理得
$$dz = \frac{(x-1)e^{z-y-x}dx + (1+e^{z-y-x})dy}{1 + e^{z-y-x}}$$
$$= \frac{(x-1)e^{z-y-x}}{1 + xe^{z-y-x}}dx + dy.$$

2. $I = \displaystyle\int_0^1 dy \int_y^1 (1+e^x)x^{-1} \sin x\,dx = \int_0^1 dx \int_0^x (1+e^x)x^{-1}\sin x\,dy$

$= \displaystyle\int_0^1 (1+e^x)\sin x\,dx = \dfrac{3 + e(\sin 1 - \cos 1)}{2} - \cos 1.$

3. 令 $u = \sqrt{x} + \sqrt{y},\ v = \dfrac{y}{x}$，则 $1 \leqslant u \leqslant 2,\ 0 \leqslant v \leqslant 1$，有

$$\frac{\partial(u,v)}{\partial(x,y)} = \begin{vmatrix} \dfrac{1}{2\sqrt{x}} & \dfrac{1}{2\sqrt{y}} \\ -\dfrac{y}{x^2} & \dfrac{1}{x} \end{vmatrix} = \frac{1}{2}\frac{\sqrt{x}+\sqrt{y}}{x^2} = \frac{1}{2}\frac{u}{x^2},$$

故有 $\dfrac{\partial(x,y)}{\partial(u,v)} = 2 \cdot \dfrac{x^2}{u}$. 从而

$$I = \iint\limits_{\substack{1\leqslant u\leqslant 2 \\ 0\leqslant v\leqslant 1}} \dfrac{u^4}{x^2} \cdot 2 \cdot \dfrac{x^2}{u} \,\mathrm{d}u\,\mathrm{d}v = 2\int_0^1 \mathrm{d}v \int_1^2 u^3 \,\mathrm{d}u = \dfrac{15}{2}.$$

4. 令 $x=\sqrt{2}\cos t$, $y=\sqrt{2}\cos t$, $z=2\sin t$, $0\leqslant t\leqslant 2\pi$, 有

$$I = \int_L \sqrt{2y^2+z^2}\,\mathrm{d}s$$

$$= \int_0^{2\pi} \sqrt{4\cos^2 t+4\sin^2 t}\cdot\sqrt{x'^2+y'^2+z'^2}\,\mathrm{d}t = 8\pi.$$

5. $\iiint\limits_{\Omega} \mathrm{e}^z \dfrac{1}{\sqrt{x^2+y^2}}\,\mathrm{d}v = \int_1^2 \mathrm{e}^z\,\mathrm{d}z \iint\limits_D \dfrac{1}{\sqrt{x^2+y^2}}\,\mathrm{d}x\,\mathrm{d}y$

$$= \int_1^2 \mathrm{e}^z\,\mathrm{d}z \int_0^{2\pi} \mathrm{d}\theta \int_0^z \mathrm{d}r = 2\pi\mathrm{e}^2.$$

6. 因 $z=\sqrt{a^2-x^2-y^2}$, $\mathrm{d}S = \dfrac{a}{\sqrt{a^2-x^2-y^2}}\,\mathrm{d}x\,\mathrm{d}y$, 于是有

$$I_z = \iint\limits_\Sigma (x^2+y^2)\rho\,\mathrm{d}S = \rho\iint\limits_{x^2+y^2\leqslant a^2}(x^2+y^2)\dfrac{a}{\sqrt{a^2-x^2-y^2}}\,\mathrm{d}x\,\mathrm{d}y$$

$$= a\rho\int_0^{2\pi}\mathrm{d}\theta\int_0^a \dfrac{r^3}{\sqrt{a^2-r^2}}\,\mathrm{d}r = 2\pi a^4\rho\int_0^{\frac{\pi}{2}}\sin^3 t\,\mathrm{d}t = \dfrac{4}{3}\pi a^4\rho.$$

7. $F(1)=f(1,f(1,1))=f(1,1)=1$, $F'(x)=f_1'+f_2'\cdot(f_1'+f_2')$,
$F(1)=a+b(a+b)=a+ab+b^2$.

三、解 由于

$$f_x'(0,0) = \lim_{x\to 0}\dfrac{f(x,0)-f(0,0)}{x} = \lim_{x\to 0} x\sin\dfrac{1}{x^2} = 0,$$

同理 $f_y'(0,0)=0$, 所以在原点处偏导数 $f_x'(0,0)$, $f_y'(0,0)$ 存在, 并且易求得函数的偏导数为

$$f_x'(x,y) = \begin{cases} 2x\sin\dfrac{1}{x^2+y^2} - \dfrac{2x}{x^2+y^2}\cos\dfrac{1}{x^2+y^2}, & x^2+y^2\neq 0, \\ 0, & x^2+y^2=0. \end{cases}$$

同样有

$$f_y'(x,y) = \begin{cases} 2y\sin\dfrac{1}{x^2+y^2} - \dfrac{2y}{x^2+y^2}\cos\dfrac{1}{x^2+y^2}, & x^2+y^2\neq 0, \\ 0, & x^2+y^2=0. \end{cases}$$

故两偏导数均存在.

从上面 $f'_x(x,y)$ 的表达式容易看出，当 (x,y) 沿直线 $y=x$ 趋于原点时，极限

$$\lim_{\substack{y=x \\ x\to 0}} f'_x(x,y) = \lim_{x\to 0}\left(2x\sin\frac{1}{2x^2} - \frac{1}{2x}\cos\frac{1}{2x^2}\right)$$

不存在. 同理 $\lim\limits_{\substack{y=x \\ x\to 0}} f'_y(x,y)$ 不存在，故偏导数 $f'_x(x,y), f'_y(x,y)$ 在原点不连续.

也可这样说明不连续：令 $x=\dfrac{1}{\sqrt{2k\pi}}$, $y=0$，则 $k\to +\infty$ 时，

$$f'_x(x,y) = -2\sqrt{2k\pi} \to \infty.$$

故 $f'_x(x,y)$ 在原点不连续. 同理 $f'_y(x,y)$ 在原点不连续.

注意到

$$\Delta z - (f'_x(0,0)\Delta x + f'_y(0,0)\Delta y) = (\Delta x^2 + \Delta y^2)\sin\frac{1}{\Delta x^2 + \Delta y^2},$$

有

$$\lim_{\substack{\Delta x\to 0 \\ \Delta y\to 0}} \frac{(\Delta x^2+\Delta y^2)\sin\dfrac{1}{\Delta x^2+\Delta y^2}}{\sqrt{\Delta x^2+\Delta y^2}} = \lim_{\substack{\Delta x\to 0 \\ \Delta y\to 0}} \sqrt{\Delta x^2+\Delta y^2}\sin\frac{1}{\Delta x^2+\Delta y^2} = 0,$$

故 $f(x,y)$ 在原点可微，且 $\mathrm{d}z\big|_{(0,0)} = 0$.

四、解 令 $z=\sqrt{x^2+y^2}$，则有

$$\frac{\partial u}{\partial x} = \frac{x}{\sqrt{x^2+y^2}}\frac{\mathrm{d}u}{\mathrm{d}z}, \quad \frac{\partial u}{\partial y} = \frac{y}{\sqrt{x^2+y^2}}\frac{\mathrm{d}u}{\mathrm{d}z},$$

于是

$$\frac{\partial^2 u}{\partial x^2} = \left(\frac{x}{\sqrt{x^2+y^2}}\right)^2 \frac{\mathrm{d}^2 u}{\mathrm{d}z^2} + \frac{y^2}{(\sqrt{x^2+y^2})^3}\frac{\mathrm{d}u}{\mathrm{d}z}, \qquad ①$$

$$\frac{\partial^2 u}{\partial y^2} = \left(\frac{y}{\sqrt{x^2+y^2}}\right)^2 \frac{\mathrm{d}^2 u}{\mathrm{d}z^2} + \frac{x^2}{(\sqrt{x^2+y^2})^3}\frac{\mathrm{d}u}{\mathrm{d}z}. \qquad ②$$

①,② 两式相加，得

$$\frac{\partial^2 u}{\partial x^2} + \frac{\partial^2 u}{\partial y^2} = \frac{\mathrm{d}^2 u}{\mathrm{d}z^2} + \frac{\mathrm{d}u}{\mathrm{d}z}\frac{1}{\sqrt{x^2+y^2}}.$$

而已知 $\dfrac{\partial^2 u}{\partial x^2} + \dfrac{\partial^2 u}{\partial y^2} = x^2+y^2$，于是

$$\frac{\mathrm{d}^2 u}{\mathrm{d}z^2} + \frac{\mathrm{d}u}{\mathrm{d}z}\frac{1}{z} = z^2.$$

令 $p = \dfrac{du}{dz}$，有 $\dfrac{dp}{dz} + \dfrac{1}{z}p = z^2$. 由一阶线性微分方程求解公式，解得

$$p = e^{-\int \frac{1}{z}dz}\left(\int z^2 e^{\int \frac{1}{z}dz} dz + C_1\right) = \frac{1}{4}z^3 + \frac{C_1}{z}.$$

从而 $u = \int p\,dz = \dfrac{1}{16}z^4 + C_1 \ln z + C_2$，即

$$u = \frac{1}{16}(x^2+y^2)^2 + C_1 \ln\sqrt{x^2+y^2} + C_2.$$

五、解 记 $e_0 = (0,0,1)$，则

$$\left.\frac{\partial f}{\partial l}\right|_{(1,2,-1)} = (ay^2+3cx^2z^2, 2axy+bz, by+2cx^3z)\Big|_{(1,2,-1)} \cdot (0,0,1)$$

$$= (by+2cx^3z)\big|_{(1,2,-1)} = 2b-2c.$$

令 $2b-2c = 64$，即

$$b - c = 32. \qquad ①$$

又梯度方向是方向导数取最大值的方向，而

$$\nabla f\big|_{(1,2,-1)} = (4a+3c, 4a-b, 2b-2c),$$

此方向的方向导数的数值应为梯度的模，故

$$|\nabla f(1,2,-1)| = \sqrt{(4a+3c)^2 + (4a-b)^2 + 64^2} = 64,$$

所以有

$$\begin{cases} 4a+3c = 0, \\ 4a-b = 0. \end{cases} \qquad ②$$

联立①，②式，解得 $a = 6$，$b = 24$，$c = -8$.

六、解 由题设，因积分与路径无关，所以 $\dfrac{\partial P}{\partial y} = \dfrac{\partial Q}{\partial x}$，即

$$2y(xf(x)+g(x)) + 3x^2 = yf'(x) + g'(x).$$

从而

$$y(2xf(x)+2g(x)-f'(x)) = g'(x) - 3x^2.$$

把上式两边看成 y 的多项式，比较系数得

$$\begin{cases} 2xf(x)+2g(x)-f'(x) = 0, \\ g'(x) - 3x^2 = 0. \end{cases}$$

解得

$$g(x) = x^3 + C_1, \quad f(x) = C_2 e^{x^2} - (x^2+1).$$

由初始条件 $g(0) = 0$，$f(0) = -1$，可得 $g(x) = x^3$，$f(x) = -(x^2+1)$.

七、证 由

$$\begin{cases} f'_x = -(1+e^y)\sin x = 0, \\ f'_y = (\cos x - y - 1)e^y = 0, \end{cases}$$

得无穷多个驻点 $(n\pi, (-1)^n - 1)$ $(n = 0, \pm 1, \pm 2, \cdots)$.

(1) 当 $n = 2k$ 时,对应驻点为 $(2k\pi, 0)$,此时

$$A = (1+e^y)(-\cos x)\big|_{(2k\pi,0)} = -2,$$
$$B = -e^y \sin x\big|_{(2k\pi,0)} = 0,$$
$$C = (\cos x - y - 1)e^y\big|_{(2k\pi,0)} = -1.$$

因 $B^2 - AC < 0$, $A < 0$, 故函数在 $(2k\pi, 0)$ 有极大值,且极大值为 2.

(2) 当 $n = 2k+1$ 时,对应驻点为 $((2k+1)\pi, -2)$,此时

$$A = 1 + e^{-2}, \quad B = 0, \quad C = -e^{-2}, \quad B^2 - AC > 0,$$

因此函数在这些点无极值,即证.

八、解 取平面 $\Sigma_1: z = 2$,取上侧.则 Σ 与 Σ_1 构成封闭曲面,取外侧.令 Σ 与 Σ_1 所围空间区域为 Ω,由高斯公式,得

$$I = \oiint_{\Sigma+\Sigma_1} - \iint_{\Sigma_1} = \iiint_\Omega dx\,dy\,dz - \iint_{x^2+y^2 \leqslant 1} (9 - 2^3) dx\,dy$$

$$= \int_0^{2\pi} d\theta \int_0^1 r\,dr \int_{1+r^2}^2 dz - \iint_{x^2+y^2 \leqslant 1} dx\,dy$$

$$= 2\pi \int_0^1 r(1-r^2)dr - \pi \cdot 1^2 = -\frac{\pi}{2}.$$

2004—2005年第二学期 高等数学（216学时）试题 B 卷

一、填空题（每小题 4 分，共 20 分）

1. 设函数 $f(x,y)$ 连续，且
$$f(x,y) = xy \iint\limits_{|x|+|y|\leqslant 1} f(x,y)\,\mathrm{d}x\,\mathrm{d}y + 15x^2 y^2,$$
则 $f(x,y) = $ _____.

2. 设 $\boldsymbol{n}$ 是曲面 $xyz + \sqrt{x^2+y^2+z^2} = \sqrt{2}$ 在点 $P(1,0,-1)$ 处指向外侧的法向量，则 $u = \ln(x^2+y^2+z^2)$ 在 P 点处沿 $\boldsymbol{n}$ 方向的方向导数为 _____.

3. 平面 $lx+my+nz=p$ 与二次曲面 $Ax^2+By^2+Cz^2=1$ 相切的条件为 _____.

4. 设 $f(x) = \begin{cases} x, & 0 \leqslant x \leqslant \dfrac{1}{2}, \\ 2-2x, & \dfrac{1}{2} < x < 1, \end{cases}$

$$S(x) = \frac{a_0}{2} + \sum_{n=1}^{\infty} a_n \cos n\pi x, \quad -\infty < x < +\infty,$$

其中 $a_n = 2\int_0^1 f(x)\cos n\pi x\,\mathrm{d}x$，$n=0,1,2,\cdots$，则 $S\left(-\dfrac{5}{2}\right) = $ _____.

5. 微分方程 $y'' - 3y' + 2y = 2\mathrm{e}^x$ 满足 $\lim\limits_{x\to 0}\dfrac{y(x)}{x} = 1$ 的特解为 _____.

二、计算下列各题（每小题 6 分，共 36 分）

1. 设函数 $z = f(x,y)$，有 $\dfrac{\partial^2 f}{\partial y^2} = 2$，且 $f(x,0)=1$，$f'_y(x,0)=x$，求 $f(x,y)$.

2. 计算 $I = \int_0^1 xf(x)\,\mathrm{d}x$，其中 $f(x) = \int_1^{x^2} \dfrac{\sin t}{t}\,\mathrm{d}t$.

3. 计算 $I = \iint\limits_{D} \sqrt{xy}\,dx\,dy$，其中 D 是由曲线 $\left(\dfrac{x}{2}+\dfrac{y}{3}\right)^4 = \dfrac{xy}{6}$ 在第一象限中所围成的区域.

4. 计算 $I = \oint_L e^{\sqrt{x^2+y^2}}\,ds$，其中 L 为由圆周 $x^2+y^2=a^2$ 及直线 $y=x$ 和 $y=0$ 在第一象限内所围成的区域的边界.

5. 设球体 $x^2+y^2+z^2 \leqslant 2x$ 上各点的密度等于该点到坐标原点的距离，求该球体的质量.

6. 计算曲面积分 $I = \iint\limits_{\Sigma}(ax+by+cz+d)^2\,dS$，$\Sigma$ 是球面 $x^2+y^2+z^2=R^2$.

三、(12 分) 函数 $f(x,y) = \sqrt[3]{x^2 y}$ 在点 $(0,0)$ 处：

(1) 是否连续？

(2) 偏导数是否存在？

(3) 是否可微？

均说明理由.

四、(6 分) 设 φ, ψ 都具有连续的一、二阶偏导数，函数
$$z = \dfrac{1}{2}(\varphi(y+ax)+\varphi(y-ax)) + \dfrac{1}{2a}\int_{y-ax}^{y+ax}\psi(t)\,dt,$$
试求 $\dfrac{\partial^2 z}{\partial x^2} - a^2 \dfrac{\partial^2 z}{\partial y^2}$.

五、(7 分) 设有微分方程 $y' + p(x)y = x^2$，其中
$$p(x) = \begin{cases} 1, & x \leqslant 1, \\ \dfrac{1}{x}, & x > 1. \end{cases}$$

试求在区间 $(-\infty, +\infty)$ 内的连续函数 $y = y(x)$，使之在区间 $(-\infty, 1)$ 和 $(1, +\infty)$ 内都满足所给微分方程，且满足条件 $y(0) = 2$.

六、(7 分) 证明：
$$\oint_\Gamma xf(y)\,dy - \dfrac{y}{f(x)}\,dx \geqslant 2,$$
其中 Γ 为圆周曲线 $(x-a)^2+(y-a)^2=1$ ($a>0$) 正向，$f(x)$ 连续取正值.

七、(6 分) 试证：连续曲线 $y=f(x)$ 上点 P 与原点 O 的线段 OP 的长为极大

或极小时,OP 为在点 P 处 $y=f(x)$ 的法线.

八、(6 分) 求流速场

$$v = x^3 i + \left(\frac{1}{z}f\left(\frac{y}{z}\right) + y^3\right)j + \left(\frac{1}{y}f\left(\frac{y}{z}\right) + z^3\right)k$$

流过曲面 Σ 的流量,其中 $f(u)$ 具有连续的一阶导数,Σ 为 $x^2+y^2+z^2=1$,$x^2+y^2+z^2=4$ 与 $z=\sqrt{x^2+y^2}$ 所围成的立体表面的内侧.

2004—2005 年第二学期高等数学 (216 学时) 试题 B 卷答案

一、**1.** $f(x,y) = \frac{1}{3}xy + 15x^2y^2$; **2.** 1; **3.** $\frac{l^2}{A} + \frac{m^2}{B} + \frac{n^2}{C} = p^2$;

4. $\frac{3}{4}$; **5.** $y = -3e^x + 3e^{2x} - 2xe^x$.

二、**1.** 由 $\frac{\partial^2 f}{\partial y^2} = 2$,得 $\frac{\partial f}{\partial y} = 2y + \varphi(x)$. 又 $f'_y(x,0) = x$,故 $\varphi(x) = x$. 将 $\frac{\partial f}{\partial y} = 2y + x$ 两边对 y 积分,有

$$f(x,y) = y^2 + xy + \varphi(x).$$

由 $f(x,0) = 1$,有 $\varphi(x) = 1$,故 $f(x,y) = y^2 + xy + 1$.

2. 方法 1 直接计算. 由定义知 $f(1) = 0$,且 $f'(x) = \frac{\sin x^2}{x^2} \cdot 2x$,故

$$\begin{aligned}
I &= \int_0^1 xf(x)\,\mathrm{d}x = \int_0^1 \frac{1}{2}f(x)\,\mathrm{d}(x^2) \\
&= \frac{1}{2}x^2 f(x)\Big|_0^1 - \frac{1}{2}\int_0^1 x^2\,\mathrm{d}f(x) \\
&= \frac{1}{2}f(1) - \frac{1}{2}\int_0^1 x^2 f'(x)\,\mathrm{d}x \\
&= \frac{1}{2}f(1) - \frac{1}{2}\int_0^1 x^2 \cdot \frac{\sin x^2}{x^2} \cdot 2x\,\mathrm{d}x \\
&= \frac{1}{2}f(1) - \frac{1}{2}\int_0^1 2x \sin x^2\,\mathrm{d}x \\
&= \frac{1}{2}\cos x^2\Big|_0^1 = \frac{1}{2}(\cos 1 - 1).
\end{aligned}$$

方法 2 交换积分次序：
$$I = \int_0^1 x\,\mathrm{d}x \int_1^{x^2} \frac{\sin t}{t}\mathrm{d}t = -\int_0^1 x\,\mathrm{d}x \int_{x^2}^1 \frac{\sin t}{t}\mathrm{d}t.$$

由上述积分可知，由上曲线 $t=1$，下曲线 $t=x^2$ 和左直线 $x=0$ 所围成的积分区域为 D，交换积分次序，得

$$I = -\iint\limits_D x\,\frac{\sin t}{t}\mathrm{d}t\mathrm{d}x = \int_0^1 \frac{\sin t}{t}\mathrm{d}t \int_0^{\sqrt{t}} x\,\mathrm{d}x = -\frac{1}{2}\int_0^1 x^2 \Big|_0^{\sqrt{t}} \cdot \frac{\sin t}{t}\mathrm{d}t$$

$$= -\frac{1}{2}\int_0^1 \sin t\,\mathrm{d}t = \frac{1}{2}(\cos 1 - 1).$$

3. $\left(\dfrac{x}{2}+\dfrac{y}{3}\right)^4 = \dfrac{xy}{6}$ 是一个 4 次方程，要解出 x 或 y 相当困难. 因此不宜在直角坐标系中计算. 为此，令 $x = 2\rho\cos^2\theta$, $y = 3\rho\sin^2\theta$, 则曲线方程变为
$$\rho^2 = \sin^2\theta\cos^2\theta.$$

又因所研究的是曲线在第一象限中所围成的区域，令 $\rho=0$, 得 $\theta = 0$, $\theta = \dfrac{\pi}{2}$, 且 $\rho = \sin\theta\cos\theta$, 故

$$J = \frac{\partial(x,y)}{\partial(\rho,\theta)} = \begin{vmatrix} 2\cos^2\theta & -4\rho\cos\theta\sin\theta \\ 3\sin^2\theta & 6\rho\sin\theta\cos\theta \end{vmatrix} = 12\rho\sin\theta\cos\theta.$$

从而

$$I = \iint\limits_{D'} \sqrt{6\rho^2\sin^2\theta\cos^2\theta} \cdot |J|\,\mathrm{d}\rho\,\mathrm{d}\theta$$

$$= \int_0^{\frac{\pi}{2}} \mathrm{d}\theta \int_0^{\sin\theta\cos\theta} 12\sqrt{6}\sin^2\theta\cos^2\theta \cdot \rho^2\,\mathrm{d}\rho = \frac{\sqrt{6}}{15}.$$

4. 设 $L_1: y=0$ $(0\leqslant x\leqslant a)$, 有 $\mathrm{d}s = \sqrt{1+0^2}\,\mathrm{d}x = \mathrm{d}x$; 设 $L_2: y=x$ $\left(0\leqslant x\leqslant \dfrac{\sqrt{2}}{2}a\right)$, 有 $\mathrm{d}s = \sqrt{1+1^2}\,\mathrm{d}x = \sqrt{2}\,\mathrm{d}x$; 设 $L_3: x = a\cos t$, $y = a\sin t$ $\left(0\leqslant t\leqslant \dfrac{\pi}{4}\right)$, 有 $\mathrm{d}s = \sqrt{(-a\sin t)^2 + (a\cos t)^2}\,\mathrm{d}t = a\,\mathrm{d}t$. 因此

$$\oint_L e^{\sqrt{x^2+y^2}}\,\mathrm{d}s = \int_{L_1} e^{\sqrt{x^2+y^2}}\,\mathrm{d}s + \int_{L_2} e^{\sqrt{x^2+y^2}}\,\mathrm{d}s + \int_{L_3} e^{\sqrt{x^2+y^2}}\,\mathrm{d}s$$

$$= \int_0^a e^x\,\mathrm{d}x + \int_0^{\frac{\sqrt{2}}{2}a} e^{\sqrt{2}x}\cdot\sqrt{2}\,\mathrm{d}x + \int_0^{\frac{\pi}{4}} e^a\cdot a\,\mathrm{d}t$$

$$= e^x\Big|_0^a + e^{\sqrt{2}x}\Big|_0^{\frac{\sqrt{2}}{2}a} + \frac{\pi}{4}a\,e^a = e^a - 1 + e^a - 1 + \frac{\pi}{4}a\,e^a$$

$$= \frac{1}{4}e^a(8+\pi a) - 2.$$

5. 密度函数为 $f(x,y,z) = \sqrt{x^2+y^2+z^2}$，则球体的质量为
$$M = \iiint\limits_{x^2+y^2+z^2 \leqslant 2x} \sqrt{x^2+y^2+z^2}\, dx\,dy\,dz.$$

应用球面坐标得
$$M = \iiint\limits_{x^2+y^2+z^2 \leqslant 2x} \sqrt{x^2+y^2+z^2}\, dx\,dy\,dz$$
$$= \int_{-\frac{\pi}{2}}^{\frac{\pi}{2}} d\theta \int_0^{\pi} d\varphi \int_0^{2\sin\varphi\cos\theta} r^3 \sin\varphi\, dr = \frac{8}{5}\pi.$$

6. 由于对称性有
$$\iint\limits_{\Sigma} x^2\, dS = \iint\limits_{\Sigma} y^2\, dS = \iint\limits_{\Sigma} z^2\, dS,$$
$$\iint\limits_{\Sigma} x\, dS = \iint\limits_{\Sigma} y\, dS = \iint\limits_{\Sigma} z\, dS = 0,$$
$$\iint\limits_{\Sigma} xy\, dS = \iint\limits_{\Sigma} xz\, dS = \iint\limits_{\Sigma} yz\, dS = 0.$$

故
$$I = \iint\limits_{\Sigma} (ax+by+cz+d)^2\, dS$$
$$= \iint\limits_{\Sigma} (a^2x^2+b^2y^2+c^2z^2+d^2+2abxy+2acxz+2bcyz+2adx+2bdy+2cdz)\,dS$$
$$= d^2 \iint\limits_{\Sigma} dS + (a^2+b^2+c^2) \iint\limits_{\Sigma} x^2\, dS$$
$$= 4\pi R^2 d^2 + \frac{1}{3}(a^2+b^2+c^2) \iint\limits_{\Sigma} (x^2+y^2+z^2)\, dS$$
$$= 4\pi R^2 d^2 + \frac{1}{3}(a^2+b^2+c^2) R^2 \cdot \iint\limits_{\Sigma} dS$$
$$= 4\pi R^2 d^2 + \frac{4\pi}{3}(a^2+b^2+c^2) R^4.$$

三、解 函数 $f(x,y)$ 在整个平面上有定义，且 $f(0,0) = 0$. 又
$$\lim_{(x,y)\to(0,0)} f(x,y) = \lim_{(x,y)\to(0,0)} \sqrt[3]{x^2} \cdot \lim_{(x,y)\to(0,0)} \sqrt[3]{y}$$
$$= 0 = f(0,0),$$

所以 $f(x,y)$ 在点 $(0,0)$ 处连续，又因
$$f(x,0) \equiv f(0,y) \equiv 0, \quad \forall x \in \mathbf{R}, \forall y \in \mathbf{R},$$

于是 $f'_x(x,0) = 0$, $f'_y(0,y) = 0$. 特别, 在点$(0,0)$处有
$$f'_x(0,0) = f'_y(0,0) = 0.$$
利用已经求出的 $f(x,y)$ 在点$(0,0)$处的两个偏导数 $f'_x(0,0)$ 和 $f'_y(0,0)$ 知, $f(x,y)$ 在点$(0,0)$处可微的充分必要条件是

$$\lim_{(\Delta x, \Delta y) \to (0,0)} \frac{f(\Delta x, \Delta y) - f(0,0) - f'_x(0,0)\Delta x - f'_y(0,0)\Delta y}{\sqrt{\Delta x^2 + \Delta y^2}}$$

$$= \lim_{(\Delta x, \Delta y) \to (0,0)} \frac{\sqrt[3]{\Delta x^2 \Delta y}}{\sqrt{\Delta x^2 + \Delta y^2}} = 0.$$

不难发现, 当 $\Delta y = \Delta x > 0$ 时, $\dfrac{\sqrt[3]{\Delta x^2 \Delta y}}{\sqrt{\Delta x^2 + \Delta y^2}} = \dfrac{1}{\sqrt{2}}$. 这表明上述极限不是零, 故函数 $f(x,y) = \sqrt[3]{x^2 y}$ 在点$(0,0)$处不可微.

四、解 $\dfrac{\partial z}{\partial x} = \dfrac{a}{2}(\varphi'(y+ax) - \varphi'(y-ax)) + \dfrac{1}{2}(\psi(y+ax) + \psi(y-ax))$,

$\dfrac{\partial^2 z}{\partial x^2} = \dfrac{a^2}{2}(\varphi''(y+ax) + \varphi''(y-ax)) + \dfrac{a}{2}(\psi'(y+ax) - \psi'(y-ax))$,

$\dfrac{\partial z}{\partial y} = \dfrac{1}{2}(\varphi'(y+ax) + \varphi'(y-ax)) + \dfrac{1}{2a}(\psi(y+ax) - \psi(y-ax))$,

$\dfrac{\partial^2 z}{\partial y^2} = \dfrac{1}{2}(\varphi''(y+ax) + \varphi''(y-ax)) + \dfrac{1}{2a}(\psi'(y+ax) - \psi'(y-ax))$,

故 $\dfrac{\partial^2 z}{\partial x^2} - a^2 \dfrac{\partial^2 z}{\partial y^2} = 0$.

五、解 由于方程中系数 $p(x)$ 是分段函数, 因而一般应分段求解. 注意到 $p(x)$ 虽然是分段函数, 但它在$(-\infty, +\infty)$内连续, 因而存在原函数. 于是, 在求出 $p(x)$ 的一个原函数后, 可按照一阶线性微分方程的标准解法求解. 首先在区间$(-\infty, 1]$上求解初值问题:
$$\begin{cases} y' + p(x)y = x^2, & x \leqslant 1, \\ y(0) = 2, \end{cases} \quad 即 \begin{cases} y' + y = x^2, & x \leqslant 1, \\ y(0) = 2. \end{cases}$$
不难得到方程的通解是
$$y = Ce^{-x} + x^2 - 2x + 2, \quad x \leqslant 1.$$
利用初始条件 $y(0) = 2$ 可确定 $C = 0$, 从而所求的解为
$$y = x^2 - 2x + 2, \quad x \leqslant 1.$$
接着在区间$(1, +\infty)$上求解方程:
$$y' + p(x)y = x^2,\ x > 1,\ 即\ y' + \frac{1}{x}y = x^2,\ x > 1.$$

不难得到方程的通解是

$$y = \frac{C}{x} + \frac{x^3}{4}, \quad x > 1.$$

为了得到符合题目要求的函数 $y = y(x)$，只需取 C 使得函数 $y = \frac{C}{x} + \frac{x^3}{4}$ 在 $x = 1$ 处与函数 $y = x^2 - 2x + 2$ 连接起来，即

$$\lim_{x \to 1^+} \left(\frac{C}{x} + \frac{x^3}{4} \right) = (x^2 - 2x + 2) \big|_{x=1} = 1.$$

可得 $C = \frac{3}{4}$，也就是说分段函数

$$y = \begin{cases} x^2 - 2x + 2, & x \leqslant 1, \\ \frac{1}{4}\left(\frac{3}{x} + x^3\right), & x > 1 \end{cases}$$

是符合题目要求的函数.

六、证 设 $P = -\dfrac{y}{f(x)}$，$Q = xf(y)$，则有

$$\frac{\partial Q}{\partial x} - \frac{\partial P}{\partial y} = f(y) + \frac{1}{f(x)}.$$

依格林公式，得

$$I = \oint_\Gamma xf(y)\,\mathrm{d}y - \frac{y}{f(x)}\mathrm{d}x = \iint_D \left(f(y) + \frac{1}{f(x)} \right) \mathrm{d}x\,\mathrm{d}y.$$

又由积分区域关于 x,y 的对称性，有

$$\iint_D f(y)\,\mathrm{d}x\,\mathrm{d}y = \iint_D f(x)\,\mathrm{d}x\,\mathrm{d}y.$$

故 $I = \iint_D \left(f(x) + \dfrac{1}{f(x)} \right) \mathrm{d}x\,\mathrm{d}y$. 因 $f(x)$ 是正值的连续函数，有

$$f(x) + \frac{1}{f(x)} \geqslant 2.$$

于是，得

$$I = \iint_D \left(f(x) + \frac{1}{f(x)} \right) \mathrm{d}x\,\mathrm{d}y \geqslant \iint_D 2\,\mathrm{d}x\,\mathrm{d}y = 2,$$

即 $\oint_\Gamma xf(y)\,\mathrm{d}y - \dfrac{y}{f(x)}\mathrm{d}x \geqslant 2.$

七、证 设由方程 $y = f(x)$ 所确定的曲线为 Γ. 如果 Γ 上的一点为 $P(x,y)$，求距离函数 $|OP|^2 = x^2 + y^2$ 在条件 $f(x) = y$ 下的极值.

作辅助函数 $F(x,y) = x^2 + y^2 + \lambda(y - f(x))$. 由
$$\begin{cases} F'_x = 2x - \lambda f'(x) = 0, \\ F'_y = 2y + \lambda = 0, \end{cases}$$
可得 $x + yf'(x) = 0$, 即
$$f'(x) = -\frac{x}{y}. \qquad ①$$

① 式表明, 当 $|OP|^2 = x^2 + y^2$ 在 $f(x) = y$ 条件下有极值时, 线段 OP 的斜率与曲线 Γ 在横坐标为 x 的点的切线的斜率互为负倒数, 故 OP 为曲线 $y = f(x)$ 在 P 的法线.

在①式中, 如果 $x = 0$, 则 $f'(x) = 0$. 这时曲线 $y = f(x)$ 在点 P 处的切线平行于 x 轴, 而 OP 是 y 轴上的线段, 所以 OP 仍是曲线 $y = f(x)$ 在点 P 处的法线.

八、解 为求流量, 由高斯公式有

$$\Phi = \oiint_{\Sigma} \boldsymbol{v} \cdot d\boldsymbol{S} = -\oiint_{\Sigma_{外}} \boldsymbol{v} \cdot d\boldsymbol{S}$$

$$= -\iiint_{\Omega} \left(3x^2 + \frac{1}{z^2}f'\left(\frac{y}{z}\right) + 3y^2 - \frac{1}{z^2}f'\left(\frac{y}{z}\right) + 3z^2\right) dV$$

$$= -3\iiint_{\Omega} (x^2 + y^2 + z^2) dV$$

$$= -3\int_0^{2\pi} d\theta \int_0^{\frac{\pi}{4}} \sin\varphi \, d\varphi \int_1^2 \rho^4 \, d\rho$$

$$= \frac{93}{5}(\sqrt{2} - 2)\pi.$$

流量为负值表示流入量小于流出量.

2005—2006年第二学期
高等数学（216学时）试题 A 卷

一、试解下列各题（每小题 5 分，共 20 分）

1. 设 L 是正方形区域 $|x|+|y| \leqslant 1$ 的正向边界，计算曲线积分 $\oint_L \dfrac{\mathrm{d}s}{|x|+|y|}$.

2. 求数量场 $u(x,y,z)=1+\dfrac{x^2}{6}+\dfrac{y^2}{12}+\dfrac{z^2}{18}$，在点 $M(1,2,3)$ 处方向导数达到最大值的方向，并求方向导数的最大值.

3. 三元方程 $xy-z\ln y+e^{xz}=1$，在点 $(0,1,1)$ 的某个邻域内确定具有连续偏导数的隐函数，试在 $z=z(x,y),\ x=x(y,z),\ y=y(z,x)$ 中选出正确类型，并根据隐函数存在定理说明理由.

4. 已知以 2π 为周期的连续函数 $f(x)$ 的傅里叶系数为 $a_0, a_n, b_n(n=1,2,\cdots)$，求函数 $f(-x)$ 的傅里叶系数.

二、计算下列各题（每小题 7 分，共 35 分）

1. 计算积分 $I=\iiint\limits_{\Omega}\dfrac{\mathrm{d}x\mathrm{d}y\mathrm{d}z}{(1+x+y+z)^3}$，其中 Ω 是由平面 $x+y+z=1$ 与三个坐标面所围成的空间区域.

2. 求曲面 $z=x^2+y^2$ 与平面 $x+y-2z=2$ 之间的最短距离.

3. 求幂级数 $\sum\limits_{n=0}^{\infty}\dfrac{1}{2n+1}x^{2n}$ 的收敛域及和函数 $S(x)$.

4. 求曲面 $az=xy$ 包含在圆柱 $x^2+y^2=a^2(a>0)$ 内那部分的面积.

5. 计算曲面积分 $\oiint\limits_{\Sigma}(x^2+y^2+1)\mathrm{d}S$，其中 Σ 为球面 $x^2+y^2+z^2=3$.

三、（10分）求直线 $L: \dfrac{x}{2}=y+2=\dfrac{z+1}{3}$ 与平面 $\pi: x+y+z+15=0$ 的交点，以及直线 L 在平面 π 上的投影直线方程.

四、(10 分) 设 $u = f(ax-bz, ay-cz)$,其中 $a^2+b^2+c^2 \neq 0$, f 的三阶偏导数连续,且 $f_x'^2 + f_y'^2 \neq 0$.

(1) 证明:曲面 $f(ax-bz, ay-cz) = 0$ 上任意一点处的切平面都与直线 $\dfrac{x}{b} = \dfrac{y}{c} = \dfrac{z}{a}$ 平行.

(2) 求 $\dfrac{\partial^3 u}{\partial x \partial y \partial z}$.

五、(10 分) 设函数 $\varphi(y), \psi(y)$ 具有连续导数,对平面内的任意分段光滑简单闭曲线 C,有曲线积分

$$\oint_C 2(x\varphi(y) + \psi(y))dx + (x^2\psi(y) + 2xy^2 + 2x\varphi(y))dy = 0.$$

(1) 求满足条件 $\varphi(0) = -2$, $\psi(0) = 0$ 的函数 $\varphi(y)$ 和 $\psi(y)$.

(2) 计算 $\displaystyle\int_{(1,1)}^{(0,0)} 2(x\varphi(y) + \psi(y))dx + (x^2\psi(y) + 2xy^2 + 2x\varphi(y))dy$ 的值.

六、(9 分) 设曲面 Σ 是锥面 $x = \sqrt{y^2+z^2}$ 与两球面 $x^2+y^2+z^2 = 1$, $x^2+y^2+z^2 = 2$ 所围立体表面的外侧,计算曲面积分:

$$\oiint_\Sigma x^3 dydz + (y^3 + \sin yz)dzdx + (z^3 + \tan yz)dxdy.$$

七、(6 分) 设 $f(x,y)$ 为连续函数,$D = \{(x,y) \mid 0 \leqslant y \leqslant x, 0 \leqslant x \leqslant 1\}$,且 $f(x,y) = f(y,x)$,证明:

$$\iint_D f(1-x, 1-y)dxdy = \iint_D f(x,y)dxdy.$$

2005—2006 年第二学期高等数学 (216 学时) 试题 A 卷答案

一、1. $\displaystyle\oint_L \dfrac{ds}{|x|+|y|} = \oint_L ds = 4\sqrt{2}$.

2. 因为 $\dfrac{\partial u}{\partial x} = \dfrac{x}{3}$, $\dfrac{\partial u}{\partial y} = \dfrac{y}{6}$, $\dfrac{\partial u}{\partial z} = \dfrac{z}{9}$,于是在点 $M(1,2,3)$ 处方向导数达到最大值的方向为梯度,即 $\mathrm{grad}\, u = \dfrac{1}{3}\boldsymbol{i} + \dfrac{1}{3}\boldsymbol{j} + \dfrac{1}{3}\boldsymbol{k}$,且方向导数的最大值为

$$\left.\frac{\partial u}{\partial l}\right|_{(1,2,3)} = |\operatorname{grad} u| = \frac{1}{\sqrt{3}} = \frac{\sqrt{3}}{3}.$$

3. $F(x,y,z) = xy - z\ln y + e^{xz} - 1$, 则

$$F'_x = y + e^{xz}z, \quad F'_y = x - \frac{z}{y}, \quad F'_z = -\ln y + e^{xz}x,$$

且 $F'_x(0,1,1) = 2$, $F'_y(0,1,1) = -1$, $F'_z(0,1,1) = 0$. 由隐函数存在定理知, 可确定相应的隐函数 $x = x(y,z)$ 和 $y = y(x,z)$.

4. 令 $x = -t$, 故有

$$c_n = \frac{1}{\pi}\int_{-\pi}^{\pi} f(-x)\cos nx \, \mathrm{d}x = \frac{1}{\pi}\int_{\pi}^{-\pi} f(t)\cos nt \,(-\mathrm{d}t)$$

$$= \frac{1}{\pi}\int_{-\pi}^{\pi} f(t)\cos nt \, \mathrm{d}t = a_n \quad (n = 0,1,2,\cdots),$$

$$d_n = \frac{1}{\pi}\int_{-\pi}^{\pi} f(-x)\sin nx \, \mathrm{d}x = -\frac{1}{\pi}\int_{-\pi}^{\pi} f(t)\sin nt \, \mathrm{d}t$$

$$= -b_n \quad (n = 1,2,\cdots).$$

二、1. $I = \iiint_{\Omega} \frac{\mathrm{d}x\,\mathrm{d}y\,\mathrm{d}z}{(1+x+y+z)^3} = \int_0^1 \mathrm{d}z \int_0^{1-z}\mathrm{d}x \int_0^{1-x-z} \frac{\mathrm{d}y}{(1+x+y+z)^3}$

$$= \frac{1}{2}\int_0^1 \mathrm{d}z \int_0^{1-z}\left[\frac{1}{(x+z+1)^2} - \frac{1}{4}\right]\mathrm{d}x$$

$$= \frac{1}{2}\int_0^1 \left(-\frac{1}{x+z+1}\bigg|_0^{1-z} - \frac{1}{4}x\bigg|_0^{1-z}\right)\mathrm{d}z$$

$$= \frac{1}{2}\int_0^1 \left(-\frac{1}{2} + \frac{1}{z+1} - \frac{1-z}{4}\right)\mathrm{d}z = \frac{1}{16}(8\ln 2 - 5).$$

2. 设 $P(x,y,z)$ 为曲面 $z = x^2 + y^2$ 上任意一点, P 到平面的距离为

$$d = \frac{1}{\sqrt{6}}|x+y-2z-2|.$$

故题设问题转化为求函数 $d^2 = \frac{1}{6}(x+y-2z-2)^2$ 在条件 $x^2 + y^2 - z = 0$ 下的最小值. 令

$$F(x,y,z,l) = \frac{1}{6}(x+y-2z-2)^2 + \lambda(x^2+y^2-z),$$

则

$$F'_x = \frac{1}{3}(x+y-2z-2) + 2\lambda x = 0,$$

$$F'_y = \frac{1}{3}(x+y-2z-2) + 2\lambda y = 0,$$

$$F'_z = \frac{1}{3}(x+y-2z-2) - \lambda = 0,$$

又 $z = x^2 + y^2$,解得 $x = \frac{1}{4}$, $y = \frac{1}{4}$, $z = \frac{1}{8}$, $\lambda = \frac{3}{2}$,得唯一驻点 $\left(\frac{1}{4}, \frac{1}{4}, \frac{1}{8}\right)$. 由题意,距离的最小值一定存在,且有唯一驻点,故必在驻点取得极小值,且极小值为 $\frac{7}{4\sqrt{6}}$.

3. 由
$$\lim_{n\to\infty}\left|\frac{u_{n+1}}{u_n}\right| = \lim_{n\to\infty}\frac{2n+1}{2n+2}\cdot|x|^2 = |x|^2,$$

故有 $|x| < 1$ 时,级数 $\sum_{n=1}^{\infty}\frac{1}{2n+1}x^{2n}$ 收敛,而 $x = \pm 1$ 时,数项级数 $\sum_{n=1}^{\infty}\frac{1}{2n+1}x^{2n}$ 发散,所以幂级数 $\sum_{n=1}^{\infty}\frac{1}{2n+1}x^{2n}$ 的收敛域为 $(-1,1)$.

设 $S(x) = \sum_{n=1}^{\infty}\frac{1}{2n+1}x^{2n}$, $x \in (-1,1)$. 由于
$$(xS(x))' = \sum_{n=1}^{\infty}x^{2n} = \frac{x^2}{1-x^2}, \quad x \in (-1,1),$$

因此
$$xS(x) = \int_0^x \frac{t^2}{1-t^2}dt = -x + \frac{1}{2}\ln\frac{1+x}{1-x}.$$

又由于 $S(0) = 0$,故
$$S(x) = \begin{cases} -1 + \frac{1}{2x}\ln\frac{1+x}{1-x}, & |x| < 1, \\ 0, & x = 0. \end{cases}$$

4. 设曲面面积为 S. 由于 $\frac{\partial z}{\partial x} = \frac{y}{a}$, $\frac{\partial z}{\partial y} = \frac{x}{a}$,所以
$$S = \iint_D \sqrt{1 + \left(\frac{y}{a}\right)^2 + \left(\frac{x}{a}\right)^2}\,dx\,dy,$$

其中 D 为 $x^2 + y^2 \leqslant a^2$. 应用广义极坐标变换,有
$$S = a^2\int_0^{2\pi}d\theta\int_0^1 r\sqrt{1+r^2}\,dr = \frac{2}{3}\pi(2\sqrt{2}-1)a^2.$$

5. **方法 1** 利用对称性,
$$\oiint_{\Sigma}(x^2+y^2+1)dA = \frac{2}{3}\oiint_{\Sigma}(x^2+y^2+z^2)dA + \oiint_{\Sigma}dA$$
$$= 2\times 4\pi \times 3 + 4\pi \times 3 = 36\pi.$$

方法 2 直接计算. $\Sigma_\pm: z = \sqrt{3 - x^2 - y^2}$,
$$dA = \sqrt{1 + z_x^2 + z_y^2}\, dx\, dy = \frac{\sqrt{3}}{\sqrt{3 - x^2 - y^2}} dx\, dy,$$
于是
$$\oiint_\Sigma (x^2 + y^2) dA = 2\iint_{D_{xy}} (x^2 + y^2) \frac{\sqrt{3}}{\sqrt{3 - x^2 - y^2}} dx\, dy$$
$$= 2\sqrt{3} \int_0^{2\pi} d\varphi \int_0^{\sqrt{3}} \frac{\rho^3}{\sqrt{3 - \rho^2}} d\rho$$
$$= 4\sqrt{3}\pi \int_0^{\frac{\pi}{2}} 3\sqrt{3} \sin^3 t\, dt \quad (\rho = \sqrt{3} \sin t)$$
$$= 36\pi \times \frac{2}{3} \times 1 = 24\pi.$$

故原式 $= 24\pi + 12\pi = 36\pi$.

三、解 直线 L 的参数方程为
$$x = 2t, \quad y = t - 2, \quad z = 3t - 1.$$
代入平面 $\pi: x + y + z + 15 = 0$,得交点 $(-4, -4, -7)$. 过直线 L 且与平面 π 垂直的平面的法向量为 $\boldsymbol{n} = -2\boldsymbol{i} + \boldsymbol{j} + \boldsymbol{k}$,故 L 在平面 π 上的投影直线方程为
$$\begin{cases} x + y + z + 15 = 0, \\ y + z - 2x + 3 = 0. \end{cases}$$

四、证 (1) 曲面上任意一点 (x, y, z) 处的切平面的法向量为
$$\boldsymbol{n} = \left(\frac{\partial u}{\partial x}, \frac{\partial u}{\partial y}, \frac{\partial u}{\partial z}\right) = (af_1', af_2', -bf_1' - cf_2'),$$
直线 $\dfrac{x}{b} = \dfrac{y}{c} = \dfrac{z}{a}$ 的方向向量为 $\boldsymbol{s} = (b, c, a)$. 由于
$$\boldsymbol{n} \cdot \boldsymbol{s} = abf_1' + acf_2' + a(-bf_1' - cf_2') = 0,$$
故曲面 $u = f(ax - bz, ay - cz)$ 上任意一点处的切平面都与直线 $\dfrac{x}{b} = \dfrac{y}{c} = \dfrac{z}{a}$ 平行.

解 (2) $\dfrac{\partial u}{\partial x} = af_1'$, $\dfrac{\partial^2 u}{\partial x \partial y} = a^2 f_{12}''$, $\dfrac{\partial^3 u}{\partial x \partial y \partial z} = a^2(-bf_{121}''' - cf_{122}''')$.

五、解 (1) 由题设知,曲线积分与路径无关. 而
$$\frac{\partial P}{\partial y} = 2x\varphi'(y) + 2\psi'(y), \quad \frac{\partial Q}{\partial x} = 2x\psi(y) + 2y + 2\varphi(y),$$

由 $\dfrac{\partial P}{\partial y} = \dfrac{\partial Q}{\partial x}$, 得
$$\varphi'(y) = \psi(y), \quad \psi'(y) = y^2 + \varphi(y).$$
将 $\varphi'(y) = \psi(y)$ 两边求导，并代入 $\psi'(y) = y^2 + \varphi(y)$ 中，得
$$\varphi''(y) - \varphi(y) = y^2, \qquad\qquad ①$$
由①式的特征方程 $r^2 - 1 = 0$ 知，①的齐次微分方程的通解为 $(C_1 + C_2 y)e^y$. 又①的一特解为 $-y^2 - 2$, 故①式的通解为
$$\varphi(y) = (C_1 + C_2 y)e^y - y^2 - 2.$$
由 $\varphi(0) = -2$, 得 $C_1 = 0$. 而
$$\psi(y) = \varphi'(y) = (C_1 + C_2 y)e^y + C_2 e^y - 2y,$$
由 $\psi(0) = 0$, 得 $C_2 = 0$. 所以有 $\varphi(y) = -y^2 - 2$, $\psi(y) = -2y$.

(2) $\displaystyle\int_{(1,1)}^{(0,0)} 2(x\varphi(y) + \psi(y))\mathrm{d}x + (x^2\psi(y) + 2xy^2 + 2x\varphi(y))\mathrm{d}y$

$= \displaystyle\int_1^0 2(x\varphi(1) + \psi(1))\mathrm{d}x = \int_1^0 2[x\cdot(-3) + (-2)]\mathrm{d}x$

$= \displaystyle\int_0^1 2(3x+2)\mathrm{d}x = \dfrac{1}{3}(3x+2)^2 \Big|_0^1 = 7.$

六、解 记 Σ 所围区域为 Ω, 则

原式 $= \displaystyle\iiint_\Omega \left(\dfrac{\partial P}{\partial x} + \dfrac{\partial Q}{\partial y} + \dfrac{\partial R}{\partial z}\right)\mathrm{d}x\mathrm{d}y\mathrm{d}z$

$= \displaystyle\iiint_\Omega (3x^2 + 3y^2 + 3z^2 + z\cos yz + y\sec^2 yz)\mathrm{d}v$

$= 3\displaystyle\iiint_\Omega (x^2 + y^2 + z^2)\mathrm{d}v + \iiint_\Omega z\cos yz\ \mathrm{d}v + \iiint_\Omega y\sec^2 yz\ \mathrm{d}v.$

因 Ω 关于 $z = 0$ 对称，故 $\displaystyle\iiint_\Omega z\cos yz\ \mathrm{d}v = 0$; 因 Ω 关于 $y = 0$ 对称，故 $\displaystyle\iiint_\Omega y\sec^2 yz\ \mathrm{d}v = 0$. 从而

原式 $= 3\displaystyle\iiint_\Omega (x^2 + y^2 + z^2)\mathrm{d}v = 3\int_0^{2\pi}\mathrm{d}\theta\int_0^{\frac{\pi}{4}}\sin\varphi\ \mathrm{d}\varphi\int_1^{\sqrt{2}} r^4\mathrm{d}r = \dfrac{24}{5}(\sqrt{2}-1)\pi.$

七、证 令 $x = 1-u$, $y = 1-v$, 则 $0 \leqslant v \leqslant 1$, $0 \leqslant u \leqslant v$, $|J| = 1$, 于是
$$\int_0^1 \mathrm{d}x \int_0^x f(1-x, 1-y)\mathrm{d}y = \int_0^1 \mathrm{d}v \int_0^v f(u,v)\mathrm{d}u = \int_0^1 \mathrm{d}v \int_0^v f(v,u)\mathrm{d}u$$
$$= \int_0^1 \mathrm{d}x \int_0^x f(x,y)\mathrm{d}y.$$

2005—2006年第二学期
高等数学（216学时）试题 B 卷

一、试解下列各题（每小题5分，共25分）

1. 方程 $y^2 - x^2(1-x^2) = 0$ 在哪些点的邻域内可唯一地确定连续可导的隐函数 $y = f(x)$？

2. 试写出积分区域为第一卦限内单位正方体时，柱面坐标系和球面坐标系下函数 $f(x,y,z)$ 的三重积分的上、下限.

3. 设函数 $u = f(\ln\sqrt{x^2+y^2})$，满足 $\dfrac{\partial^2 u}{\partial x^2} + \dfrac{\partial^2 u}{\partial y^2} = (x^2+y^2)^{\frac{3}{2}}$，且极限

$$\lim_{x \to 0} \frac{\int_0^1 f(xt)\,dt}{x} = -1,$$

试求函数 f 的表达式.

4. 求曲线 $\begin{cases} x^2+y^2+z^2 = 4, \\ x^2+y^2 = 2x \end{cases}$ 在点 $M(1,1,\sqrt{2})$ 处的切线与法平面方程.

5. 已知 $u = \ln(x+\sqrt{y^2+z^2})$，求其在点 $P_0(1,0,1)$ 处沿点 P_0 指向点 $B(3,-2,2)$ 的方向导数.

二、计算下列各题（每小题7分，共35分）

1. 求微分方程 $xy'+y=0$ 满足初始条件 $y(1)=2$ 的特解.

2. 计算二重积分 $\iint\limits_D |x^2+y^2-1|\,d\sigma$，其中 $D = \{(x,y) \mid 0 \leqslant x \leqslant 1, 0 \leqslant y \leqslant 1\}$.

3. 设有直线 $L_1: \dfrac{x+1}{2} = \dfrac{y-1}{1} = \dfrac{z}{-3}$ 和 $L_2: \dfrac{x-2}{4} = \dfrac{y-3}{-1} = \dfrac{z+4}{2}$. 试问：$L_1$ 和 L_2 是否相交？若相交求出交点；若不相交，求出 L_1 与 L_2 的距离.

4. 求无穷级数 $\sum\limits_{n=1}^{\infty} \dfrac{n^2}{n!}$ 的和.

5. 设 Ω 是由锥面 $z = \sqrt{x^2+y^2}$ 与半球面 $z = \sqrt{R^2-x^2-y^2}$ 围成的空间

区域，Σ 是 Ω 的整个边界的外侧，计算 $\iint_\Sigma x\,dy\,dz + y\,dz\,dx + z\,dx\,dy$.

三、(8分) 求幂级数
$$\sum_{n=1}^{\infty} (-1)^{n-1}\left[1 + \frac{1}{n(2n-1)}\right]x^{2n}$$
的收敛区间与和函数 $f(x)$.

四、(8分) 设 $P = x^2 + 5\lambda y + 3yz$, $Q = 5x + 3\lambda xz - 2$, $R = (\lambda+2)xy - 4z$.
(1) 计算 $\int_L P\,dx + Q\,dy + R\,dz$, 其中 L 为螺旋线
$$x = a\cos t,\quad y = a\sin t,\quad z = ct$$
从 $(a,0,0)$ 到 $(a,0,2\pi c)$.
(2) 设 $\mathbf{A} = (P, Q, R)$, 求 $\mathrm{rot}\,\mathbf{A}$.

五、(8分) 设函数 $Q(x,y)$ 在 xOy 平面上具有一阶连续偏导数，曲线积分 $\int_L 2xy\,dx + Q(x,y)\,dy$ 与路径无关，且对任意 t 恒有
$$\int_{(0,0)}^{(t,1)} 2xy\,dx + Q(x,y)\,dy = \int_{(0,0)}^{(1,t)} 2xy\,dx + Q(x,y)\,dy,$$
计算 $\int_{(0,0)}^{(1,1)} 2xy\,dx + Q(x,y)\,dy$ 的值.

六、(8分) 设稳定流动的不可压缩流体(假设密度为1)的速度场由
$$\mathbf{v} = (y^2 - z)\mathbf{i} + (z^2 - x)\mathbf{j} + (x^2 - y)\mathbf{k}$$
给出，锥面 $z = \sqrt{x^2 + y^2}$ $(0 \leqslant z \leqslant h)$ 是速度场中一片有向曲面，求在单位时间内流向曲面 Σ 外侧的流体的质量.

七、(8分) 设微分方程 $y'' + P(x)y' + Q(x)y = 0$.
(1) 证明：若 $1 + P(x) + Q(x) = 0$，则方程有一特解 $y = e^x$；若 $P(x) + xQ(x) = 0$，则方程有一特解 $y = x$.
(2) 根据上面的结论，求 $(x-1)y'' - xy' + y = 1$ 的通解和满足初始条件 $y(0) = 2$, $y'(0) = 1$ 的特解.
(3) 求 $(x-1)y'' - xy' + y = 1$ 满足初始条件 $\lim\limits_{x\to 0}\dfrac{\ln(y(x)-1)}{x} = -1$ 的特解.

2005—2006 年第二学期高等数学 (216 学时) 试题 B 卷答案

一、**1.** 设 $F(x,y) = y^2 - x^2(1-x^2)$，则
$$F'_x = -2x + 4x^3, \quad F'_y = 2y.$$
若 $F'_y = 0$，则有 $y = 0$. 将 $y = 0$ 代入原方程，可解得 $x = 0$，$x = \pm 1$，即在点 $(0,0),(1,0),(-1,0)$ 处有 $F'_y = 0$. 设
$$D = \{(x,y) \mid y^2 - x^2(1-x^2) = 0\} - \{(0,0),(1,0),(-1,0)\},$$
则 $F(x,y)$ 在 D 上每一点的邻域内都有定义且连续；F'_x, F'_y 在 D 上每一点的邻域内都连续；在 D 上每一点 (x,y) 有 $F(x,y) = 0$，$F'_y \neq 0$. 故方程 $y^2 - x^2(1-x^2) = 0$ 在 D 上每一点的某邻域内都可唯一地确定连续可导的隐函数 $y = f(x)$.

2. (1) 在柱面坐标系下，
$$\begin{cases} x = r\cos\theta, \\ y = r\sin\theta, \\ z = z, \end{cases}$$
由 r, θ, z 的意义知
$$\iiint_V f(x,y,z)\,dV = \int_0^1 dz \int_0^{\frac{\pi}{4}} d\theta \int_0^{\frac{1}{\cos\theta}} rf(r\cos\theta, r\sin\theta, z)\,dr$$
$$+ \int_0^1 dz \int_{\frac{\pi}{4}}^{\frac{\pi}{2}} d\theta \int_0^{\frac{1}{\sin\theta}} rf(r\cos\theta, r\sin\theta, z)\,dr.$$

(2) 在球面坐标系下，
$$\begin{cases} x = r\sin\varphi\cos\theta, \\ y = r\sin\varphi\sin\theta, \\ z = r\cos\varphi, \end{cases}$$
由 r, θ, φ 的意义知
$$\iiint_V f(x,y,z)\,dV = \int_0^{\frac{\pi}{4}} d\theta \int_0^{\arctan\cos\theta} d\varphi \int_0^{\frac{1}{\cos\varphi}} kf(u,v,\omega)\,dr$$
$$+ \int_0^{\frac{\pi}{4}} d\theta \int_{\operatorname{arccot}\cos\theta}^{\frac{\pi}{2}} d\varphi \int_0^{\frac{1}{\sin\varphi\cos\theta}} kf(u,v,\omega)\,dr$$
$$+ \int_{\frac{\pi}{4}}^{\frac{\pi}{2}} d\theta \int_0^{\operatorname{arccot}\sin\theta} d\varphi \int_0^{\frac{1}{\cos\varphi}} kf(u,v,\omega)\,dr$$
$$+ \int_{\frac{\pi}{4}}^{\frac{\pi}{2}} d\theta \int_{\operatorname{arccot}\sin\theta}^{\frac{\pi}{2}} d\varphi \int_0^{\frac{1}{\sin\varphi\cos\theta}} kf(u,v,\omega)\,dr,$$

其中 $k = r^2 \sin\varphi$, $u = r\sin\varphi\cos\theta$, $v = r\sin\varphi\sin\theta$, $\omega = r\cos\varphi$.

3. 设 $t = \ln\sqrt{x^2+y^2}$,则 $x^2+y^2 = e^{2t}$,从而由 $\dfrac{\partial^2 u}{\partial x^2} + \dfrac{\partial^2 u}{\partial y^2} = (x^2+y^2)^{\frac{3}{2}}$ 可得

$$f''(t) = (x^2+y^2)^{\frac{5}{2}} = e^{5t}.$$

积分两次得 $f(t) = \dfrac{1}{25}e^{5t} + C_1 t + C_2$,即

$$f(x) = \frac{1}{25}e^{5x} + C_1 x + C_2.$$

又

$$\lim_{x\to 0}\frac{\int_0^1 f(xt)\,\mathrm{d}t}{x} = \lim_{x\to 0}\frac{\int_0^x f(u)\,\mathrm{d}u}{x^2} = \lim_{x\to 0}\frac{f(x)}{2x} = -1,$$

从而有 $f(0) = 0$,$f'(0) = -2$. 将其代入 $f(x)$ 表达式中,得 $C_1 = -\dfrac{12}{5}$, $C_2 = -\dfrac{1}{25}$. 故试求函数 $f(x)$ 的表达式为 $f(x) = \dfrac{1}{25}e^{5x} - \dfrac{12}{5}x - \dfrac{1}{25}$.

4. 方程两边求微分,得

$$\begin{cases} 2x\,\mathrm{d}x + 2y\,\mathrm{d}y + 2z\,\mathrm{d}z = 0, \\ 2x\,\mathrm{d}x + 2y\,\mathrm{d}y = 2\,\mathrm{d}x. \end{cases}$$

解得

$$\frac{\mathrm{d}y}{\mathrm{d}x} = \frac{1-x}{y}, \quad \frac{\mathrm{d}z}{\mathrm{d}x} = -\frac{1}{z}.$$

则曲线在点 M 处的切向量为 $\left(1, 0, -\dfrac{1}{\sqrt{2}}\right)$,故点 M 处的切线方程为

$$\frac{x-1}{\sqrt{2}} = \frac{y-1}{0} = \frac{z-\sqrt{2}}{-1},$$

法平面方程为 $\sqrt{2}(x-1) - (z-\sqrt{2}) = 0$,即 $\sqrt{2}x - z = 0$.

5. $\mathrm{grad}(u)_P = (-1, 0, 11)$,$\boldsymbol{e}_l = \left(\dfrac{1}{2}, \dfrac{\sqrt{2}}{2}, \dfrac{1}{2}\right)$,$\|\boldsymbol{e}_l\| = 1$,$\dfrac{\partial u}{\partial l} = \mathrm{grad}(u)_P \cdot \boldsymbol{e}_l = 5$.

二、1. 原方程可化为

$$(xy)' = 0.$$

积分得 $xy = C$. 代入初始条件得 $C = 2$. 故所求特解为 $xy = 2$.

2. 记

$$D_1 = \{(x,y) \mid x^2 + y^2 \leqslant 1, (x,y) \in D\},$$
$$D_2 = \{(x,y) \mid x^2 + y^2 > 1, (x,y) \in D\},$$

于是

$$\iint_D |x^2 + y^2 - 1| d\sigma = -\iint_{D_1} (x^2 + y^2 - 1) dx dy + \iint_{D_2} (x^2 + y^2 - 1) dx dy$$

$$= \iint_D (x^2 + y^2 - 1) dx dy - 2\iint_{D_1} (x^2 + y^2 - 1) dx dy$$

$$= \int_0^1 dx \int_0^1 (x^2 + y^2 - 1) dy - \int_0^{\frac{\pi}{2}} d\theta \int_0^1 (r^2 - 1) r dr$$

$$= \frac{\pi}{4} - \frac{1}{3}.$$

3. L_1 的方向向量 $\boldsymbol{a}_1 = (2,1,-3)$, L_2 的方向向量 $\boldsymbol{a}_2 = (4,-1,2)$, L_1 上点 $M_1(-1,1,0)$, L_2 上点 $M_2(2,3,-4)$, $\overrightarrow{M_1M_2} = (3,2,-4)$. 因 $\boldsymbol{a}_1 \not\parallel \boldsymbol{a}_2$, 且

$$\begin{vmatrix} 2 & 1 & -3 \\ 4 & -1 & 2 \\ 3 & 2 & -4 \end{vmatrix} = -11 \neq 0,$$

故 L_1 与 L_2 不相交, L_1 与 L_2 异面. 两直线间的距离为

$$d = \frac{|(\boldsymbol{a}_1, \boldsymbol{a}_2, \overrightarrow{M_1M_2})|}{|\boldsymbol{a}_1 \times \boldsymbol{a}_2|} = \frac{11}{\sqrt{293}}.$$

4. $\sum_{n=1}^{\infty} \frac{n^2}{n!} = \sum_{n=1}^{\infty} \frac{n}{(n-1)!} = \sum_{n=1}^{\infty} \frac{n-1+1}{(n-1)!}$

$$= \sum_{n=1}^{\infty} \frac{n-1}{(n-1)!} + \sum_{n=1}^{\infty} \frac{1}{(n-1)!}$$

$$= \sum_{n=2}^{\infty} \frac{1}{(n-2)!} + \sum_{n=1}^{\infty} \frac{1}{(n-1)!} = 2e.$$

5. 由高斯公式, 有

$$\iint_{\Sigma} x dy dz + y dz dx + z dx dy$$

$$= \iiint_{\Omega} 3 dx dy dz = 3 \int_0^R \rho^2 d\rho \int_0^{\frac{\pi}{4}} \sin\varphi d\varphi \int_0^{2\pi} d\theta$$

$$= (2 - \sqrt{2})\pi R^3.$$

三、解 因为

$$\lim_{n \to \infty} \frac{(n+1)(2n+1)+1}{(n+1)(2n+1)} \cdot \frac{n(2n-1)}{n(2n-1)+1} = 1,$$

所以当 $x^2 < 1$ 时, 原级数绝对收敛; 当 $x^2 > 1$ 时, 原级数发散. 因此原级数的收敛半径为 1, 收敛区间为 $(-1, 1)$. 记

$$S(x) = \sum_{n=1}^{\infty} \frac{(-1)^{n-1}}{2n(2n-1)} x^{2n}, \quad x \in (-1, 1),$$

则

$$S'(x) = \sum_{n=1}^{\infty} \frac{(-1)^{n-1}}{2n-1} x^{2n-1}, \quad x \in (-1, 1),$$

$$S''(x) = \sum_{n=1}^{\infty} (-1)^{n-1} x^{2n-2} = \frac{1}{1+x^2}, \quad x \in (-1, 1).$$

由于 $S(0) = 0$, $S'(0) = 0$, 所以

$$S'(x) = \int_0^x S''(t) dt = \int_0^x \frac{1}{1+t^2} dt = \arctan x,$$

$$S(x) = \int_0^x S'(t) dt = \int_0^x \arctan t \, dt$$

$$= x \arctan x - \frac{1}{2} \ln(1+x^2).$$

又 $\sum_{n=1}^{\infty} (-1)^{n-1} x^{2n} = \frac{x^2}{1+x^2}$, $x \in (-1, 1)$, 所以

$$f(x) = 2S(x) + \frac{x^2}{1+x^2}$$

$$= 2x \arctan x - \ln(1+x^2) + \frac{x^2}{1+x^2}, \quad x \in (-1, 1).$$

四、解 (1) 将螺旋线方程代入积分表达式, 有

$$\int_L P dx + Q dy + R dz$$

$$= \int_0^{2\pi} (a^2 \cos^2 t + 5a\lambda \sin t + 3act \sin t)(-a \sin t) dt$$

$$+ \int_0^{2\pi} (5a \cos t + 3a^2 \lambda t \cos t - 2) a \cos t \, dt$$

$$+ \int_0^{2\pi} [a^2(\lambda + 2) \cos t \sin t - 4ct] c \, dt$$

$$= \pi a^2 (1 - \lambda)(5 - 3\pi c) - 8\pi^2 c^2.$$

(2) 由于 $\mathbf{A} = (P, Q, R)$, 则

$$\text{rot} \mathbf{A} = \left(\frac{\partial R}{\partial y} - \frac{\partial Q}{\partial z} \right) \mathbf{i} + \left(\frac{\partial P}{\partial y} - \frac{\partial R}{\partial x} \right) \mathbf{j} + \left(\frac{\partial Q}{\partial x} - \frac{\partial P}{\partial y} \right) \mathbf{k}$$

$$= [(\lambda+2)x-0]\boldsymbol{i}+[3y-(\lambda+2)y]\boldsymbol{j}+[(5+3\lambda y)-(t\lambda+3z)]\boldsymbol{k}$$
$$= (\lambda+2)x\boldsymbol{i}+(1-\lambda)y\boldsymbol{j}+(t-5\lambda+3\lambda y-3z)\boldsymbol{k}.$$

五、解 由题设知 $\dfrac{\partial P}{\partial y}=\dfrac{\partial Q}{\partial x}$，即 $\dfrac{\partial P}{\partial y}=\dfrac{\partial Q}{\partial x}=2x$，所以
$$Q(x,y)=x^2+C(y).$$
又
$$\int_{(0,0)}^{(t,1)} 2xy\,\mathrm{d}x+Q(x,y)\mathrm{d}y = \int_0^1 Q(t,y)\mathrm{d}y = \int_0^1 (t^2+C(y))\mathrm{d}y$$
$$= t^2+\int_0^1 C(y)\mathrm{d}y,$$
$$\int_{(0,0)}^{(1,t)} 2xy\,\mathrm{d}x+Q(x,y)\mathrm{d}y = \int_0^t Q(1,y)\mathrm{d}y = \int_0^t (1+C(y))\mathrm{d}y$$
$$= t+\int_0^t C(y)\mathrm{d}y,$$
所以
$$t^2+\int_0^1 C(y)\mathrm{d}y = t+\int_0^t C(y)\mathrm{d}y.$$
两边求导，得 $2t=1+C(t)$，故 $C(t)=2t-1$. 所以 $C(y)=2y-1$，故有 $Q(x,y)=x^2+2y-1$，且
$$\int_{(0,0)}^{(1,1)} 2xy\,\mathrm{d}x+Q(x,y)\mathrm{d}y = \int_0^1 2y\,\mathrm{d}y = 1.$$

六、解 在单位时间内流向曲面 Σ 外侧的流体的质量即流量，记为 Φ，则
$$\Phi = \iint_{\Sigma} (y^2-z)\mathrm{d}y\,\mathrm{d}z+(z^2-x)\mathrm{d}z\,\mathrm{d}x+(x^2-y)\mathrm{d}x\,\mathrm{d}y.$$
添加曲面 $\Sigma_1: z=h\ (x^2+y^2\leqslant h^2)$，取上侧的曲面积分，由 Σ 和 Σ_1 组成封闭曲面，且积分是在该封闭曲面的外侧进行，由高斯公式得
$$\Phi+\iint_{\Sigma_1} (y^2-z)\mathrm{d}y\,\mathrm{d}z+(z^2-x)\mathrm{d}z\,\mathrm{d}x+(x^2-y)\mathrm{d}x\,\mathrm{d}y = \iiint_{\Omega} 0\,\mathrm{d}V = 0.$$
所以
$$\Phi = -\iint_{\Sigma_1} (y^2-z)\mathrm{d}y\,\mathrm{d}z+(z^2-x)\mathrm{d}z\,\mathrm{d}x+(x^2-y)\mathrm{d}x\,\mathrm{d}y$$
$$= -\iint_{\Sigma_1} (x^2-y)\mathrm{d}x\,\mathrm{d}y = -\iint_{D_{xy}} (x^2-y)\mathrm{d}x\,\mathrm{d}y,$$
其中 $D_{xy}=\{(x,y)\,|\,x^2+y^2\leqslant h^2\}$. 故

$$\Phi = -\int_0^{2\pi} d\theta \int_0^h (r^2\cos^2\theta - r\sin\theta)r\,dr$$
$$= -\int_0^{2\pi}\left(\frac{h^4}{4}\cos^2\theta - \frac{1}{3}h^3\sin\theta\right)d\theta = -\frac{\pi}{4}h^4.$$

负号应解释为在单位时间内流入曲面 Σ 的流体的质量为 $\frac{\pi}{4}h^4$.

七、证 (1) 直接验算即可.

解 (2) 将微分方程变形为
$$y'' - \frac{x}{x-1}y' + \frac{1}{x-1}y = 0,$$

这里 $P(x) = -\frac{x}{x-1}$, $Q(x) = \frac{1}{x-1}$, 满足
$$1 + P(x) + Q(x) = 0, \quad P(x) + xQ(x) = 0.$$

根据(1)知, $y_1 = e^x$, $y_2 = x$ 都是方程的特解, 且 $\frac{y_1}{y_2} \neq$ 常数, 故通解为
$$y = C_1 x + C_2 e^x.$$

由初始条件得 $C_1 = -1$, $C_2 = 2$, 故所求特解为 $y = 2e^x - x$.

(3) 由特解 $y^* = 1$ 知, $(x-1)y'' - xy' + y = 1$ 的通解为
$$y = 1 + C_1 x + C_2 e^x.$$

由 $\lim\limits_{x \to 0} \frac{\ln(y(x)-1)}{x} = -1$ 知, $y(0) - 1 = 1$, 于是 $C_2 = 1$. 从而
$$\lim_{x\to 0}\frac{\ln(y(x)-1)}{x} = \lim_{x\to 0}\frac{\ln(C_1 x + e^x)}{x} = \lim_{x\to 0}\frac{C_1 x + e^x - 1}{x}$$
$$= C_1 + 1 = -1,$$

得 $C_1 = -2$. 故所求特解为 $y = 1 - 2x + e^x$.

2006—2007年第二学期
高等数学（216学时）试题 A 卷

一、(6分) 已知 $|a|=1$, $|b|=2$, 且 a 与 b 的夹角为 $\theta=\dfrac{2\pi}{3}$, 求 $\text{Prj}_{a-b}(a+b)$.

二、(6分) 求过点 $M_0(2,6,3)$, 平行于平面 $\pi_0: x-2y+3z+1=0$ 且与直线 $L: \dfrac{x-2}{-5}=\dfrac{y-2}{-8}=\dfrac{z-6}{2}$ 相交的直线方程.

三、(12分)

(1) 求证幂级数 $\sum\limits_{n=0}^{\infty}\dfrac{n+1}{n!}x^n$ 在收敛域内的和函数为 $f(x)=(1+x)\mathrm{e}^x$.

(2) 求函数 $g(x)=x+1$ $(2<x<6)$ 的傅里叶级数系数.

四、(15分) 讨论函数
$$f(x,y)=\begin{cases}\dfrac{x^2y}{x^2+y^2}, & x^2+y^2\neq 0,\\ 0, & x^2+y^2=0\end{cases}$$
在点$(0,0)$处的偏导数存在性、方向导数的存在性、可微性.

五、(10分) 设有函数 $f(x,y,z)=z\mathrm{e}^{-(x^2+y^2+z^2)}$.

(1) 求 $\dfrac{\partial f}{\partial y}, \dfrac{\partial^3 f}{\partial y\partial z\partial x}$.

(2) 求三重积分 $\iiint\limits_{\Omega}f(x,y,z)\mathrm{d}v$, 其中
$\Omega: 1\leqslant x^2+y^2+z^2\leqslant 4, y\geqslant 0, z\geqslant 0$.

六、(15分) 在 xOz 面上有抛物线 $z=2-x^2$.

(1) 求抛物线 $z=2-x^2$ 绕 Oz 轴旋转所得的旋转抛物面方程.

(2) 在旋转抛物面位于第一卦限部分上求一点, 使该点处的切平面与三坐标面围成的四面体的体积最小.

(3) 设 $V = \ln(4-z)^3 - 24(\ln x + \ln y)$，其中 $x = x(y,z)$ 由方程 $z + x^2 + y^2 = 2$ 所确定，求 $\left.\dfrac{\partial V}{\partial z}\right|_{(1,1,0)}$.

七、(20 分) 设旋转抛物面 S_1 的参数方程为
$$\begin{cases} x = u+v, \\ y = u-v, \\ z = u^2 + v^2, \end{cases}$$

其中 u,v 为参数，曲面 S_2 的方程为 $x^2 + (y-1)^2 = 1$.

(1) 验证曲面 S_1 的直角坐标方程为 $z = \dfrac{1}{2}(x^2 + y^2)$.

(2) 求曲面 S_2 介于 xOy 面与曲面 S_1 之间的部分曲面的面积.

(3) 求曲面积分
$$I = \iint\limits_{\Sigma} xz\,dy\,dz + 2zy\,dx\,dz + 3xy\,dx\,dy,$$

其中 Σ 为曲面 $S_1 (0 \leqslant z \leqslant 2)$，其法向量与 z 轴正向夹角为锐角.

八、(10 分) 试确定函数 $g(x)$ 使曲线积分
$$\int_L (g''(x) + 9g(x) + 2x^2 - 5x + 1)y^2\,dx + 7g''(x)\,dy$$

与路径无关，$g(x)$ 在全平面上有连续 3 阶导数，L 为单连通域 G 内自点 $(0,0)$ 到点 $(1,1)$ 的任意一条光滑曲线，并求此曲线积分.

九、(6 分) 设 $a > 0, b > 0$ 为常数，$f(t)$ 是连续函数，且 $f(t) \neq 0$，证明：
$$\iint\limits_{\frac{x^2}{a^2} + \frac{y^2}{b^2} \leqslant 1} \dfrac{(b+1)f\left(\dfrac{x}{a}\right) + (a-1)f\left(\dfrac{y}{b}\right)}{f\left(\dfrac{x}{a}\right) + f\left(\dfrac{y}{b}\right)}\,dx\,dy = \dfrac{1}{2}\pi ab(a+b).$$

2006—2007 年第二学期高等数学 (216 学时) 试题 A 卷答案

一、解 $\mathrm{Prj}_{a-b}(a+b) = \dfrac{(a-b)\cdot(a+b)}{|a-b|}$

$$= \frac{|\boldsymbol{a}|^2 - |\boldsymbol{b}|^2}{\sqrt{|\boldsymbol{a}|^2 - 2|\boldsymbol{a}| \cdot |\boldsymbol{b}| \cos\theta + |\boldsymbol{b}|^2}} = -\frac{3\sqrt{7}}{7}.$$

二、解 过 M_0 且平行平面 π_0 的平面方程为 $\pi: x - 2y + 3z + 1 = 0$,直线 L 的参数方程为

$$\begin{cases} x = 2 - 5t, \\ y = 2 - 8t, \\ z = 6 + 2t. \end{cases}$$

将直线 L 的方程代入平面 π 的方程,解得 $t = -1$. 故交点为 $M_1(7, 10, 4)$. 所求直线方程为 $\dfrac{x-2}{5} = \dfrac{y-6}{4} = z - 3$.

三、证 (1) 由于

$$\lim_{n \to \infty} \left| \frac{b_n}{b_{n+1}} \right| = \lim_{n \to \infty} \frac{\dfrac{n+1}{n!}}{\dfrac{n+2}{(n+1)!}} = \lim_{n \to \infty} \frac{(n+1)^2}{n+2} = +\infty,$$

故级数收敛域为 $(-\infty, +\infty)$. 令 $f(x) = \sum\limits_{n=0}^{\infty} \dfrac{n+1}{n!} x^n$,两边积分,有

$$\int_0^x f(x) \mathrm{d}x = \sum_{n=0}^{\infty} \int_0^x \frac{n+1}{n!} x^n \mathrm{d}x = \sum_{n=0}^{\infty} \frac{1}{n!} x^{n+1} = x \sum_{n=0}^{\infty} \frac{1}{n!} x^n = x \mathrm{e}^x.$$

故 $f(x) = (1 + x) \mathrm{e}^x$.

解 (2) $a_0 = \dfrac{1}{2} \int_2^6 (1+x) \mathrm{d}x = \dfrac{1}{4} (1+x)^2 \Big|_2^6 = 10,$

$$a_n = \frac{1}{2} \int_2^6 (1+x) \cos \frac{n\pi x}{2} \mathrm{d}x = \frac{1}{2} \int_{-2}^{2} (1+x) \cos \frac{n\pi x}{2} \mathrm{d}x$$
$$= \int_0^2 \cos \frac{n\pi x}{2} \mathrm{d}x = 0 \quad (n = 1, 2, \cdots),$$

$$b_n = \frac{1}{2} \int_2^6 (1+x) \sin \frac{n\pi x}{2} \mathrm{d}x = \frac{1}{2} \int_{-2}^{2} (1+x) \sin \frac{n\pi x}{2} \mathrm{d}x$$
$$= \int_0^2 x \sin \frac{n\pi x}{2} \mathrm{d}x = \frac{4(-1)^n}{n\pi} \quad (n = 1, 2, \cdots).$$

四、解 (1) 由偏导数定义,知

$$f'_x(0,0) = \lim_{\Delta x \to 0} \frac{f(0+\Delta x, 0) - f(0,0)}{\Delta x} = \lim_{\Delta x \to 0} \frac{0 - 0}{\Delta x} = 0.$$

同理 $f'_y(0,0) = 0$. 所以 $f(x, y)$ 在点 $(0, 0)$ 的偏导数存在.

(2) 由方向导数的定义，有
$$\left.\frac{\partial f}{\partial l}\right|_{(0,0)} = \lim_{t \to 0} \frac{f(0+t\cos\theta, 0+t\sin\theta)}{t}$$
$$= \lim_{t \to 0} \frac{t^3 \cos^2\theta \sin\theta}{t^3} = \cos^2\theta \sin\theta.$$

故 $f(x,y)$ 沿任意方向的方向导数存在.

(3) 由于
$$\lim_{\substack{\Delta x \to 0 \\ \Delta y \to 0}} \frac{f(0+\Delta x, 0+\Delta y) - f(0,0)}{\sqrt{\Delta x^2 + \Delta y^2}}$$
$$= \lim_{\substack{\Delta x \to 0 \\ \Delta y \to 0}} \frac{\Delta x^2 \Delta y}{\sqrt{(\Delta x^2 + \Delta y^2)^3}} = \lim_{\substack{\Delta x \to 0 \\ \Delta y = \Delta x \to 0}} \frac{\Delta x^3}{\sqrt{(2\Delta x^2)^3}} = \frac{\sqrt{2}}{2} \neq 0,$$

故 $f(x,y)$ 在 $(0,0)$ 处不可微.

五、解 (1) $\dfrac{\partial f}{\partial y} = -2yz\,\mathrm{e}^{-(x^2+y^2+z^2)}$,

$\dfrac{\partial^2 f}{\partial y \partial z} = 2y(2z^2 - 1)\mathrm{e}^{-(x^2+y^2+z^2)}$,

$\dfrac{\partial^3 f}{\partial y \partial z \partial x} = 4xy(1-2z^2)\mathrm{e}^{-(x^2+y^2+z^2)}$.

(2) 利用积分域的对称性、被积函数的奇偶性和球坐标，有
$$\iiint_\Omega f(x,y,z)\,\mathrm{d}v = 2\int_0^{\frac{\pi}{2}} \mathrm{d}\varphi \int_0^{\frac{\pi}{2}} \mathrm{d}\theta \int_1^2 r^3 \cos\varphi \sin\varphi \cdot \mathrm{e}^{-r^2}\,\mathrm{d}r$$
$$= \pi \int_0^{\frac{\pi}{2}} \cos\varphi \sin\varphi\,\mathrm{d}\varphi \cdot \int_1^2 r^3 \mathrm{e}^{-r^2}\,\mathrm{d}r$$
$$= \pi \cdot \frac{1}{2} \cdot \frac{1}{2}\int_1^4 u\mathrm{e}^{-u}\,\mathrm{d}u = \frac{\pi}{4\mathrm{e}^4}(2\mathrm{e}^3 - 5).$$

故 $\iiint_\Omega f(x,y,z)\,\mathrm{d}v = \dfrac{\pi}{4\mathrm{e}^4}(2\mathrm{e}^3 - 5)$.

六、解 (1) 旋转抛物面方程为 $z = 2 - (x^2+y^2)$.

(2) 旋转抛物面位于第一卦限部分上任意一点 (x,y,z) 处的切平面方程为 $2xX + 2yY + Z = 4 - z$，即
$$\frac{X}{\frac{4-z}{2x}} + \frac{Y}{\frac{4-z}{2y}} + \frac{Z}{4-z} = 1,$$

所以四面体的体积为 $V = \dfrac{(4-z)^3}{24xy}$. 构造拉格朗日函数，令

$$F(x,y,z,\lambda) = 3\ln(4-z) - \ln x - \ln y + \lambda(x^2 + y^2 + z - 2).$$

由

$$\begin{cases} F'_x = -\dfrac{1}{x} + 2\lambda x = 0, \\ F'_z = -\dfrac{3}{4-z} + \lambda = 0, \\ F'_y = -\dfrac{1}{y} + 2\lambda y = 0, \\ F'_\lambda = x^2 + y^2 + z - 2 = 0, \end{cases}$$

得 $x = y = \dfrac{\sqrt{2}}{2}$, $z = 1$. 因为只有一个驻点，所以 $\left(\dfrac{\sqrt{2}}{2}, \dfrac{\sqrt{2}}{2}, 1\right)$ 为所求.

(3) $\dfrac{\partial V}{\partial z} = \dfrac{-3}{4-z} - \dfrac{24}{x}\dfrac{\partial x}{\partial z}$, $\dfrac{\partial x}{\partial z} = \dfrac{-1}{2x}$, $\dfrac{\partial V}{\partial z}\bigg|_{(1,1,0)} = -\dfrac{3}{4} + 12 = \dfrac{45}{4}$.

七、证 （1） 由曲面参数方程中前两个式子可得

$$u = \dfrac{1}{2}(x+y), \quad v = \dfrac{1}{2}(x-y).$$

将上式代入第三个式子，可得 $z = \dfrac{1}{2}(x^2 + y^2)$.

解 （2） **方法 1** 所求面积为

$$S = \oint_L z\,\mathrm{d}s = \oint_{x^2+(y-1)^2=1} \dfrac{1}{2}(x^2+y^2)\,\mathrm{d}s$$
$$= \int_0^{2\pi} \dfrac{1}{2}[\cos^2 t + (\sin t + 1)^2]\,\mathrm{d}t = 2\pi.$$

方法 2 由对称性，有

$$S = 2\iint_D \sqrt{1 + \left(\dfrac{\partial x}{\partial y}\right)^2 + \left(\dfrac{\partial x}{\partial z}\right)^2}\,\mathrm{d}y\,\mathrm{d}z,$$

其中 $\left(\dfrac{\partial x}{\partial y}\right)^2 = \dfrac{1}{1-(y-1)^2}$, $\left(\dfrac{\partial x}{\partial z}\right)^2 = 0$. 由

$$z = \dfrac{1}{2}(x^2+y^2), \quad x^2 + (y-1)^2 = 1,$$

得 $y = z$. 故 $D: 0 \leqslant z \leqslant y$, $0 \leqslant y \leqslant 2$. 从而所求面积为

$$S = 2\iint_D \sqrt{1 + \left(\dfrac{\partial x}{\partial y}\right)^2 + \left(\dfrac{\partial x}{\partial z}\right)^2}\,\mathrm{d}y\,\mathrm{d}z = 2\iint_D \dfrac{1}{\sqrt{1-(y-1)^2}}\,\mathrm{d}y\,\mathrm{d}z$$
$$= 2\int_0^2 \mathrm{d}y \int_0^y \dfrac{1}{\sqrt{1-(y-1)^2}}\,\mathrm{d}z = 2\int_0^2 \dfrac{y}{\sqrt{1-(y-1)^2}}\,\mathrm{d}y.$$

令 $y-1 = \sin t$, $dy = \cos t\, dt$. 由 $y: 0 \to 2$, 得 $t: -\dfrac{\pi}{2} \to \dfrac{\pi}{2}$, 则有

$$S = 2\int_0^2 \frac{y}{\sqrt{1-(y-1)^2}}dy = 2\int_{-\frac{\pi}{2}}^{\frac{\pi}{2}}(1+\sin t)dt = 2\pi.$$

(3) 由高斯公式，补充有向平面 $\Sigma_1: z=2$ 方向向上, Ω 是 $z=2$, $z=\dfrac{1}{2}(x^2+y^2)$ 所围成的闭区域，有

$$I = \left(-\iint_\Sigma - \iint_{\Sigma_1} + \iint_{\Sigma_1}\right) xz\,dy\,dz + 2zy\,dx\,dz + 3xy\,dx\,dy$$

$$= -\iiint_\Omega (z+2z+0)dv + \iint_{\Sigma_1} xz\,dy\,dz + 2zy\,dx\,dz + 3xy\,dx\,dy$$

$$= -3\iiint_\Omega z\,dv + 3\iint_{x^2+y^2\leqslant 2} xy\,dx\,dy$$

$$= -3\int_0^{2\pi}dt\int_0^2 r\,dr\int_{\frac{1}{2}r^2}^2 z\,dz + 0$$

$$= -16\pi,$$

或由先二后一积分法，有

$$-3\iiint_\Omega z\,dv + 3\iint_{x^2+y^2\leqslant 2} xy\,dx\,dy = -3\int_0^2\left(z\iint_{D_z}d\sigma\right)dz = -6\pi\int_0^2 z^2\,dz$$

$$= -2\pi z^3\Big|_0^2 = -16\pi.$$

八、解 设

$$Q = 7g'''(x), \quad P = (g''(x) + 9g(x) + 2x^2 - 5x + 1)y^2.$$

由 $\dfrac{\partial Q}{\partial x} = \dfrac{\partial P}{\partial y}$, 得

$$2(g''(x) + 9g(x) + 2x^2 - 5x + 1)y = 7g'''(x).$$

由此得

$$g'''(x) = 0, \qquad \text{①}$$
$$g''(x) + 9g(x) + 2x^2 - 5x + 1 = 0. \qquad \text{②}$$

由 ①，得 $g(x) = ax^2 + bx + c$. 代入 ②，得 $a = -\dfrac{2}{9}$, $b = \dfrac{5}{9}$, $c = -\dfrac{5}{81}$. 所以

$$g(x) = -\frac{2}{9}x^2 + \frac{5}{9}x - \frac{5}{81}, \quad \int_0^1 7\left(-\frac{4}{9}\right)dy = -\frac{28}{9}.$$

九、证 令 $x = au$, $y = bv$, $\mathrm{d}x\,\mathrm{d}y = ab\,\mathrm{d}u\,\mathrm{d}v$，则

$$\frac{(b+1)f\left(\frac{x}{a}\right) + (a-1)f\left(\frac{y}{b}\right)}{f\left(\frac{x}{a}\right) + f\left(\frac{y}{b}\right)} = \frac{bf(u) + af(v)}{f(u) + f(v)} + \frac{f(u) - f(v)}{f(u) + f(v)},$$

$$\iint\limits_{\frac{x^2}{a^2} + \frac{y^2}{b^2} \leqslant 1} \frac{(b+1)f\left(\frac{x}{a}\right) + (a-1)f\left(\frac{y}{b}\right)}{f\left(\frac{x}{a}\right) + f\left(\frac{y}{b}\right)} \mathrm{d}x\,\mathrm{d}y$$

$$= ab \iint\limits_{u^2 + v^2 \leqslant 1} \frac{bf(u) + af(v)}{f(u) + f(v)} \mathrm{d}u\,\mathrm{d}v + ab \iint\limits_{u^2 + v^2 \leqslant 1} \frac{f(u) - f(v)}{f(u) + f(v)} \mathrm{d}u\,\mathrm{d}v.$$

因区域 D：$u^2 + v^2 \leqslant 1$ 关于 $u = v$ 对称，故

$$\iint\limits_{u^2 + v^2 \leqslant 1} f(u)\mathrm{d}\sigma = \iint\limits_{u^2 + v^2 \leqslant 1} f(v)\mathrm{d}\sigma,$$

$$\iint\limits_{u^2 + v^2 \leqslant 1} \frac{bf(v) + af(u)}{f(u) + f(v)} \mathrm{d}u\,\mathrm{d}v = \iint\limits_{u^2 + v^2 \leqslant 1} \frac{bf(u) + af(v)}{f(u) + f(v)} \mathrm{d}u\,\mathrm{d}v,$$

$$\iint\limits_{u^2 + v^2 \leqslant 1} \frac{f(u) - f(v)}{f(u) + f(v)} \mathrm{d}u\,\mathrm{d}v = 0.$$

所以有

$$2 \iint\limits_{\frac{x^2}{a^2} + \frac{y^2}{b^2} \leqslant 1} \frac{(b+1)f\left(\frac{x}{a}\right) + (a-1)f\left(\frac{y}{b}\right)}{f\left(\frac{x}{a}\right) + f\left(\frac{y}{b}\right)} \mathrm{d}x\,\mathrm{d}y$$

$$= ab\left(\iint\limits_{u^2 + v^2 \leqslant 1} \frac{af(u) + bf(v)}{f(u) + f(v)} \mathrm{d}u\,\mathrm{d}v + \iint\limits_{u^2 + v^2 \leqslant 1} \frac{af(v) + bf(u)}{f(u) + f(v)} \mathrm{d}u\,\mathrm{d}v \right)$$

$$= ab \iint\limits_{u^2 + v^2 \leqslant 1} (a+b)\mathrm{d}u\,\mathrm{d}v = ab(a+b)\pi,$$

即

$$\iint\limits_{\frac{x^2}{a^2} + \frac{y^2}{b^2} \leqslant 1} \frac{(b+1)f\left(\frac{x}{a}\right) + (a-1)f\left(\frac{y}{b}\right)}{f\left(\frac{x}{a}\right) + f\left(\frac{y}{b}\right)} \mathrm{d}x\,\mathrm{d}y = \frac{1}{2}\pi ab(a+b).$$

2006—2007 年第二学期
高等数学（216 学时）试题 B 卷

一、(12 分)

(1) 已知幂级数 $\sum_{n=0}^{\infty} b_n (x-2)^n$ 在 $x=7$ 点处收敛，在 $x=-3$ 点处发散，求该幂级数的收敛域.

(2) 求函数 $f(x) = \ln(3 - 2x - x^2)$ 在 $x_0 = 0$ 处的幂级数展开式.

二、(共 16 分)

(1) (10 分) 设 $\mathbf{A} = 2\mathbf{a} + \mathbf{b}$, $\mathbf{B} = -2\mathbf{a} + \mathbf{b}$. 已知 $|\mathbf{a}| = 1$, $|\mathbf{b}| = 2$ 且 $\mathbf{a}$ 与 $\mathbf{b}$ 的夹角为 θ $(0 \leqslant \theta \leqslant \pi)$.

① 试问 θ 为何值时，以 $\mathbf{A}, \mathbf{B}$ 为邻边的平行四边形的面积为 4？

② 若 $\theta = \dfrac{2\pi}{3}$，求 $\mathrm{Prj}_{(\mathbf{a}+\mathbf{b})} (\mathbf{a} - \mathbf{b})$.

(2) (6 分) 求过直线 $l: \begin{cases} 3x - 2y - 7 = 0, \\ 2x - z - 5 = 0 \end{cases}$ 且平行于直线 $L: x = y = \dfrac{z}{2}$ 的平面方程.

三、(12 分) 设有函数

$$f(x,y) = \begin{cases} \dfrac{xy}{x^2 + y^2}, & (x,y) \neq (0,0), \\ 0, & (x,y) = (0,0), \end{cases}$$

证明：

(1) 函数 $f(x,y)$ 在点 $(0,0)$ 处不连续；

(2) 函数 $f(x,y)$ 在点 $(0,0)$ 处偏导数存在；

(3) 函数 $f(x,y)$ 沿任一方向的方向导数并不都存在.

四、(10 分) 设有函数 $F(x,y) = x(1 + y f(x^2 + y^2))$，其中函数 $f(u)$ 二阶可导.

(1) 求 $\dfrac{\partial F}{\partial x}, \dfrac{\partial^2 F}{\partial x \partial y}$.

(2) 求二重积分 $I = \iint\limits_{D} F(x,y)\mathrm{d}x\mathrm{d}y$, 其中 D 是由 $y = x^3$, $y = 1$, $x = -1$ 围成的平面区域.

五、(10 分) 已知 $z = z(x,y)$ 满足 $\dfrac{\partial^2 z}{\partial y^2} = -2$, 且 $z(x,0) = 4x - x^2$, $\dfrac{\partial z}{\partial y}\bigg|_{(x,0)} = -4$.

(1) 求函数 $z = z(x,y)$ 的表达式.

(2) 求函数 $z = z(x,y)$ 的极值.

六、(24 分) 设曲面 S_1 的方程为 $x^2 + y^2 + z^2 = a^2$, 曲面 S_2 的方程为 $z = \sqrt{x^2 + y^2}$, 曲面 S_3 的方程为 $z = 0$, 曲面 S_4 的方程为 $x^{\frac{2}{3}} + y^{\frac{2}{3}} = a^{\frac{2}{3}}$.

(1) 求由曲面 S_1 与曲面 S_2 所围成的立体的体积.

(2) 设密度为 $\mu = z\sqrt{x^2 + y^2 + z^2}$, 求由曲面 S_1 与曲面 S_2 所围成的物体的质量.

(3) 求曲面 S_1 被曲面 S_2 截下部分曲面的面积.

(4) 求曲面积分
$$I = \iint\limits_{\Sigma} (x^3 + az^2)\mathrm{d}y\mathrm{d}z + (y^3 + ax^2)\mathrm{d}z\mathrm{d}x + (z^3 + ay^2)\mathrm{d}x\mathrm{d}y,$$
其中 Σ 为曲面 $S_1(z \geqslant 0)$ 的上侧.

七、(10 分) 计算曲线积分
$$\int_L \left(\dfrac{xy^2}{\sqrt{4 + x^2 y^2}} + \dfrac{1}{\pi}x \right)\mathrm{d}x + \left(\dfrac{x^2 y}{\sqrt{4 + x^2 y^2}} - x + y \right)\mathrm{d}y,$$

其中 L 是摆线 $\begin{cases} x = a(t - \sin t), \\ y = a(1 - \cos t) \end{cases}$ $(a > 0)$ 上自 $O(0,0)$ 至 $A(2\pi a, 0)$ 的一段有向曲线弧.

八、(6 分) 设 $f(x,y)$ 为连续的偶函数, 求证:
$$\int_0^a \mathrm{d}x \int_0^{a-x} f(x+y, x-y)\mathrm{d}y = \int_0^a \mathrm{d}x \int_0^x f(x,y)\mathrm{d}y.$$

2006—2007 年第二学期高等数学 (216 学时) 试题 B 卷答案

一、解 (1) 由阿贝尔定理知，
$$-|-3-2| < |x-2| \leqslant |7-2|,$$
故收敛域为 $-3 < x \leqslant 7$.

(2) $f(x) = \ln((x+3)(1-x)) = \ln(x+3) + \ln(1-x)$，而
$$\ln(1-x) = -\sum_{n=0}^{\infty} \frac{1}{n+1} x^{n+1}, \quad x \in (-1,1],$$
$$\ln(x+3) = \ln 3 + \ln\left(1 + \frac{x}{3}\right)$$
$$= \ln 3 + \sum_{n=0}^{\infty} (-1)^n \frac{\left(\frac{x}{3}\right)^{n+1}}{n+1}, \quad x \in (-3,3],$$
故
$$f(x) = \ln 3 + \sum_{n=0}^{\infty} \left[\frac{(-1)^n}{3^{n+1}} - 1\right] \frac{x^{n+1}}{n+1}, \quad x \in (-1,1].$$

二、解 (1) ① $\boldsymbol{A} \times \boldsymbol{B} = (2\boldsymbol{a}+\boldsymbol{b}) \times (-\boldsymbol{a}+\boldsymbol{b}) = 4\boldsymbol{a} \times \boldsymbol{b}$. 以 $\boldsymbol{A}, \boldsymbol{B}$ 为邻边的平行四边形的面积为
$$|\boldsymbol{A} \times \boldsymbol{B}| = 4|\boldsymbol{a} \times \boldsymbol{b}| = 4|\boldsymbol{a}| \cdot |\boldsymbol{b}| \sin\theta = 8\sin\theta = 4.$$
所以 $\sin\theta = \frac{1}{2}$，故 $\theta = \frac{\pi}{6}$ 或 $\theta = \frac{5\pi}{6}$.

② $\mathrm{Prj}_{(\boldsymbol{a}+\boldsymbol{b})}(\boldsymbol{a}-\boldsymbol{b}) = \dfrac{(\boldsymbol{a}-\boldsymbol{b}) \cdot (\boldsymbol{a}+\boldsymbol{b})}{|\boldsymbol{a}+\boldsymbol{b}|}$
$$= \frac{|\boldsymbol{a}|^2 - |\boldsymbol{b}|^2}{\sqrt{|\boldsymbol{a}|^2 + 2|\boldsymbol{a}| \cdot |\boldsymbol{b}| \cos\theta + |\boldsymbol{b}|^2}}$$
$$= -\sqrt{3}.$$

(2) 设所求平面方程为 $\pi: 2x - z - 5 + \lambda(3x - 2y - 7) = 0$，即
$$(2+3\lambda)x - 2\lambda y - z - (5+7\lambda) = 0.$$
又平面 π 平行于直线 $L: x = y = \dfrac{z}{2}$，所以有
$$2 + 3\lambda - 2\lambda - 2 = 0.$$
解得 $\lambda = 0$. 故所求平面方程为 $2x - z - 5 = 0$.

三、证 (1) 由于
$$\lim_{\substack{x\to 0\\ y=kx\to 0}} f(x,y) = \lim_{\substack{x\to 0\\ y=kx\to 0}} \frac{xy}{x^2+y^2} = \frac{k}{1+k^2},$$
故函数 $f(x,y)$ 在点$(0,0)$ 处不连续.

(2) $f'_x(0,0) = \lim\limits_{\Delta x \to 0} \dfrac{f(0+\Delta x,0)-f(0,0)}{\Delta x}$

$= \lim\limits_{\Delta x \to 0} \dfrac{\dfrac{\Delta x \cdot 0}{\Delta x^2+0}-0}{\Delta x} = 0,$

$f'_y(0,0) = \lim\limits_{\Delta y \to 0} \dfrac{f(0,0+\Delta y)-f(0,0)}{\Delta y}$

$= \lim\limits_{\Delta x \to 0} \dfrac{\dfrac{\Delta y \cdot 0}{\Delta y^2+0}-0}{\Delta y} = 0,$

所以函数 $f(x,y)$ 在点$(0,0)$ 处偏导数存在.

(3) 因
$$\lim_{t\to 0} \frac{f(0+t\cos\theta, 0+t\sin\theta)-f(0,0)}{t}$$
$$= \lim_{t\to 0} \frac{\dfrac{t^2\cos\theta\sin\theta}{t^2}-0}{t} = \lim_{t\to 0} \frac{\cos\theta\sin\theta}{t}$$

不一定存在,所以函数 $f(x,y)$ 沿任一方向的方向导数并不都存在.

四、解 (1) $\dfrac{\partial F}{\partial x} = 1 + y(f(x^2+y^2) + 2x^2 f'(x^2+y^2)),$

$\dfrac{\partial^2 F}{\partial x \partial y} = f(x^2+y^2) + 2(x^2+y^2)f'(x^2+y^2)$
$\qquad + 4x^2 y^2 f''(x^2+y^2).$

(2) $I = \iint\limits_{D} x \,\mathrm{d}x\,\mathrm{d}y + \iint\limits_{D} xy f(x^2+y^2)\,\mathrm{d}x\,\mathrm{d}y$

$= \int_{-1}^{1} x\,\mathrm{d}x \int_{x^3}^{1}\mathrm{d}y + 0 = -\dfrac{5}{2}.$

五、解 (1) 由 $\dfrac{\partial^2 z}{\partial y^2} = -2$, 得
$$\frac{\partial z}{\partial y} = -2y + C_1(x).$$

由 $\dfrac{\partial z}{\partial y}\bigg|_{(x,0)} = -4$, 得 $C_1(x) = -4$. 故

$$z(x,y) = -y^2 - 4y + C_2(x).$$

由 $z(x,0) = 4x - x^2$,有 $C_2(x) = 4x - x^2$. 故

$$z = z(x,y) = 4(x-y) - y^2 - x^2.$$

(2) 由

$$\frac{\partial z}{\partial y} = -4 - 2y = 0, \quad \frac{\partial z}{\partial x} = 4 - 2x = 0,$$

得驻点 $(2, -2)$. 因

$$f''_{xx} = -2 < 0, \quad f''_{xy} = 0, \quad f''_{yy} = -2 < 0,$$
$$f''_{xx} \cdot f''_{yy} - f''^2_{xy} = 4 > 0,$$

故函数 $z = z(x,y)$ 在点 $(2, -2)$ 处取得极大值:$f(2, -2) = 8$.

六、解 (1) $V = \iiint\limits_{\Omega_1} \mathrm{d}v + \iiint\limits_{\Omega_2} \mathrm{d}v$

$$= \int_0^{\frac{\sqrt{2}}{2}a} \left(\iint\limits_{D_z} \mathrm{d}x\,\mathrm{d}y\right)\mathrm{d}z + \int_{\frac{\sqrt{2}}{2}a}^{a} \left(\iint\limits_{D'_z} \mathrm{d}x\,\mathrm{d}y\right)\mathrm{d}z$$

$$= \int_0^{\frac{\sqrt{2}}{2}a} \pi z^2\,\mathrm{d}z + \int_{\frac{\sqrt{2}}{2}a}^{a} \pi(a^2 - z^2)\,\mathrm{d}z = \frac{2-\sqrt{2}}{3}\pi a^3.$$

(2) 利用球坐标

$$\begin{cases} x = r\cos\theta\sin\varphi, \\ y = r\sin\theta\sin\varphi, \quad 0 \leqslant \theta \leqslant 2\pi, 0 \leqslant \varphi \leqslant \frac{\pi}{2}, 0 \leqslant r \leqslant 1, \\ z = r\cos\varphi, \end{cases}$$

有

$$m = \iiint\limits_{\Omega} z\sqrt{x^2 + y^2 + z^2}\,\mathrm{d}x\,\mathrm{d}y\,\mathrm{d}z$$

$$= \int_0^{2\pi} \mathrm{d}\theta \int_0^{\frac{\pi}{4}} \cos\varphi \sin\varphi\,\mathrm{d}\varphi \int_0^1 r^4\,\mathrm{d}r = \frac{\pi}{10}.$$

(3) $A = \iint\limits_{D} \sqrt{1 + z_x^2 + z_y^2}\,\mathrm{d}x\,\mathrm{d}y = \iint\limits_{x^2+y^2 \leqslant \frac{a^2}{2}} \frac{a}{\sqrt{a^2 - x^2 - y^2}}\,\mathrm{d}x\,\mathrm{d}y$

$$= -\frac{a}{2}\int_0^{2\pi} \mathrm{d}\theta \int_0^{\frac{a}{2}} \frac{\mathrm{d}(a^2 - r^2)}{\sqrt{a^2 - r^2}} = (2-\sqrt{2})\pi a^2.$$

(4) 由高斯公式,补充有向平面 S_1,方向向下,Ω 是由 $\Sigma + S_1$ 所围成的闭区域的外侧,

$$I = \iint\limits_{\Sigma} (z^3 + ay^2)\,\mathrm{d}x\,\mathrm{d}y + (x^3 + az^2)\,\mathrm{d}y\,\mathrm{d}z + (y^3 + ax^2)\,\mathrm{d}x\,\mathrm{d}z$$

$$= 3\iiint_{\Omega} (x^2 + y^2 + z^2) dv$$

$$-\iint_{S_1} (z^3 + ay^2) dx dy + (x^3 + az^2) dy dz + (y^3 + ax^2) dx dz$$

$$= 3\iiint_{\Omega} (x^2 + y^2 + z^2) dv + \iint_{x^2+y^2 \leqslant a^2} ay^2 dx dy$$

$$= 3\int_0^{2\pi} dt \int_0^{\frac{\pi}{2}} \sin\varphi\, d\varphi \int_0^a r^4 dr + a\int_0^{2\pi} d\theta \int_0^a r^3 \sin^2\theta\, dr = \frac{29}{20}\pi a^5.$$

七、解 取 $L_1: y = 0$ ($0 \leqslant x \leqslant 2\pi a$) 方向为 x 轴正向，则

$$\int_L \left(\frac{xy^2}{\sqrt{4+x^2y^2}} + \frac{1}{\pi}x\right) dx + \left(\frac{x^2y}{\sqrt{4+x^2y^2}} - x + y\right) dy$$

$$= -\left(\oint_{L_1+L} - \int_{L_1}\right) \left(\frac{xy^2}{\sqrt{4+x^2y^2}} + \frac{1}{\pi}x\right) dx + \left(\frac{x^2y}{\sqrt{4+x^2y^2}} - x + y\right) dy$$

$$= -\iint_D (-1) d\sigma + \int_0^{2\pi a} \frac{x}{\pi} dx = \int_0^{2\pi a} dx \int_0^{y(x)} dy + 2\pi a^2$$

$$= 2\pi a^2 + \int_0^{2\pi a} y(x) dx = 2\pi a^2 + \int_0^{2\pi} a(1-\cos t)[a(t-\sin t)]' dt$$

$$= 5\pi a^2.$$

八、证 令 $u = x + y$, $v = x - y$, 有

$$J = \frac{\partial(x,y)}{\partial(u,v)} = -\frac{1}{2}, \quad 0 \leqslant u \leqslant a, -u \leqslant v \leqslant u,$$

于是

$$\int_0^a dx \int_0^{a-x} f(x+y, x-y) dy$$

$$= \int_0^a du \int_{-u}^u f(u,v) |J| dv = \frac{1}{2} \int_0^a du \int_{-u}^u f(u,v) dv$$

$$= \int_0^a dx \int_0^x f(x,y) dy.$$

2007—2008年第二学期
高等数学（216学时）试题 A 卷

一、试解下列各题（每小题5分，共25分）

1. 在两边向量为 $\overrightarrow{AB}=(0,4,-3)$, $\overrightarrow{AC}=(4,-5,0)$ 的 $\triangle ABC$ 中，求 AB 边上的高 h.

2. 设 $z=x^y+y^2\ln x$，求二阶偏导数 $\dfrac{\partial^2 z}{\partial x \partial y}$.

3. 设 $x=x(y,z)$, $y=y(z,x)$, $z=z(x,y)$ 都是由 $F(x,y,z)=0$ 定义的，求 $\dfrac{\partial x}{\partial y}\cdot\dfrac{\partial y}{\partial z}\cdot\dfrac{\partial z}{\partial x}$.

4. 交换积分次序 $\displaystyle\int_{-1}^{0}dx\int_{x+1}^{\sqrt{1-x^2}}f(x,y)dy$.

5. 计算二重积分 $\displaystyle\iint_{D}|xy|\,dxdy$，其中 $D=\{(x,y)\mid x^2+y^2\leqslant a^2\}$.

二、(10分) 设有直线 $L:\begin{cases}2x+y=0,\\ 4x+2y+3z=6\end{cases}$ 和曲线 $C:\begin{cases}x^2+y^2+z^2=6,\\ x+y+z=0.\end{cases}$

(1) 求曲线 C 在点 $(1,-2,1)$ 处的切线和法平面方程.

(2) 求通过直线 L 且与平面 $x-z=0$ 垂直的平面方程.

三、(10分) 求函数 $z=x+y+\dfrac{1}{xy}$ $(x>0,y>0)$ 的极值.

四、(13分) 设函数 $g(x)$ 具有连续导数，曲线积分
$$\int_L (e^{2x}+g'(x)-2g(x))y\,dx - g'(x)dy$$
与路径无关.

(1) 求满足条件 $g(0)=-\dfrac{1}{4}$, $g'(0)=-\dfrac{1}{2}$ 的函数 $g(x)$.

(2) 计算 $\displaystyle\int_{(0,0)}^{(1,1)}(e^{2x}+g'(x)-2g(x))y\,dx-g'(x)dy$ 的值.

五、(12 分) 证明级数 $\dfrac{1}{2}+\dfrac{3}{4}+\dfrac{5}{8}+\dfrac{7}{16}+\cdots$ 收敛,并求其和.

六、(18 分)

(1) 求函数
$$f(x,y)=\begin{cases}\dfrac{x^2 y}{x^2+y^2}, & x^2+y^2\neq 0,\\ 0, & x^2+y^2=0\end{cases}$$
的二阶偏导数 $f''_{xy}(0,0)$.

(2) 问微分方程 $(y^2-6x)y'+2y=0$ 的哪一条积分曲线 $y=y(x)$ 满足条件 $x\big|_{y=1}=f''_{xy}(0,0)$.

(3) 求曲线积分 $\displaystyle\int_L f(x,y)\,\mathrm{d}s$,其中 L 为 $x^2+y^2=1$ 位于第一象限部分.

七、(12 分) 试求向量 $\boldsymbol{F}=\boldsymbol{i}+z\boldsymbol{j}+\dfrac{\mathrm{e}^z}{\sqrt{x^2+y^2}}\boldsymbol{k}$,穿过由 $z=\sqrt{x^2+y^2}$,$z=1$,$z=2$ 所围成区域的外侧面(不包含上、下底面)的流量.

2007—2008 年第二学期高等数学 (216 学时) 试题 A 卷答案

一、1. △ABC 的面积为
$$S=\dfrac{1}{2}|\overrightarrow{AB}\times\overrightarrow{BC}|=\dfrac{1}{2}\left\|\begin{matrix}\boldsymbol{i}&\boldsymbol{j}&\boldsymbol{k}\\0&4&-3\\4&-5&0\end{matrix}\right\|=\dfrac{25}{2}.$$

又 $S=\dfrac{h}{2}|\overrightarrow{AB}|$,$|\overrightarrow{AB}|=\sqrt{0+16+9}=5$,故 $h=5$.

2. $\dfrac{\partial z}{\partial x}=yx^{y-1}+\dfrac{y^2}{x}$,$\dfrac{\partial^2 z}{\partial x\partial y}=x^{y-1}+yx^{y-1}\ln x+\dfrac{2y}{x}$.

3. 由隐函数求导法则有
$$\dfrac{\partial x}{\partial y}=-\dfrac{F'_y}{F'_x},\quad \dfrac{\partial y}{\partial z}=-\dfrac{F'_z}{F'_y},\quad \dfrac{\partial z}{\partial x}=-\dfrac{F'_x}{F'_z},$$
所以 $\dfrac{\partial x}{\partial y}\cdot\dfrac{\partial y}{\partial z}\cdot\dfrac{\partial z}{\partial x}=-1.$

4. 由已知得 $0 \leqslant y \leqslant 1, -\sqrt{1-y^2} \leqslant x \leqslant y-1$，所以

$$\text{原式} = \int_0^1 dy \int_{-\sqrt{1-y^2}}^{y-1} f(x,y) dx.$$

5. $\iint\limits_{D} |xy| dx dy = 4\iint\limits_{D_1} xy\, dx dy = 4\int_0^{\frac{\pi}{2}} \cos\theta \sin\theta\, d\theta \int_0^a r^3 dr = \dfrac{a^4}{2}$，其中 D_1 是第一象限部分.

二、解 （1）对方程组两边分别对 x 求导，得

$$\begin{cases} 2x + 2yy' + 2zz' = 0, \\ 1 + y' + z' = 0. \end{cases}$$

将 $(1, -2, 1)$ 代入，得

$$\begin{cases} 2 - 4y' + 2z' = 0, \\ 1 + y' + z' = 0. \end{cases}$$

解得 $y' = 0, z' = -1$. 故得法向量为 $(1, 0, -1)$. 故切线方程为

$$\frac{x-1}{1} = \frac{y+2}{0} = \frac{z-1}{-1}.$$

法平面方程为 $(x-1) + 0(y+2) - (z-1) = 0$，即 $x - z = 0$.

（2）通过直线 $\begin{cases} 2x + y = 0, \\ 4x + 2y + 3z = 6 \end{cases}$ 的平面束方程为

$$4x + 2y + 3z - 6 + \lambda(2x + y) = 0. \qquad ①$$

欲使平面 ① 与平面 $x - z = 0$ 垂直，则

$$4 + 2\lambda + 0(2 + \lambda) - 3 = 0.$$

解得 $\lambda = -\dfrac{1}{2}$，并代入 ①，得所求平面方程为 $2x + y + 2z - 6 = 0$.

三、解 由

$$\begin{cases} \dfrac{\partial z}{\partial x} = 1 - \dfrac{1}{x^2 y} = 0, \\ \dfrac{\partial z}{\partial y} = 1 - \dfrac{1}{xy^2} = 0, \end{cases}$$

得驻点为 $\begin{cases} x = 1, \\ y = 1. \end{cases}$ 又求二阶导数：

$$A = z_{xx} = 2x^{-3}y^{-1}, \quad B = z_{xy} = x^{-2}y^{-2}, \quad C = z_{yy} = 2y^{-3}x^{-1},$$

在点 $(1,1)$ 处，$B^2 - AC = -3 < 0$，$A = 2 > 0$，故 $z(1,1) = 3$ 为所求极小值.

四、解 (1) 由 $P = (e^{2x} + g'(x) - 2g(x))y$, $Q = -g'(x)$, 且 $\dfrac{\partial Q}{\partial x} = \dfrac{\partial P}{\partial y}$, 得
$$g''(x) + g'(x) - 2g(x) = -e^{2x}. \qquad ①$$
其特征方程为 $r^2 + r - 2 = 0$, 解得 $r_1 = -2$, $r_2 = 1$.

设方程的特解为 $g^*(x) = Ae^{2x}$, 有
$$(g^*(x))' = 2Ae^{2x}, \quad (g*(x))'' = 4Ae^{2x},$$
代入①式, 得 $A = -\dfrac{1}{4}$. 故方程①有通解为
$$g(x) = C_1 e^{-2x} + C_2 e^x - \dfrac{1}{4} e^{2x}.$$
由 $g'(x) = -2C_1 e^{-2x} + C_2 e^x - \dfrac{1}{2} e^{2x}$, 及 $g(0) = -\dfrac{1}{4}$, $g'(0) = -\dfrac{1}{2}$, 得 $C_1 = 0$, $C_2 = 0$. 所以 $g(x) = -\dfrac{1}{4} e^{2x}$.

(2) 由 $g(x) = -\dfrac{1}{4} e^{2x}$, $g'(x) = -\dfrac{1}{2} e^{2x}$, 有
$$原式 = \int_{(0,0)}^{(1,1)} e^{2x} y\, dx + \dfrac{1}{2} e^{2x}\, dy = \int_0^1 \dfrac{1}{2} e^2\, dy = \dfrac{1}{2} e^2.$$

五、证 级数可写为 $\sum\limits_{n=1}^{\infty} \dfrac{2n-1}{2^n}$. 由于
$$\lim_{n \to \infty} \dfrac{u_{n+1}}{u_n} = \lim_{n \to \infty} \dfrac{\dfrac{2(n+1)-1}{2^{n+1}}}{\dfrac{2n-1}{2^n}} = \dfrac{1}{2},$$
故级数收敛.
$$\sum_{n=1}^{\infty} \dfrac{2n-1}{2^n} = \sum_{n=1}^{\infty} \dfrac{n}{2^{n-1}} - \sum_{n=1}^{\infty} \dfrac{1}{2^n} = \sum_{n=1}^{\infty} \dfrac{n}{2^{n-1}} - 1.$$
作函数级数 $s(x) = \sum\limits_{n=1}^{\infty} n x^{n-1}$, 此级数的收敛区间为 $|x| < 1$, 两边积分, 有
$$\int_0^x s(x)\, dx = \sum_{n=1}^{\infty} \int_0^x n x^{n-1}\, dx = \sum_{n=1}^{\infty} x^n = \dfrac{x}{1-x}.$$
将上式两边微分, 得 $s(x) = \dfrac{1}{(1-x)^2}$, $|x| < 1$. 故
$$\sum_{n=1}^{\infty} \dfrac{2n-1}{2^n} = s\left(\dfrac{1}{2}\right) - 1 = 4 - 1 = 3.$$

六、解 (1) 由于

$$f'_x(0,0) = \lim_{x \to 0} \frac{f(x,0) - f(0,0)}{x} = \lim_{x \to 0} \frac{0-0}{x} = 0,$$

而当 $x^2 + y^2 \neq 0$ 时，

$$f'_x(x,y) = \frac{2xy(x^2+y^2) - 2x^3y}{(x^2+y^2)^2} = \frac{2xy^3}{(x^2+y^2)^2},$$

所以

$$f''_{xy}(0,0) = \lim_{y \to 0} \frac{f'_x(0,y) - f'_x(0,0)}{y} = \lim_{y \to 0} \frac{0-0}{y} = 0.$$

(2) 方程可化为 $\dfrac{\mathrm{d}x}{\mathrm{d}y} - \dfrac{3}{y}x = \dfrac{y}{2}$，则

$$x = e^{\int \frac{3}{y}\mathrm{d}y}\left(\int \frac{y}{2} e^{-\int \frac{3}{y}\mathrm{d}y}\mathrm{d}y + c\right) = y^3\left(-\frac{1}{2y} + c\right) = cy^3 - \frac{1}{2}y^2.$$

由 $x\big|_{y=1} = f''_{xy}(0,0) = 0$，得 $c = \dfrac{1}{2}$. 所以 $x = \dfrac{1}{2}y^2(y-1)$.

(3) $\displaystyle\int_L f(x,y)\mathrm{d}s = \int_L x^2 y\,\mathrm{d}s = \int_0^{\frac{\pi}{2}} \cos^2 t \sin t\,\mathrm{d}t = -\left(\frac{1}{3}\cos^3 t\right)\bigg|_0^{\frac{\pi}{2}} = \frac{1}{3}.$

七、解 补充有向平面 $\Sigma_1: z=1$, $\Sigma_2: z=2$ 方向分别向下和向上，记 Σ 为圆台外侧，法向向外，Ω 是由 $z=1$, $z=2$, $z=\sqrt{x^2+y^2}$ 所围成的闭区域，Σ' 为 Ω 的边界曲面的外侧，则所求流量为

$$\Phi = \iint_{\Sigma} \boldsymbol{F} \cdot \mathrm{d}\boldsymbol{S} = \left(\oiint_{\Sigma'} - \iint_{\Sigma_1} - \iint_{\Sigma_2}\right) \mathrm{d}y\,\mathrm{d}z + z\,\mathrm{d}x\,\mathrm{d}z + \frac{e^z}{\sqrt{x^2+y^2}}\mathrm{d}x\,\mathrm{d}y.$$

因为

$$\oiint_{\Sigma'} \mathrm{d}y\,\mathrm{d}z + z\,\mathrm{d}x\,\mathrm{d}z + \frac{e^z}{\sqrt{x^2+y^2}}\mathrm{d}x\,\mathrm{d}y$$

$$= \iiint_{\Omega} \frac{e^z}{\sqrt{x^2+y^2}}\mathrm{d}v = \int_1^2 e^z\mathrm{d}z \int_0^{2\pi}\mathrm{d}\theta \int_0^z \mathrm{d}r = 2\pi e^2,$$

$$\iint_{\Sigma_1} \mathrm{d}y\,\mathrm{d}z + z\,\mathrm{d}x\,\mathrm{d}z + \frac{e^z}{\sqrt{x^2+y^2}}\mathrm{d}x\,\mathrm{d}y$$

$$= -\iint_{x^2+y^2 \leqslant 1} \frac{e}{\sqrt{x^2+y^2}}\mathrm{d}x\,\mathrm{d}y = -2\pi e,$$

$$\iint_{\Sigma_2} \mathrm{d}y\,\mathrm{d}z + z\,\mathrm{d}x\,\mathrm{d}z + \frac{e^z}{\sqrt{x^2+y^2}}\mathrm{d}x\,\mathrm{d}y$$

$$= \iint_{x^2+y^2 \leqslant 4} \frac{e^2}{\sqrt{x^2+y^2}}\mathrm{d}x\,\mathrm{d}y = 4\pi e^2,$$

所以 $\Phi = 2\pi e(1-e)$.

2007—2008年第二学期
高等数学（216学时）试题 B 卷

一、试解下列各题（每小题6分，共24分）

1. 下列4个点 $A(1,0,1), B(4,4,6), C(2,2,3), D(10,10,15)$ 是否共面？并说明理由.

2. 求过直线 $l: \begin{cases} 3x-2y-7=0, \\ 2x-z-5=0 \end{cases}$ 且平行于直线 $L: x=y=\dfrac{z}{2}$ 的平面方程.

3. 交换积分 $\displaystyle\int_0^1 dy \int_y^{2-y} f(x,y) dx$ 的次序.

4. 已知 $x-az=f(y-bz)$，试证：$a\dfrac{\partial z}{\partial x}+b\dfrac{\partial z}{\partial y}=1$.

二、(12分) 设有函数

$$f(x,y)=\begin{cases} \dfrac{xy}{x^2+y^2}, & (x,y)\neq(0,0), \\ 0, & (x,y)=(0,0), \end{cases}$$

讨论：

(1) 函数 $f(x,y)$ 在点 $(0,0)$ 处的可微性；

(2) 函数 $f(x,y)$ 在点 $(0,0)$ 处偏导数存在性；

(3) 函数 $f(x,y)$ 沿任一方向的方向导数存在性.

三、(10分) 试求由球面 $x^2+y^2+z^2=2$ 及锥面 $z=\sqrt{x^2+y^2}$ 所围成物体之质量. 已知其密度与到球心的距离的平方成正比，且在球面处等于1.

四、(12分) 已知 $z=z(x,y)$ 满足 $\dfrac{\partial^2 z}{\partial y^2}=-2$，且 $z(x,0)=4x-x^2$，$\dfrac{\partial z}{\partial y}\Big|_{(x,0)}=-4$.

(1) 求函数 $z=z(x,y)$ 的解析式.

(2) 求函数 $z=z(x,y)$ 的极值.

五、(12 分) 求曲面积分
$$I = \iint_{\Sigma} (x^3 + az^2)\,dy\,dz + (y^3 + ax^2)\,dz\,dx + (z^3 + ay^2)\,dx\,dy,$$
其中 Σ 为曲面 $x^2 + y^2 + z^2 = a^2 (z \geqslant 0)$ 的上侧.

六、(10 分) 试求指数 λ,使得曲线积分 $L = \int_{(0,1)}^{(1,2)} r^{\lambda}\left(\dfrac{x}{y}dx - \dfrac{x^2}{y^2}dy\right)$ 与路径无关 $(r^2 = x^2 + y^2)$. 如果路径不包含原点 $(0,0)$,问 L 是多少?

七、(12 分) 展开 $\dfrac{d}{dx}\left(\dfrac{e^x - 1}{x}\right)$ 为 x 的幂级数,并求其收敛区间. 利用上述展开式求级数 $\sum\limits_{n=1}^{\infty} \dfrac{n}{(n+1)!}$ 的和.

八、(8 分) 设 $f(x,y)$ 为连续,且 $f(x,y) = f(y,x)$,求证:
$$\int_0^a dx \int_0^x f(a-x, a-y)\,dy = \int_0^a dx \int_0^x f(x,y)\,dy,$$
其中 a 为常数.

2007—2008 年第二学期高等数学 (216 学时) 试题 B 卷答案

一、1. 将 A, B, C, D 组成三向量,有 $\overrightarrow{AB} = (3,4,5)$, $\overrightarrow{CB} = (2,2,3)$, $\overrightarrow{CD} = (8,8,12)$. 三向量的混合积为
$$\begin{vmatrix} 3 & 4 & 5 \\ 2 & 2 & 3 \\ 8 & 8 & 12 \end{vmatrix} = 0,$$
所以三向量共面,故四点共面.

2. 所求平面方程为 $\pi: 2x - z - 5 + \lambda(3x - 2y - 7) = 0$, 即
$$(2 + 3\lambda)x - 2\lambda y - z - (5 + 7\lambda) = 0.$$
又平面 π 平行于直线 $L: x = y = \dfrac{z}{2}$, 所以有 $2 + 3\lambda - 2\lambda - 2 = 0$. 解得 $\lambda = 0$. 故所求平面方程为 $2x - z - 5 = 0$.

3. 原式 $= \int_0^1 dx \int_0^x f(x,y)\,dy + \int_1^2 dx \int_0^{2-x} f(x,y)\,dy.$

4. 设 $F = x - az - f(y - bz)$, $u = y - bz$, 则

$$F'_x = 1, \quad F'_y = -\frac{\mathrm{d}f}{\mathrm{d}u}, \quad F'_z = -a + b\frac{\mathrm{d}f}{\mathrm{d}u},$$

$$\frac{\partial z}{\partial x} = -\frac{F'_x}{F'_z} = \frac{-1}{b\dfrac{\mathrm{d}f}{\mathrm{d}u} - a}, \quad \frac{\partial z}{\partial y} = -\frac{F'_y}{F'_z} = \frac{\dfrac{\mathrm{d}f}{\mathrm{d}u}}{b\dfrac{\mathrm{d}f}{\mathrm{d}u} - a}.$$

故

$$a\frac{\partial z}{\partial x} + b\frac{\partial z}{\partial y} = \frac{-a}{b\dfrac{\mathrm{d}f}{\mathrm{d}u} - a} + \frac{b\dfrac{\mathrm{d}f}{\mathrm{d}u}}{b\dfrac{\mathrm{d}f}{\mathrm{d}u} - a} = 1.$$

二、解 (1) 由于

$$\lim_{\substack{x \to 0 \\ y = kx \to 0}} f(x, y) = \lim_{\substack{x \to 0 \\ y = kx \to 0}} \frac{xy}{x^2 + y^2} = \frac{k}{1 + k^2},$$

故函数 $f(x, y)$ 在点 $(0, 0)$ 处不连续,从而不可微.

(2) 因

$$f'_x(0, 0) = \lim_{\Delta x \to 0} \frac{f(0 + \Delta x, 0) - f(0, 0)}{\Delta x} = \lim_{\Delta x \to 0} \frac{\dfrac{\Delta x \cdot 0}{\Delta x^2 + 0} - 0}{\Delta x} = 0,$$

$$f'_y(0, 0) = \lim_{\Delta y \to 0} \frac{f(0, 0 + \Delta y) - f(0, 0)}{\Delta y} = \lim_{\Delta x \to 0} \frac{\dfrac{\Delta y \cdot 0}{\Delta y^2 + 0} - 0}{\Delta y} = 0,$$

所以函数 $f(x, y)$ 在点 $(0, 0)$ 处偏导数存在.

(3) 因

$$\lim_{t \to 0} \frac{f(0 + t\cos\theta, 0 + t\sin\theta) - f(0, 0)}{t} = \lim_{t \to 0} \frac{\cos\theta \sin\theta}{t}$$

不一定存在,故函数 $f(x, y)$ 沿任一方向的方向导数并不都存在.

三、解 设物体密度 $\rho(x, y, z) = k(x^2 + y^2 + z^2)$. 当 $x^2 + y^2 + z^2 = 2$ 时, $\rho = 1$, 由此可知 $k = \dfrac{1}{2}$. 因此 $\rho(x, y, z) = \dfrac{1}{2}(x^2 + y^2 + z^2)$. 于是

$$m = \iiint\limits_{\Omega} \rho(x, y, z)\mathrm{d}x\,\mathrm{d}y\,\mathrm{d}z = \int_0^{2\pi}\mathrm{d}\theta \int_0^{\frac{\pi}{4}}\mathrm{d}\varphi \int_0^{\sqrt{2}} \frac{1}{2}r^2 \cdot r^2 \sin\varphi\,\mathrm{d}r$$

$$= \frac{4\pi}{5}(\sqrt{2} - 1).$$

四、解 (1) 由 $\dfrac{\partial^2 z}{\partial y^2} = -2$, 得 $\dfrac{\partial z}{\partial y} = -2y + C_1(x)$. 因 $\dfrac{\partial z}{\partial y}\bigg|_{(x, 0)} = -4$, 故

$C_1(x) = -4$,从而 $z(x,y) = -y^2 - 4y + C_2(x)$. 由 $z(x,0) = 4x - x^2$,得 $C_2(x) = 4x - x^2$,故 $z = z(x,y) = 4(x-y) - y^2 - x^2$.

(2) 由 $\dfrac{\partial z}{\partial y} = -4 - 2y = 0$,$\dfrac{\partial z}{\partial x} = 4 - 2x = 0$,得驻点 $(2, -2)$. 因

$$f''_{xx} = -2 < 0,\ f''_{xy} = 0,\ f''_{yy} = -2 < 0,\ f''_{xx} \cdot f''_{yy} - f''^2_{xy} = 4 > 0,$$

故函数 $z = z(x,y)$ 在点 $(2, -2)$ 处取得极大值:$f(2, -2) = 8$.

五、解 由高斯公式,补充有向平面 S_1,方向向下,Ω 为由 $\Sigma + S_1$ 所围成的闭区域的外侧,

$$I = \iint\limits_{\Sigma} (z^3 + ay^2)dxdy + (x^3 + az^2)dydz + (y^3 + ax^2)dxdz$$

$$= 3\iiint\limits_{\Omega} (x^2 + y^2 + z^2)dv$$

$$- \iint\limits_{S_1} (z^3 + ay^2)dxdy + (x^3 + az^2)dydz + (y^3 + ax^2)dxdz$$

$$= 3\iiint\limits_{\Omega} (x^2 + y^2 + z^2)dv + \iint\limits_{x^2+y^2 \leqslant a^2} ay^2 dxdy$$

$$= 3\int_0^{2\pi} d\theta \int_0^{\frac{\pi}{2}} \sin\varphi\, d\varphi \int_0^a r^4 dr + a\int_0^{2\pi} d\theta \int_0^a r^3 \sin^2\theta\, dr = \dfrac{29}{20}\pi a^5.$$

六、解 这里 $P = \dfrac{x}{y}(x^2 + y^2)^{\frac{\lambda}{2}}$,$Q = -\dfrac{x^2}{y^2}(x^2 + y^2)^{\frac{\lambda}{2}}$,有

$$\dfrac{\partial Q}{\partial x} = \dfrac{-x}{y^2}(x^2+y^2)^{\frac{\lambda}{2}}[(\lambda+2)x^2 + 2y^2],$$

$$\dfrac{\partial P}{\partial y} = \dfrac{x}{y^2}(x^2+y^2)^{\frac{\lambda}{2}}[(\lambda-1)y^2 - x^2].$$

由于积分与路径无关,所以 $\dfrac{\partial Q}{\partial x} = \dfrac{\partial P}{\partial y}$,即

$$(\lambda+2)x^2 + 2y^2 = -(\lambda-1)y^2 + x^2,$$

由此得 $\lambda = -1$.

当 $\lambda = -1$ 时,$\dfrac{\partial Q}{\partial x} = \dfrac{\partial P}{\partial y} = \dfrac{x(2y^2 + x^2)}{y^2\sqrt{(x^2+y^2)^3}}$,$\dfrac{\partial Q}{\partial x}, \dfrac{\partial P}{\partial y}$ 在不过 x 轴的任意区域内连续,且积分与路径无关,于是

$$L = \int_{(0,1)}^{(1,2)} r^\lambda \left(\dfrac{x}{y}dx - \dfrac{x^2}{y^2}dy\right) = \int_{(0,1)}^{(1,2)} \dfrac{x}{y\sqrt{x^2+y^2}}dx - \dfrac{x^2}{y^2\sqrt{x^2+y^2}}dy$$

$$= \int_0^1 \frac{x}{\sqrt{1+x^2}} dx - \int_1^2 \frac{1}{y^2\sqrt{1+y^2}} dy = \sqrt{1+x^2}\Big|_0^1 - \left(-\frac{\sqrt{1+y^2}}{y}\right)\Big|_1^2$$

$$= (\sqrt{5}-\sqrt{2}) + \left(\frac{\sqrt{5}}{2}-\sqrt{2}\right) = \frac{3\sqrt{5}-2\sqrt{2}}{2}.$$

七、解 由 $e^x = 1 + x + \frac{x^2}{2!} + \cdots + \frac{x^n}{n!} + \cdots$，有

$$d\left(\frac{e^x-1}{x}\right) = \frac{e^x}{x} - \frac{e^x}{x^2} + \frac{1}{x^2}$$

$$= \frac{1}{x}\left(1 + x + \frac{x^2}{2!} + \cdots + \frac{x^n}{n!} + \cdots\right)$$

$$- \frac{1}{x^2}\left(1 + x + \frac{x^2}{2!} + \cdots + \frac{x^n}{n!} + \cdots\right) + \frac{1}{x^2}$$

$$= \frac{1}{2!} + \frac{2}{3!}x + \frac{3}{4!}x^2 + \cdots + \frac{n}{(n+1)!}x^{n-1} + \cdots.$$

因 $\lim_{n\to\infty}\left|\frac{a_{n+1}}{a_n}\right| = \lim_{n\to\infty}\frac{n+1}{n(n+2)} = 0$，故收敛区间为 $(-\infty, +\infty)$. 由于

$$\sum_{n=1}^{\infty} \frac{n}{(n+1)!} x^{n-1} = d\left(\frac{e^x-1}{x}\right) = \frac{e^x}{x} - \frac{e^x}{x^2} + \frac{1}{x^2},$$

故当 $x=1$ 时，有 $\sum_{n=1}^{\infty} \frac{n}{(n+1)!} = 1$.

八、证法 1 令 $u = a-x$, $v = a-y$，有 $J = \frac{\partial(x,y)}{\partial(u,v)} = 1$，$0 \leqslant x \leqslant a$, $0 \leqslant y \leqslant x$，可得 $0 \leqslant a-x = u \leqslant a$, $-a \leqslant y-a = -v \leqslant x-a = -u$，故 $0 \leqslant u \leqslant a$, $u \leqslant v \leqslant a$，从而

$$\int_0^a dx \int_0^x f(a-x, a-y) dy = \int_0^a du \int_u^a f(u,v) |J| dv$$

$$= \int_0^a dv \int_0^v f(u,v) du = \int_0^a dx \int_0^x f(x,y) dy.$$

证法 2 $\int_0^a dx \int_0^x f(a-x, a-y) dy$

$$\xrightarrow{v=a-y} \int_0^a dx \int_a^{a-x} f(a-x, v)(-dv) = \int_0^a dx \int_{a-x}^a f(a-x, v) dv$$

$$\xrightarrow{u=a-x} \int_a^0 (-du) \int_u^a f(u,v) dv = \int_0^a du \int_u^a f(u,v) dv$$

$$= \int_0^a dv \int_0^v f(u,v) du = \int_0^a dx \int_0^x f(x,y) dy.$$

2002—2003年第一学期
高等数学（180学时）试题 A 卷

一、填空题（每小题4分，共20分）

1. 若 $f(x) = \dfrac{e^x - a}{x(x-1)}$ 有无穷间断点 $x=0$ 及可去间断点 $x=1$，则 $a = $ _____.

2. 函数 $\ln x$ 在 $x=2$ 处的泰勒公式为 _____.

3. 若
$$f(x) = \begin{cases} \dfrac{\sin 3x}{\tan ax}, & x > 0, \\ 7e^x - \cos x, & x \leqslant 0 \end{cases}$$
在 $x=0$ 处连续，则 $a = $ _____.

4. 曲线 $y = xe^{2x}$ 的拐点是 _____.

5. 设 $a > 0$ 为常数，则级数 $\sum\limits_{n=1}^{\infty}(-1)^n\left(1 - \cos\dfrac{a}{n}\right)$ 的敛散性为 _____.

二、计算下列各题（每小题5分，共20分）

1. 求极限：$\lim\limits_{x \to 2}\dfrac{\sqrt{5x-1} - \sqrt{2x+5}}{x^2 - 4}$.

2. 求极限：$\lim\limits_{x \to 0^+}\left(\dfrac{\sin x}{x}\right)^{\frac{1}{1-\cos x}}$.

3. 设 $y = \dfrac{x\sin x}{1+x^2}$，求 $\dfrac{dy}{dx}$.

4. 设 $\begin{cases} x = 2 - \sin 3 + f'(t), \\ y = 3 - f(t) + tf'(t), \end{cases}$ 求 $\dfrac{dy}{dx}, \dfrac{d^2y}{dx^2}$，其中 f 具有二阶导数且 $f''(t) \neq 0$.

三、计算下列各题（每小题6分，共18分）

1. 求 $\displaystyle\int \dfrac{x^3}{(x-1)^{100}}dx$.

2. 求 $\int_{\frac{\pi}{6}}^{\frac{\pi}{3}} \frac{1+\tan\theta}{\sin 2\theta} d\theta$.

3. 求 $\int_{1}^{+\infty} \frac{dx}{x^2(x+1)}$.

四、(8 分) 设可微函数 $y=f(x)$ 由方程 $x^3+y^3+3y-3x=2$ 确定，试讨论并求出 $f(x)$ 的极大值和极小值.

五、(8 分) 判别级数 $\sum_{n=1}^{\infty}\left[(\sqrt{2}-\sqrt[3]{2})(\sqrt{2}-\sqrt[5]{2})\cdots(\sqrt{2}-\sqrt[2n+1]{2})\right]$ 的敛散性.

六、(10 分) 曲线 $y=x^3(x\geqslant 0)$ 与直线 $y=\lambda x$ ($\lambda>0$ 为实数) 相交于原点 O 和 P 点, PA 垂直于 x 轴且垂足为 A.
(1) 曲线 $y=x^3$ 分 $\triangle OAP$ 为两部分 A_1, A_2, 证明: A_1 与 A_2 的面积相等.
(2) 图形 A_1, A_2 分别绕 x 轴旋转的旋转体的体积比是多少?

七、(10 分) 设 $f(x)$ 在 $(-\infty, +\infty)$ 上连续且大于 0,

$$g(x) = \begin{cases} \dfrac{\int_{0}^{x} tf(t)dt}{\int_{0}^{x} f(t)dt}, & x\neq 0, \\ 0, & x=0. \end{cases}$$

(1) 求 $g'(x)$.
(2) 证明: $g'(x)$ 在 $(-\infty, +\infty)$ 上连续.

八、(6 分) 设 $f(x)$ 在 $[0,1]$ 上连续, 在 $(0,1)$ 内可导, 且 $f(0)=0$, 对任意 $x\in(0,1)$, 有 $f(x)\neq 0$, 证明: 存在 $c\in(0,1)$, 使

$$\frac{nf'(c)}{(c)} = \frac{f'(1-c)}{f(1-c)} \quad (n \text{ 是自然数}).$$

2002—2003 年第一学期高等数学 (180 学时) 试题 A 卷答案

一、1. e;　2. $\ln 2 + \sum_{k=1}^{n} \dfrac{(-1)^{k-1}}{2^k k} \cdot (x-2)^k + o((x-2)^n)$;

3. $\dfrac{1}{2}$;   4. $(-1, -e^{-2})$;   5. 绝对收敛.

七、解 (1) 当 $x \neq 0$ 时,
$$g'(x) = \dfrac{xf(x)\int_0^x f(t)dt - f(x)\int_0^x tf(t)dt}{\left(\int_0^x f(t)dt\right)^2};$$

当 $x = 0$ 时,
$$g'(0) = \lim_{x \to 0} \dfrac{\int_0^x tf(t)dt}{x\int_0^x f(t)dt} = \lim_{x \to 0} \dfrac{xf(x)}{xf(x) + \int_0^x f(t)dt}.$$

因
$$\lim_{x \to 0} \dfrac{\int_0^x f(t)dt}{xf(x)} = \lim_{x \to 0} \dfrac{\int_0^x f(t)dt}{x} \cdot \lim_{x \to 0} \dfrac{1}{f(x)} = \lim_{x \to 0} \dfrac{f(x)}{1} \cdot \lim_{x \to 0} \dfrac{1}{f(x)} = 1,$$

故 $g'(0) = \dfrac{1}{2}$.

证 (2) 显然当 $x \neq 0$ 时, $g'(x)$ 连续, 故仅须证明 $x = 0$ 时 $g'(x)$ 连续.
因
$$\lim_{x \to 0} g'(x) = \lim_{x \to 0} \dfrac{xf(x)\int_0^x f(t)dt - f(x)\int_0^x tf(t)dt}{\left(\int_0^x f(t)dt\right)^2}$$

$$= \lim_{x \to 0} \dfrac{x\int_0^x f(t)dt - \int_0^x tf(t)dt}{\left(\int_0^x f(t)dt\right)^2} \cdot \lim_{x \to 0} f(x)$$

$$= \lim_{x \to 0} \dfrac{\int_0^x f(t)dt}{2f(x)\int_0^x f(t)dt} \cdot f(0) = \dfrac{1}{2} = g'(0),$$

故 $g'(x)$ 在 $x = 0$ 连续. 证毕.

八、证 构造函数 $F(x) = f^n(x) \cdot f(1-x)$. 由题设条件知 $F(x)$ 在 $[0,1]$ 上连续, 在 $(0,1)$ 内可导, 且 $F(0) = F(1)$. 由罗尔定理知, 存在 $c \in (0,1)$, 使得 $F'(c) = 0$, 即
$$nf^{n-1}(c)f'(c)f(1-c) - f^n(c)f'(1-c) = 0.$$

由题设对任意 $x \in (0,1)$, 有 $f(x) \neq 0$, 从而有 $\dfrac{nf'(c)}{f(c)} = \dfrac{f'(1-c)}{f(1-c)}$.

2002—2003 年第一学期
高等数学（180 学时）试题 B 卷

一、填空题（每小题 4 分，共 20 分）

1. 若
$$f(x)=\begin{cases}\dfrac{\cos x}{x+2}, & x\geqslant 0,\\[4pt] \dfrac{\sqrt{a}-\sqrt{a-x}}{x}, & x<0\end{cases}$$
有跳跃间断点 $x=0$，则 $a=$ _____.

2. 级数 $\sum\limits_{n=0}^{\infty}\dfrac{(n+1)^2}{n!}$ 的和为 _____.

3. 若
$$f(x)=\begin{cases}\dfrac{\sin 2x+\mathrm{e}^{2ax}-1}{x}, & x\neq 0,\\ a, & x=0\end{cases}$$
在 $(-\infty,+\infty)$ 上连续，则 $a=$ _____.

4. 曲线 $y=y(x)$ 由参数方程 $\begin{cases}x=t^3+9t,\\ y=t^2-2t\end{cases}$ 确定，则曲线 $y=y(x)$ 在区间 _____ 是下凸的.

5. 级数 $\sum\limits_{n=1}^{\infty}(-1)^n(\sqrt{n+1}-\sqrt{n})$ 的敛散性为 _____.

二、计算下列各题（每小题 5 分，共 20 分）

1. 求极限：$\lim\limits_{x\to 0}\left(\dfrac{1+x}{1-\mathrm{e}^{-x}}-\dfrac{1}{x}\right)$.

2. 求极限：$\lim\limits_{x\to 3^+}\dfrac{\cos x\ln(x-3)}{\ln(\mathrm{e}^x-\mathrm{e}^3)}$.

3. 求函数 $y=\ln\dfrac{\sqrt{1+x}-\sqrt{1-x}}{\sqrt{1+x}+\sqrt{1-x}}$ 的导函数.

4. 设 $y = y(x)$ 由方程组 $\begin{cases} x = 3t^2 + 2t + 3, \\ e^y \sin t - y + 1 = 0 \end{cases}$ 所确定，求 $\dfrac{d^2 y}{dx^2}\bigg|_{t=0}$.

三、计算下列各题（每小题 6 分，共 18 分）

1. 计算 $\displaystyle\int \sin^5 x \, dx$.

2. 计算 $\displaystyle\int_{\frac{1}{e}}^{e} |\ln x| \, dx$.

3. 计算 $\displaystyle\int_{1}^{+\infty} \dfrac{\arctan x}{x^3} dx$.

四、（8 分）求函数 $y = (2x - 5)x^{\frac{2}{3}}$ 在区间 $[-1, 2]$ 上的最大值与最小值.

五、（8 分）设函数 $\varphi(x)$ 在 $(-\infty, +\infty)$ 上连续，周期为 1，且 $\displaystyle\int_0^1 \varphi(x) dx = 0$，函数 $f(x)$ 在 $[0, 1]$ 上有连续的导数. 设 $a_n = \displaystyle\int_0^1 f(x) \varphi(nx) dx$，证明：级数 $\displaystyle\sum_{i=1}^{n} a_n^2$ 收敛.

六、（10 分）假设函数 $f(x)$ 在 $[0, 1]$ 上连续，在 $(0, 1)$ 内二阶可导，过点 $A(0, f(0))$ 与 $B(1, f(1))$ 的直线与曲线 $y = f(x)$ 相交于点 $C(c, f(c))$，其中 $0 < c < 1$，证明：在 $(0, 1)$ 内至少存在一点 ξ，使得 $f''(\xi) = 0$.

七、（10 分）曲线 $y = \dfrac{e^x + e^{-x}}{2}$ 与直线 $x = 0$, $x = t$ $(t > 0)$ 及 $y = 0$ 围成一曲边梯形，该曲边梯形绕 x 轴旋转一周得一旋转体，其体积为 $V(t)$，侧面积为 $S(t)$，在 $x = t$ 处的底面积为 $F(t)$.

(1) 求 $\dfrac{S(t)}{V(t)}$ 的值.

(2) 计算极限 $\displaystyle\lim_{t \to +\infty} \dfrac{S(t)}{F(t)}$.

八、（6 分）证明：$f(x) = x^3 e^{-x^2}$ 为有界函数.

2002—2003 年第一学期高等数学 (180 学时) 试题 B 卷答案

六、证法 1　因为 $f(x)$ 在 $[0,c]$ 上满足拉格朗日中值定理的条件，所以存在 $\xi_1 \in (0,c)$，使得

$$f'(\xi_1) = \frac{f(c) - f(0)}{c - 0}.$$

由于点 c 在弦 AB 上，所以有

$$\frac{f(c) - f(0)}{c - 0} = \frac{f(1) - f(0)}{1 - 0}.$$

从而有 $f'(\xi_1) = f(1) - f(0)$. 同理可证：存在 $\xi_2 \in (c,1)$，使得

$$f'(\xi_2) = f(1) - f(0).$$

由于 $f'(\xi_1) = f'(\xi_2)$，于是 $f'(x)$ 在 $[\xi_1, \xi_2]$ 上满足罗尔定理的条件，故存在 ξ，使 $f''(\xi) = 0$.

证法 2　点 A 与点 B 的连线的方程为 $y = (f(1) - f(0))x + f(0)$. 令

$$F(x) = f(x) - (f(1) - f(0))x - f(0),$$

则 $F(x)$ 在 $[0,c]$ 与 $[c,1]$ 上连续，在 $(0,c)$ 和 $[c,0)$ 内二阶可导，且

$$F(0) = F(c) = F(1) = 0.$$

从而，由罗尔定理知，至少存在点 $\xi_1 \in (0,c)$ 和 $\xi_2 \in (c,1)$，使

$$F'(\xi_1) = F'(\xi_2).$$

$F'(x)$ 在 $[\xi_1, \xi_2]$ 上满足罗尔定理的条件，故存在 ξ，使 $F''(\xi) = 0$，即

$$f''(\xi) = 0.$$

2003—2004 年第一学期 高等数学（180 学时）试题 A 卷

一、填空题（每小题 4 分，共 20 分）

1. $f(x)=\begin{cases}\dfrac{\sin 2x}{x}, & x<0,\\ 3x^2-2x+k, & x\geqslant 0\end{cases}$ 在 $x=0$ 处连续，则常数 $k=$ _____.

2. $\lim\limits_{x\to+\infty} x(\ln(1+x)-\ln x)=$ _____.

3. $f(x)$ 的一个原函数为 $x\ln x$，则 $f'(x)=$ _____.

4. $\int_{-2}^{2}(1+x)\sqrt{4-x^2}\,\mathrm{d}x=$ _____.

5. 使级数 $\sum\limits_{n=1}^{+\infty}\dfrac{(1+x^2)^n}{1+(1+x^2)^{2n}}$ 收敛的实数 x 的取值范围是 _____.

二、选择题（每小题 4 分，共 20 分）

1. $f(x)=\dfrac{(x^2+x)(\ln|x|)\sin\frac{1}{x}}{x^2-1}$ 的可去间断点的个数是（   ）.

   A. 0　　　　B. 1　　　　C. 2　　　　D. 3

2. 已知 $f'(1)=2$，则 $\lim\limits_{x\to 0}\dfrac{f(1-x)-f(1+x)}{x}=$（   ）.

   A. 2　　　　B. -2　　　　C. 4　　　　D. -4

3. 设 $I_1=\int_0^{\frac{\pi}{4}}\dfrac{\tan x}{x}\,\mathrm{d}x$，$I_2=\int_0^{\frac{\pi}{4}}\dfrac{x}{\tan x}\,\mathrm{d}x$，则（   ）.

   A. $I_1>I_2>1$　　　　　　B. $1>I_1>I_2$
   C. $I_2>I_1>1$　　　　　　D. $1>I_2>I_1$

4. 级数 $\sum\limits_{n=k}^{+\infty}\left(1-\cos\dfrac{1}{n}\right)$（$k$ 为正整数）的敛散性是（   ）.

   A. 绝对收敛　　B. 条件收敛　　C. 发散　　D. 与 k 无关

5. 已知 $f(x)$ 二阶导数连续，且 $f(0)=0$ 以及 $\lim\limits_{x\to 0}\dfrac{f(x)}{x^2}=1$，则曲线 $y=f(x)$ 在 $x=0$ 处的曲率 k 为（　　）．

  A. 0   B. 1   C. 2   D. 不存在

三、计算下列各题（每小题 6 分，共 30 分）

1. 求极限：$\lim\limits_{x\to 0}\left(\dfrac{\sin x}{x}\right)^{\frac{1}{1-\cos x}}$．

2. $y=\sin^2 x$，求 $y^{(2004)}$．

3. 求不定积分：$\displaystyle\int \dfrac{\cos x}{\sin x + 2\cos x}\mathrm{d}x$．

4. 求广义积分：$\displaystyle\int_0^{+\infty}(1+x^2)^{-1}(1+x^5)^{-1}\mathrm{d}x$．

5. 设 $\begin{cases} x=\displaystyle\int_1^{t^2} u\ln u\,\mathrm{d}u, \\ y=\displaystyle\int_{t^2}^1 u^2\ln u\,\mathrm{d}u \end{cases}$ $(t>1)$，求 $\dfrac{\mathrm{d}^2 y}{\mathrm{d}x^2}$．

四、（8 分）曲线 $y=f(x)$ 由方程 $9x^2+16y^2=25$ 给出．

（1）求所给的曲线上点 $P(a,b)$ 处的切线方程．

（2）在所给的曲线位于第一象限的那部分上求一点，使其切线与坐标轴所围的面积最小．

五、（7 分）平面图形 D 由曲线 $xy=1$，$x=y$ 以及 $x=2$ 围成，求 D 绕 x 轴旋转所成的立体的体积．

六、（8 分）证明：方程 $\ln x = \dfrac{x}{e} - \displaystyle\int_0^\pi \sqrt{1-\cos 2x}\,\mathrm{d}x$ 在 $(0,+\infty)$ 内有且仅有两个根．

七、（7 分）$f(x)$ 具有三阶连续导数，且 $f'''(a)\neq 0$．$f(x)$ 在 $x=a$ 处的一阶泰勒公式为

$$f(a+h)=f(a)+hf'(a)+\dfrac{h^2}{2}f''(a+\theta h) \quad (0<\theta<1).$$

试证：当 $h\to 0$ 时，$\theta \to \dfrac{1}{3}$．

2003—2004 年第一学期高等数学 (180 学时) 试题 A 卷答案

一、1. 2;　　2. 1;　　3. $\dfrac{1}{x}$;　　4. 2π;　　5. $(-\infty, 0) \cup (0, +\infty)$.

二、1. C;　　2. D;　　3. B;　　4. A;　　5. C.

三、4. $\displaystyle\int_0^{+\infty} (1+x^2)^{-1}(1+x^5)^{-1}\mathrm{d}x$

$$= \int_{+\infty}^0 \left[1+\left(\frac{1}{t}\right)^2\right]^{-1}\left[1+\left(\frac{1}{t}\right)^5\right]^{-1} \mathrm{d}\frac{1}{t}$$

$$= \int_0^{+\infty} t^5(1+t^2)^{-1}(1+t^5)^{-1}\mathrm{d}t$$

$$= \int_0^{+\infty} (1+t^2)^{-1}\mathrm{d}t - \int_0^{+\infty} (1+t^2)^{-1}(1+t^5)^{-1}\mathrm{d}t,$$

注意到 $\displaystyle\int_0^{+\infty} (1+t^2)^{-1}\mathrm{d}t = \frac{\pi}{2}$, 有

$$\int_0^{+\infty} (1+x^2)^{-1}(1+x^5)^{-1}\mathrm{d}x = \int_0^{+\infty} (1+t^2)^{-1}(1+t^5)^{-1}\mathrm{d}t,$$

即原积分等于 $\dfrac{\pi}{4}$.

六、证　令 $F(x) = \ln x - \dfrac{x}{\mathrm{e}} + \displaystyle\int_0^\pi \sqrt{1-\cos 2x}\,\mathrm{d}x$. 因

$$F(\mathrm{e}) = \int_0^\pi \sqrt{1-\cos 2x}\,\mathrm{d}x > 0,\ \lim_{x\to 0} F(x) = -\infty,\ \lim_{x\to +\infty} F(x) = -\infty,$$

由零点定理知 $F(x) = 0$ 至少有两不同实根.

　　因 $F'(x) = 0$ 只有唯一驻点 $x = \mathrm{e}$, 则 $F(x)$ 在 $(0, +\infty)$ 内只有一升一降的两个单调区间, $x = \mathrm{e}$ 处达极大, 从而 $F(x) = 0$ 最多只有两个不同的实根. 由上知所给命题正确.

七、证　注意到

$$f(a+h) = f(a) + hf'(a) + \frac{h^2}{2}f''(a+\theta h) \quad (0 < \theta < 1), \qquad ①$$

以及

$$f(a+h) = f(a) + hf'(a) + \frac{h^2}{2}f''(a) + \frac{h^3}{6}f'''(a+\theta_1 h) \quad (0 < \theta_1 < 1), \qquad ②$$

比较 ① 和 ② 两式，得
$$\frac{h^2}{2}f''(a+\theta h) - \frac{h^2}{2}f''(a) = \frac{h^3}{6}f'''(a+\theta_1 h),$$

即 $\dfrac{f''(a+\theta h) - f''(a)}{\theta h}\theta = \dfrac{1}{3}f'''(a+\theta_1 h)$ 或

$$f'''(a+\theta_2\theta h)\theta = \frac{1}{3}f'''(a+\theta_1 h) \quad (0<\theta_2<1).$$

从而当 $h\to 0$ 时，由 $f(x)$ 具有三阶连续导数以及 $f'''(a)\neq 0$，得 $\theta\to\dfrac{1}{3}$.

2003—2004年第一学期 高等数学（180学时）试题 B 卷

一、填空题（每小题4分，共20分）

1. 设函数 $f(t)$ 连续，$f(0)=f'(0)=0$，则
$$\lim_{x\to 0}\frac{\int_0^1 f(xt)\,dt}{x}=\underline{\qquad}.$$

2. 定积分 $\int_0^1 \sqrt{1-x^2}\,dx=\underline{\qquad}$.

3. 设函数 $f(x)=(x-1)(x-2)^2(x-3)^3$，则 $f'(1)+f'(2)+f'(3)=\underline{\qquad}$.

4. 举出一个函数 $f(x)$，使其在闭区间 $[0,1]$ 上有界，但既无最大值也无最小值，例如 $f(x)=\underline{\qquad}$.

5. 使级数 $\sum_{n=1}^{\infty}(1-x)x^{n-1}$ 收敛的实数 x 的取值范围是 $\underline{\qquad}$.

二、选择题（每小题4分，共20分）

1. 当 $x\to 0$ 时，下列变量中是无穷小的为（　　）.

　A. e^x　　　B. $\dfrac{\sqrt{1+x}-1}{x}$　　　C. $2\ln(1+2x)$

2. 若级数 $\sum_{n=1}^{\infty}a_n$ 是绝对收敛的，则级数 $\sum_{n=1}^{\infty}\dfrac{a_n^2}{1+a_n^2}$ 是（　　）.

　A. 绝对收敛　　　B. 条件收敛　　　C. 发散

3. 设函数 $f(x)$ 在 $[0,1]$ 上连续，则极限 $\lim_{n\to\infty}\int_0^1 x^n f(x)\,dx$（　　）.

　A. 等于零　　　B. 存在但不等于零　　　C. 不存在

4. 函数 $f(x)=x-\cos x$ 定义在 $[-\pi,\pi]$ 上，则在 $[-\pi,\pi]$ 上（　　）.

　A. $f(x)$ 存在反函数　　B. $f(x)$ 不存在反函数　　C. $f(x)$ 是周期函数

5. 设函数 $f(x)$ 和 $g(x)$ 二者在点 x_0 都不连续，则函数 $F(x)=f(x)+g(x)$ 在点 $x=x_0$（　　）.

A. 一定不连续   B. 一定连续   C. 可能连续也可能不连续

三、计算下列各题（每小题 6 分，共 30 分）

1. 计算极限：$\lim\limits_{x\to 0}\dfrac{x-\sin x}{x^2\sin x}$.

2. 设 $y=\ln(1+x)$，求 $\dfrac{d^n y}{dx^n}$.

3. 求不定积分：$\displaystyle\int\dfrac{dx}{\sin^2 x+4\cos^2 x}$.

4. 求广义积分：$\displaystyle\int_0^{+\infty}(1+x^2)^{-1}(1+x^{-2})^{-1}dx$.

5. 已知 $f(x)=\left(1+x+\dfrac{x^2}{2!}+\cdots+\dfrac{x^n}{n!}\right)e^{-x}$（$n$ 为正整数），求 $f(x)$ 的极值.

四、（8 分）设函数 $f(x)=\displaystyle\int_0^x e^{2t}\sin t\,dt$. 求 $f(x)$ 在区间 $[0,\pi]$ 上的最大值与最小值.

五、（7 分）求由 y 轴，$y=1$ 与 $y=x^3$ 所围区域绕直线 $y=2$ 旋转所得立体的体积 V.

六、（8 分）设 $f(x)$ 是实系数奇次多项式，证明：方程 $f(x)=0$ 至少有一实根.

七、（7 分）设函数

$$f(x)=\begin{cases}x^3\sin\dfrac{1}{x}, & x\neq 0,\\ 0, & x=0.\end{cases}$$

讨论 $f(x)$ 在 $x=0$ 的可导性以及 $f'(x)$ 在 $x=0$ 的连续性.

2003—2004 年第一学期高等数学 (180 学时) 试题 B 卷答案

一、1. 0； 2. $\dfrac{\pi}{4}$； 3. -8； 4. $f(x)=\begin{cases}x, & x\in(0,1),\\ 0.5, & x=0 \text{ 或 } 1;\end{cases}$

5. $|x|<1$.

二、1. C;   2. A;   3. A;   4. A;   5. C.

三、1. $\lim\limits_{x\to 0}\dfrac{x-\sin x}{x^2\sin x}=\lim\limits_{x\to 0}\dfrac{x-\sin x}{x^3}=\lim\limits_{x\to 0}\dfrac{1-\cos x}{3x^2}=\dfrac{1}{6}$.

2. $\dfrac{d^n y}{dx^n}=(-1)^{n-1}(n-1)!(x+1)^{-n}$.

3. $\displaystyle\int\dfrac{dx}{\sin^2 x+4\cos^2 x}=\int\dfrac{\sec^2 x\,dx}{\tan^2 x+4}=\int\dfrac{d\tan x}{\tan^2 x+4}$
$\qquad\qquad =\dfrac{1}{2}\arctan\left(\dfrac{1}{2}\tan x\right)+C$.

4. 显然积分 $\displaystyle\int_0^{+\infty}(1+x^2)^{-1}(1+x^{-2})^{-1}dx$ 收敛. 因

$$I=\int_0^{+\infty}(1+x^2)^{-1}(1+x^{-2})^{-1}dx$$
$$=\int_0^{+\infty}\dfrac{1}{x^2}(1+x^2)^{-1}(1+x^{-2})^{-1}dx,$$

故

$$2I=\int_0^{+\infty}\left(1+\dfrac{1}{x^2}\right)(1+x^2)^{-1}(1+x^{-2})^{-1}dx$$
$$=\int_0^{+\infty}(1+x^2)^{-1}dx=(\arctan x)\Big|_0^{+\infty}=\dfrac{\pi}{2}.$$

原积分为 $\dfrac{\pi}{4}$.

5. 计算易得 $f'(x)=-\dfrac{x^n}{n!}\cdot e^{-x}$, 故 $x=0$ 时, 有 $f'(x)=0$. 易判断 $x=0$ 是函数 $f(x)$ 的极大值点, 极大值为 $f(0)=1$.

四、解 $f'(x)=e^{2x}\sin x$, $x=0$ 和 $x=\pi$ 为驻点. 由 $f(x)$ 的连续性, 函数的最大值与最小值公可能发生在端点处. 计算可得最小值为 $f_{\min}=f(0)=0$, 最大值为

$$f_{\max}=f(\pi)=\int_0^\pi e^{2t}\sin t\,dt=\dfrac{1}{5}(e^{2\pi}+1).$$

五、解 体积 $V=\displaystyle\int_0^1\pi(2-x^3)^2 dx-\int_0^1\pi\cdot 1^2 dx=\dfrac{15}{7}\pi$.

六、证 设
$$f(x)=a_{2n+1}x^{2n+1}+a_{2n}x^{2n}+\cdots+a_0,$$
其中 $a_{2n+1}\neq 0$. 不妨设 $a_{2n+1}>0$ ($a_{2n+1}<0$ 时证明类似). 因

$$\lim_{x\to+\infty}f(x)=+\infty,\quad \lim_{x\to-\infty}f(x)=-\infty,$$

故存在 $X>0$，使得 $f(X)>0, f(-X)<0$. 因函数 $f(x)$ 在区间 $[-X,X]$ 上连续，由介值定理知结论成立.

七、解 当 $x=0$ 时，有

$$f'(0)=\lim_{x\to 0}\frac{x^3\sin\frac{1}{x}-0}{x-0}=0,$$

函数 $f(x)$ 在 $x=0$ 可导.

当 $x\neq 0$ 时，有 $f'(x)=3x^2\sin\frac{1}{x}-x\cos\frac{1}{x}$. 因为

$$\lim_{x\to 0}f'(x)=\lim_{x\to 0}\left(3x^2\sin\frac{1}{x}-x\cos\frac{1}{x}\right)=0,$$

故函数 $f'(x)$ 在 $x=0$ 处连续.

2004—2005 年第一学期 高等数学（180学时）试题 A 卷

一、填空题（每小题5分，共30分）

1. 设 $f(x) = \lim\limits_{n \to +\infty} \dfrac{(n-1)x}{nx^2+1}$，则其间断点为 $x = $ _____，且是第 _____ 类间断点.

2. 已知 $f(x) = x(x-1)(x-2)\cdots(x-2005)$，则 $f'(0) = $ _____.

3. 设 $\sum\limits_{n=1}^{\infty} a_n x^n$ 的收敛半径为3，则 $\sum\limits_{n=1}^{\infty} n a_n (x-1)^{n+1}$ 的收敛半径 $R = $ _____.

4. 已知两曲线 $y = f(x)$ 与 $y = \int_0^{\arctan x} e^{-t^2} dt$ 在点 $(0,0)$ 处的切线相同，则此切线方程为 _____，且极限 $\lim\limits_{n \to \infty} n f\left(\dfrac{2}{n}\right) = $ _____.

5. 曲线 $y = x^2$，$y = (x-2)^2$ 与 x 轴围成的平面图形的面积 $S = $ _____.

6. 已知函数 $f(x)$ 具有任意阶导数，且 $f'(x) = f^2(x)$，则当 n 为大于1的正整数时，$f(x)$ 的 n 阶导数 $f^{(n)}(x) = $ _____.

二、计算题（每小题6分，共30分）

1. 设函数 $y = y(x)$ 由方程 $\sqrt[7]{y} = \sqrt[3]{x}$ 确定 $(x>0, y>0)$，求 dy 和 $\dfrac{d^2 y}{dx^2}$.

2. 计算不定积分 $\displaystyle\int \dfrac{\cos\theta}{\sin\theta - 2\cos\theta} d\theta$.

3. 设 $a_n = n \sin \pi(\sqrt{n^2+2} - n)$，计算 $\lim\limits_{n \to +\infty} a_n$，并讨论级数 $\sum\limits_{n=0}^{\infty} \dfrac{a_n}{n^2}$ 的收敛性.

4. 求极限 $\lim\limits_{x \to 0} \dfrac{1}{x^3}\left[\left(\dfrac{1+\cos x}{3}\right)^x - 1\right]$.

5. 已知

$$f(x)=\begin{cases}\dfrac{g(x)-\cos x}{x}, & x\neq 0,\\ a, & x=0,\end{cases}$$

其中 $g(x)$ 有二阶连续导数,且 $g(0)=1$.

(1) 为使 $f(x)$ 在 $x=0$ 处连续,确定 a 的值.

(2) 求 $f'(x)$.

三、解答题(每小题 8 分,共 40 分)

1. 已知 $f(x)=\dfrac{e^x+e^{-x}}{2}$.

(1) 计算 $\displaystyle\int_{\ln 2}^{\ln 3}\left(\dfrac{f'(x)}{f(x)}+\dfrac{f(x)}{f'(x)}\right)\mathrm{d}x$.

(2) 展开 $f(x)$ 成 x 的幂级数.

2. 对广义积分 $\displaystyle\int_{2}^{+\infty}\dfrac{\mathrm{d}x}{x(\ln x)^k}$,求解下列问题:

(1) 当 k 为何值时,该积分收敛或发散?

(2) 在收敛的情况下,k 取何值时,该积分取最小值?

3. 设函数 $y=y(x)$ 由参数方程 $\begin{cases}x=t^3+9t,\\ y=t^2-2t\end{cases}$ 确定,求曲线 $y=y(x)$ 的下凸区间.

4. 设 $p(x)$ 是一个多项式,且方程 $p'(x)=0$ 没有实零点. 试证明方程 $p(x)=0$ 既无相异实根,也无重实根.

5. 设 $f(x)$ 在 $[0,1]$ 上有二阶连续导数,证明:
$$\int_{0}^{1}f(x)\mathrm{d}x=\dfrac{1}{2}(f(0)+f(1))-\dfrac{1}{2}\int_{0}^{1}x(1-x)f''(x)\mathrm{d}x.$$

2004—2005 年第一学期高等数学 (180 学时) 试题 A 卷答案

一、1. $0,-$;   2. $-2005!$;   3. 3;   4. $y=x,2$;   5. $\dfrac{2}{3}$;

6. $n!f^{n+1}(x)$.

二、1. $\mathrm{d}y=\dfrac{\ln x+1}{1+\ln y}\mathrm{d}x,$

$$y'' = \frac{\frac{1}{x}(\ln y + 1) - (\ln x + 1)\frac{1}{y} \cdot y'}{(1+\ln y)^2}$$

$$= \frac{y(\ln y + 1)^2 - x(\ln x + 1)^2}{xy(\ln y + 1)^3}.$$

2. 原积分 $= \int \frac{\mathrm{d}\theta}{\tan\theta - 2} = \int \frac{\mathrm{d}t}{(t-2)(1+t^2)}$,其中 $\theta = \arctan t$,则

$$\text{原积分} = \frac{1}{5}\int\left(\frac{1}{t-2} - \frac{t+2}{1+t^2}\right)\mathrm{d}t$$

$$= \frac{1}{5}\left(\ln(t-2) - \frac{1}{2}\ln(1+t^2) - 2\arctan t\right) + C$$

$$= \frac{1}{5}(\ln(\sin\theta - 2\cos\theta) - 2\theta) + C,$$

或

$$\text{原积分} = \frac{1}{5}\int\left(\frac{\cos\theta + 2\sin\theta}{\sin\theta - 2\cos\theta} - 2\right)\mathrm{d}\theta$$

$$= \frac{1}{5}\left[\int\frac{\mathrm{d}(\sin\theta - 2\cos\theta)}{\sin\theta - 2\cos\theta} - \int 2\mathrm{d}\theta\right]$$

$$= \frac{1}{5}(\ln(\sin\theta - 2\cos\theta) - 2\theta) + C.$$

3. 设 $a_n = n\sin(\sqrt{n^2+2} - n)$,则

$$\lim_{n\to+\infty} a_n = \lim_{n\to+\infty} n\cdot\sin\frac{2}{\sqrt{n^2+2}+n} = \lim_{n\to+\infty}\frac{2n}{\sqrt{n^2+2}+n}$$

$$= \lim_{n\to+\infty}\frac{2}{\sqrt{1+\frac{2}{n^2}}+1} = 1.$$

由极限形式的比较法知级数 $\sum_{n=0}^{\infty}\frac{a_n}{n^2}$(绝对)收敛.

4. 原式 $= \lim_{x\to 0}\frac{e^{x\ln\left(\frac{2+\cos x}{3}\right)} - 1}{x^3} = \lim_{x\to 0}\frac{\ln\left(\frac{2+\cos x}{3}\right)}{x^2}$

$$= \lim_{x\to 0}\frac{\ln(2+\cos x) - \ln 3}{x^2} = \lim_{x\to 0}\frac{\frac{1}{2+\cos x}(-\sin x)}{2x}$$

$$= -\frac{1}{2}\lim_{x\to 0}\frac{1}{2+\cos x}\cdot\frac{\sin x}{x} = -\frac{1}{6}.$$

5. (1) $a = g'(0)$.

(2) $f'(x) = \begin{cases} \dfrac{x(g'(x)+\sin x)-(g(x)-\cos x)}{x^2}, & x \neq 0, \\ \dfrac{1}{2}(g''(0)+1), & x = 0. \end{cases}$

三、1. (1) 注意到 $f(x) = f''(x)$，则

$$\text{原积分} = \int_{\ln\sqrt{2}}^{\ln\sqrt{3}} \left(\frac{f'(x)}{f(x)} + \frac{f''(x)}{f'(x)}\right) dx = \int_{\ln\sqrt{2}}^{\ln\sqrt{3}} d(\ln f(x) + \ln f'(x))$$

$$= (\ln f(x) + \ln f'(x))\Big|_{\ln\sqrt{2}}^{\ln\sqrt{3}} = (\ln f(x)f'(x))\Big|_{\ln\sqrt{2}}^{\ln\sqrt{3}}$$

$$= \ln\left(\frac{1}{4}(e^{2x} - e^{-2x})\right)\Big|_{\ln\sqrt{2}}^{\ln\sqrt{3}} = \ln[(e^{2x} - e^{-2x})]\Big|_{\ln\sqrt{2}}^{\ln\sqrt{3}}$$

$$= 2\ln\frac{4}{3}.$$

(2) 注意：$\sum_{n=0}^{\infty} \dfrac{x^n}{n!} = e^x$ $(-\infty < x < +\infty)$，$\sum_{n=0}^{\infty} \dfrac{(-x)^n}{n!} = e^{-x}$ $(-\infty < x < +\infty)$，则

$$\sum_{n=0}^{\infty} \left[\frac{x^n}{n!} + \frac{(-x)^n}{n!}\right] = \sum_{n=0}^{\infty} \frac{x^n}{n!} + \sum_{n=0}^{\infty} \frac{(-x)^n}{n!}$$

$$= e^x + e^{-x} \quad (-\infty < x < +\infty),$$

即

$$f(x) = \frac{e^x + e^{-x}}{2} = \frac{1}{2}\sum_{n=0}^{\infty}\left[\frac{x^n}{n!} + \frac{(-x)^n}{n!}\right]$$

$$= \sum_{k=0}^{\infty} \frac{x^{2k}}{(2k)!} \quad (-\infty < x < +\infty).$$

2. (1) 原积分 $= \int_2^{+\infty} \dfrac{d\ln x}{(\ln x)^k} = \dfrac{(\ln x)^{1-k}}{1-k}\Big|_2^{+\infty}$.

当 $k < 1$ 时，原积分 $= \lim\limits_{x \to \infty} \dfrac{(\ln x)^{1-k}}{1-k} - \dfrac{(\ln 2)^{1-k}}{1-k}$，积分发散.

当 $k = 1$ 时，原积分 $= \ln(\ln x)\Big|_2^{+\infty} = \lim\limits_{x \to \infty}\ln(\ln x) - \ln(\ln 2)$，积分发散.

当 $k > 1$ 时，

原积分 $= \lim\limits_{x \to \infty}\dfrac{1}{(1-k)(\ln x)^{k-1}} - \dfrac{1}{(1-k)(\ln 2)^{k-1}} = \dfrac{1}{(k-1)(\ln 2)^{k-1}}$,

积分收敛.

(2) 令 $f(k) = \dfrac{1}{(k-1)(\ln 2)^{k-1}}$，有

$$f'(k) = \frac{-1}{(k-1)^2(\ln 2)^{k-1}} - \frac{\ln\ln 2}{(k-1)(\ln 2)^{k-1}}$$
$$= \frac{-\ln\ln 2}{(k-1)^2(\ln 2)^{k-1}}\left(\frac{1}{\ln\ln 2} + k - 1\right).$$

$f(k)$ 有唯一驻点 $k = 1 - \dfrac{1}{\ln\ln 2}$. 易知在驻点附近,当 $k < 1 - \dfrac{1}{\ln\ln 2}$ 时,$f'(k) < 0$;当 $k > 1 - \dfrac{1}{\ln\ln 2}$ 时,$f'(k) > 0$. 可见,在驻点处 $f(k)$ 取极小值. 由于 $f(k)$ 的驻点唯一,则在 $k = 1 - \dfrac{1}{\ln\ln 2}$ 处,原积分收敛到最小值.

3. $\dfrac{dy}{dx} = \dfrac{\frac{dy}{dt}}{\frac{dx}{dt}} = \dfrac{2}{3}\dfrac{t-1}{t^2+3}$,

$$\frac{d^2y}{dx^2} = \left(\frac{dy}{dx}\right)'_t \frac{dt}{dx} = \left(\frac{2}{3}\cdot\frac{t-1}{t^2+3}\right)'_t \frac{1}{x'_t} = \frac{2}{3}\cdot\frac{-t^2+2t+3}{(t^2+3)^2}\cdot\frac{1}{3t^2+9}$$
$$= \frac{2}{9}\cdot\frac{(3-t)(1+t)}{(t^2+3)^3}.$$

当 $\dfrac{d^2y}{dx^2} > 0$ 时曲线下凸,得 $-1 < t < 3$. 注意到 $x = t^3 + 9t$ 单调升,即 $x \in (-10, 54)$ 时,曲线下凸.

4. 设 $p(x)$ 有两个实根 x_1, x_2,且 $x_1 < x_2$. 可以验证:$p(x)$ 在 $[x_1, x_2]$ 上满足罗尔定理条件. 从而存在 $\xi \in (x_1, x_2)$,使得 $p'(\xi) = 0$. 这与条件矛盾. 设 $p(x)$ 有一个重根 x_0,则
$$p(x) = (x - x_0)^k p_1(x),$$
其中 $p_1(x)$ 为一多项式,$k \geqslant 2$. 因为
$$p'(x) = k(x - x_0)^{k-1} p_1(x) + (x - x_0)^k p_1'(x),$$
则 $p'(x_0) = 0$,也矛盾. 故结论成立.

5. 注意到
$$\int_0^1 x(1-x)f''(x)dx = x(1-x)f'(x)\Big|_0^1 - \int_0^1 (1-2x)f'(x)dx$$
$$= \int_0^1 (2x-1)f'(x)dx = \int_0^1 (2x-1)df(x)$$
$$= (2x-1)f(x)\Big|_0^1 - \int_0^1 2f(x)dx = f(1) + f(0) - \int_0^1 2f(x)dx,$$
故 $\int_0^1 f(x)dx = \dfrac{1}{2}(f(0) + f(1)) - \dfrac{1}{2}\int_0^1 x(1-x)f''(x)dx.$

2004—2005 年第一学期 高等数学（180 学时）试题 B 卷

一、填空题（每小题 5 分，共 30 分）

1. $f(x)=\arctan\dfrac{\sin 2x}{3x}$ $(x\neq 0)$，为使 $f(x)$ 在 $x=0$ 连续，则需定义 $f(0)=$ _____.

2. $\lim\limits_{n\to\infty}\ln\sqrt[n]{\left(1+\dfrac{1}{n}\right)^2\left(1+\dfrac{2}{n}\right)^2\cdots\left(1+\dfrac{n}{n}\right)^2}=$ _____.

3. 设 $y=\arcsin\dfrac{1-x}{\sqrt{2}}$，则 $dy=$ _____.

4. 若 $f(x)$ 在 $x=0$ 处连续，且 $\lim\limits_{x\to 0}\dfrac{f(x)}{x}=1$，则 $f(0)=$ _____，$f'(0)=$ _____.

5. 抛物线 $y=3-x^2$ 与直线 $y=2x$ 所围图形的面积 $S=$ _____.

6. 函数 $f(x)=\begin{cases} x^2, & x\in Q, \\ 0, & x\in Q^c, \end{cases}$ 则 $f'(0)=$ _____.

二、计算题（每小题 6 分，共 30 分）

1. 计算极限：$\lim\limits_{x\to 0}\left(\dfrac{2+e^{\frac{1}{x}}}{1+e^{\frac{4}{x}}}+\dfrac{\sin x}{|x|}\right)$.

2. 计算定积分 $\displaystyle\int_{1}^{\sqrt{3}}\dfrac{dx}{x^2\sqrt{1+x^2}}$.

3. 计算不定积分 $\displaystyle\int x^2\ln(x+1)\,dx$.

4. 求函数 $f(x)=e^{-x^2}$ 的图形的凸、凹区间与拐点.

5. 设 $f(x)$ 在 $[a,b]$ 上可导，且
$$F(x)=\int_a^x (x-t)f(t)dt, \quad x\in[a,b],$$
求 $F''(x)$.

三、解答题和证明题（每小题8分，共40分）

1. 当 $0 < x < y < \dfrac{\pi}{2}$ 时，证明：
$$(y-x)\cos^2 y < (\tan y - \tan x)\cos^2 x \cos^2 y < (y-x)\cos^2 x.$$

2. 试求幂级数 $\displaystyle\sum_{n=1}^{\infty}(-1)^{n+1}\dfrac{2nx^{2n-1}}{2n-1}$ 的收敛域及和函数.

3. 当 $x \to 0^+$ 时，试比较无穷小量 α,β 和 γ 三者之间的阶，其中
$$\alpha = \int_0^x \cos t^2\, dt,\quad \beta = \int_0^{x^2}\tan\sqrt{t}\, dt,\quad \gamma = \int_0^{\sqrt{x}}\sin t^3\, dt.$$

4. 函数 $f(x)$ 在 $(-\infty,+\infty)$ 上有定义，在区间 $[0,2]$ 上，$f(x) = x(x^2-4)$. 假若对任意的 x 都满足 $f(x) = kf(x+2)$，其中 k 为常数.
   (1) 写出 $f(x)$ 在 $[-2,0]$ 上的表达式.
   (2) 问 k 为何值时，$f(x)$ 在 $x=0$ 处可导？

5. 设 $f(x) = \displaystyle\int_x^{x+\frac{\pi}{2}}|\sin t|\, dt$.
   (1) 证明：$f(x)$ 是以 π 为周期的周期函数.
   (2) 求 $f(x)$ 的最大值和最小值.

2004—2005年第一学期高等数学（180学时）试题B卷答案

一、1. $\arctan\dfrac{2}{3}$；　2. $4\ln 2 - 2$；　3. $\dfrac{-dx}{\sqrt{1+2x-x^2}}$；　4. $0,1$；

5. $\dfrac{32}{3}$；　6. 0.

二、1. 由于
$$\lim_{x\to 0^+}\left(\dfrac{2+e^{\frac{1}{x}}}{1+e^{\frac{4}{x}}}+\dfrac{\sin x}{|x|}\right) = \lim_{x\to 0^+}\left(\dfrac{2e^{-\frac{4}{x}}+e^{-\frac{3}{x}}}{1+e^{-\frac{4}{x}}}+\dfrac{\sin x}{x}\right) = 1,$$

$$\lim_{x\to 0^-}\left(\dfrac{2+e^{\frac{1}{x}}}{1+e^{\frac{4}{x}}}+\dfrac{\sin x}{|x|}\right) = \lim_{x\to 0^-}\left(\dfrac{2+e^{\frac{1}{x}}}{1+e^{\frac{4}{x}}}-\dfrac{\sin x}{x}\right) = 2-1 = 1,$$

所以 $\displaystyle\lim_{x\to 0}\left(\dfrac{2+e^{\frac{1}{x}}}{1+e^{\frac{4}{x}}}+\dfrac{\sin x}{|x|}\right) = 1.$

2. 令 $x = \tan t$,则有

$$\int_1^{\sqrt{3}} \frac{\mathrm{d}x}{x^2\sqrt{1+x^2}} = \int_{\frac{\pi}{4}}^{\frac{\pi}{3}} \frac{\sec^2 t \,\mathrm{d}t}{\tan^2 t \cdot \sec t} = \int_{\frac{\pi}{4}}^{\frac{\pi}{3}} \frac{\cos t}{\sin^2 t} \mathrm{d}t$$

$$= -\frac{1}{\sin t}\bigg|_{\frac{\pi}{4}}^{\frac{\pi}{3}} = \sqrt{2} - \frac{2}{3}\sqrt{3}.$$

3. $\int x^2 \ln(x+1) \mathrm{d}x = \frac{1}{3}x^3 \ln(x+1) - \int \frac{1}{3}x^3 \cdot \frac{1}{x+1} \mathrm{d}x$

$$= \frac{1}{3}x^3 \ln(x+1) - \frac{1}{3}\int \left(x^2 - x + 1 - \frac{1}{x+1}\right)\mathrm{d}x$$

$$= \frac{1}{3}x^3 \ln(x+1) - \frac{1}{3}\left(\frac{x^3}{3} - \frac{x^2}{2} + x - \ln(x+1)\right) + C.$$

4. 由 $f(x) = \mathrm{e}^{-x^2}$,得

$$f'(x) = -2x\mathrm{e}^{-x^2}, \quad f''(x) = (4x^2 - 2)\mathrm{e}^{-x^2}.$$

易知 $x = \pm\frac{1}{\sqrt{2}}$ 为拐点,上凸区间是 $\left(-\frac{1}{\sqrt{2}}, \frac{1}{\sqrt{2}}\right)$,下凸区间为 $\left(-\infty, -\frac{1}{\sqrt{2}}\right)$, $\left(\frac{1}{\sqrt{2}}, +\infty\right)$.

5. $F(x) = x\int_a^x f(t)\mathrm{d}t - \int_a^x tf(t)\mathrm{d}t$,

$$F'(x) = \int_a^x f(t)\mathrm{d}t, \quad F''(x) = f(x).$$

三、1. 原不等式等价于

$$\sec^2 x < \frac{\tan y - \tan x}{y - x} < \sec^2 y.$$

当 $0 < x < y < \frac{\pi}{2}$ 时,函数 $F(t) = \tan t$ 在区间 $[x, y]$ 上连续,在 (x, y) 可导.由拉格朗日中值定理,存在 $\xi \in (x, y)$,使得

$$\sec^2 \xi = \frac{\tan y - \tan x}{y - x}.$$

又因 $\sec^2 x$ 在区间 $\left(0, \frac{\pi}{2}\right)$ 上是增函数,故有

$$\sec^2 x < \sec^2 \xi = \frac{\tan y - \tan x}{y - x} < \sec^2 y,$$

原不等式得证.

2. 因为

$$\lim_{n\to\infty}\left|\frac{u_{n+1}}{u_n}\right| = \lim_{n\to\infty} \frac{2(n+1)}{2n+1} \cdot \frac{2n-1}{2n} \cdot x^2 = x^2,$$

故当 $x^2 < 1$ 时,级数收敛,且显然 $x = \pm 1$ 时级数发散,故原级数的收敛域为 $(-1, 1)$.

设 $S(x) = \sum_{n=1}^{\infty} (-1)^{n+1} \dfrac{2nx^{2n-1}}{2n-1}$,有

$$S'(x) = \sum_{n=1}^{\infty} (-1)^{n-1} \cdot 2n \cdot x^{2n-2} = \sum_{n=1}^{\infty} 2n(-x^2)^{n-1}.$$

设 $-x^2 = t$,因为

$$\sum_{n=1}^{\infty} nt^{n-1} = \sum_{n=1}^{\infty} (t^n)' = \left(\sum_{n=1}^{\infty} t^n\right)' = \dfrac{t}{1-t},$$

故 $S'(x) = \dfrac{-2x^2}{1+x^2}$. 于是

$$S(x) = -2x + 2\arctan x + C.$$

由 $S(0) = 0$,可得原级数的和函数为 $S(x) = -2x + 2\arctan x$.

3. 因为

$$\lim_{x \to 0^+} \dfrac{\gamma}{\alpha} = \lim_{x \to 0^+} \dfrac{\int_0^{\sqrt{x}} \sin t^3\, dt}{\int_0^x \cos t^2\, dt} = \lim_{x \to 0^+} \dfrac{\sin x^{\frac{3}{2}} \cdot \dfrac{1}{2\sqrt{x}}}{\cos x^2}$$

$$= \lim_{x \to 0^+} \dfrac{x^{\frac{3}{2}}}{2\sqrt{x}} = \lim_{x \to 0^+} \dfrac{x}{2} = 0,$$

所以 $\gamma = o(\alpha)$. 又

$$\lim_{x \to 0^+} \dfrac{\beta}{\gamma} = \lim_{x \to 0^+} \dfrac{\int_0^{x^2} \tan\sqrt{t}\, dt}{\int_0^{\sqrt{x}} \sin t^3\, dt} = \lim_{x \to 0^+} \dfrac{\tan x \cdot 2x}{\sin x^{\frac{3}{2}} \cdot \dfrac{1}{2\sqrt{x}}} = \lim_{x \to 0^+} \dfrac{2x^2}{\dfrac{1}{2}x} = 0,$$

所以 $\beta = o(\gamma)$. 故按无穷小的阶从低到高的顺序为 α, γ, β.

4. (1) 当 $-2 \leqslant x < 0$,即 $0 \leqslant x + 2 < 2$ 时,
$$f(x) = kf(x+2) = k(x+2)[(x+2)^2 - 4]$$
$$= kx(x+2)(x+4).$$

(2) 由题设知 $f(0) = 0$.

$$f'_+(0) = \lim_{x \to 0^+} \dfrac{f(x) - f(0)}{x - 0} = \lim_{x \to 0^+} \dfrac{x(x^2 - 4)}{x} = -4,$$

$$f'_-(0) = \lim_{x \to 0^-} \dfrac{f(x) - f(0)}{x - 0} = \lim_{x \to 0^-} \dfrac{kx(x+2)(x+4)}{x} = 8k.$$

令 $f'_-(0) = f'_+(0)$,得 $k = -\dfrac{1}{2}$. 故当 $k = -\dfrac{1}{2}$ 时,$f(x)$ 在 $x = 0$ 处可导.

5. (1) $f(x+\pi) = \int_{x+\pi}^{x+\frac{3\pi}{2}} |\sin t| \, dt.$ 设 $t = u + \pi$,则有

$$f(x+\pi) = \int_{x}^{x+\frac{\pi}{2}} |\sin(u+\pi)| \, du = \int_{x}^{x+\frac{\pi}{2}} |\sin u| \, du = f(x),$$

故 $f(x)$ 是以 π 为周期的周期函数.

(2) 因 $|\sin x|$ 在 $(-\infty, +\infty)$ 上连续且周期为 π,故只需在 $[0, \pi]$ 上讨论其最大值和最小值. 由于

$$f'(x) = \left|\sin\left(x+\frac{\pi}{2}\right)\right| - |\sin x| = |\cos x| - |\sin x|,$$

令 $f'(x) = 0$, 得 $x_1 = \frac{\pi}{4}$, $x_2 = \frac{3\pi}{4}$, 且

$$f\left(\frac{\pi}{4}\right) = \int_{\frac{\pi}{4}}^{\frac{3\pi}{4}} \sin t \, dt = \sqrt{2},$$

$$f\left(\frac{3\pi}{4}\right) = \int_{\frac{3\pi}{4}}^{\frac{5\pi}{4}} |\sin t| \, dt = \int_{\frac{3\pi}{4}}^{\pi} \sin t \, dt - \int_{\pi}^{\frac{5\pi}{4}} \sin t \, dt = 2 - \sqrt{2}.$$

又

$$f(0) = \int_{0}^{\frac{\pi}{2}} \sin t \, dt = 1, \quad f(\pi) = \int_{\pi}^{\frac{3\pi}{2}} (-\sin t) \, dt = 1,$$

故 $f(x)$ 的最小值是 $2 - \sqrt{2}$, 最大值是 $\sqrt{2}$.

2005—2006年第一学期 高等数学（180学时）试题 A 卷

一、单项选择题（每小题3分，共15分）

1. 函数 $f(x) = \lim\limits_{n \to \infty} \dfrac{x^{2n}-1}{x^{2n}+1}$ 的间断点是（　）.

   A. 0和1　　B. -1和0　　C. -1　　D. 1和-1

2. 设 $f(x)$ 是区间 $[a,b]$ 上的连续函数，则在开区间 (a,b) 内 $f(x)$ 必有（　）.

   A. 导函数　　B. 原函数　　C. 驻点　　D. 极值

3. 下列广义积分中收敛的是（　）.

   A. $\displaystyle\int_e^{+\infty} \dfrac{\ln x}{x}\mathrm{d}x$　　　　　　B. $\displaystyle\int_e^{+\infty} \dfrac{\mathrm{d}x}{x\ln x}$

   C. $\displaystyle\int_e^{+\infty} \dfrac{\mathrm{d}x}{x(\ln x)^2}$　　　　D. $\displaystyle\int_e^{+\infty} \dfrac{\mathrm{d}x}{x\sqrt{\ln x}}$

4. 设 $f(x)$ 有二阶连续导数，且 $f'(1)=0$，$\lim\limits_{x\to 1}\dfrac{f''(x)}{|x-1|}=-1$，则 $x=1$ 一定是 $f(x)$ 的（　）.

   A. 不连续点　　　　　　B. 极小值点

   C. 极大值点　　　　　　D. 非极值点

5. 设两个平面方程分别为 $x-y+4z+3=0$ 和 $x-3y-z+7=0$，则这两个平面（　）.

   A. 相交但不垂直　　　　B. 垂直

   C. 平行但不重合　　　　D. 重合

二、填空题（每小题3分，共15分）

1. 定积分 $\displaystyle\int_0^\pi \sqrt{\sin x - \sin^3 x}\,\mathrm{d}x = $ _____.

2. $I_n = \displaystyle\int_n^{n+\pi} x\sin\dfrac{1}{x}\,\mathrm{d}x$，则 $\lim\limits_{n\to\infty} I_n = $ _____.

3. 已知 $f(x) = \left|\dfrac{\sin x}{x}\right|$，则右导数 $f'_+(\pi) =$ _____.

4. 设函数 $f(x)$ 单调、可微且 $f(x) \neq 0$，$g(x)$ 为 $f(x)$ 的反函数，则 $\displaystyle\int_0^{f(x)} \dfrac{g(t)}{t} \sin t \, dt$ 的微分是 _____.

5. 已知 $|\boldsymbol{a}| = 3$，$|\boldsymbol{b}| = 4$，$(\widehat{\boldsymbol{a}, \boldsymbol{b}}) = \dfrac{\pi}{3}$，则 $|\boldsymbol{a} + \boldsymbol{b}| =$ _____.

三、计算题（每小题 8 分，共 40 分）

1. 求极限 $\displaystyle\lim_{n \to \infty} n^2 (\sqrt[n-1]{e} - \sqrt[n]{e})$（其中 e 是自然对数的底）.

2. 求不定积分 $\displaystyle\int \dfrac{x^2 \arctan x}{1+x^2} dx$.

3. 计算定积分 $\displaystyle\int_0^{\ln 2} \sqrt{e^x - 1} \, dx$.

4. 设函数 $y = y(x)$ 由参数方程 $\begin{cases} x = 1 + t^2, \\ y = \cos t \end{cases}$ 所确定，求

   (1) $\dfrac{dy}{dx}$ 和 $\dfrac{d^2 y}{dx^2}$；

   (2) $\displaystyle\lim_{x \to 1^+} \dfrac{dy}{dx}$ 和 $\displaystyle\lim_{x \to 1^+} \dfrac{d^2 y}{dx^2}$.

5. 直线 $x = 0$，$x = 2$，$y = 0$ 与抛物线 $y = -x^2 + 1$ 围成一平面图形 D，求

   (1) 平面图形 D 的面积 S；

   (2) 平面图形 D 绕 x 轴旋转一周所得旋转体的体积 V.

四、解答题和证明题（每小题 10 分，共 30 分）

1. 设函数 $f(x)$ 可导，且满足 $xf'(x) = f'(-x) + 1$，$f(0) = 0$，求

   (1) $f'(x)$；

   (2) 函数 $f(x)$ 的极值.

2. 设函数 $f(x)$ 在 $\left[0, \dfrac{\pi}{2}\right]$ 上连续，在 $\left(0, \dfrac{\pi}{2}\right)$ 内可导，且 $\displaystyle\int_0^1 e^{\cos x} f(x) dx = 1$，$f\left(\dfrac{\pi}{2}\right) = 1$，求证：

   (1) 方程 $e^{\cos x} f(x) - 1 = 0$ 在 $\left[0, \dfrac{\pi}{2}\right]$ 上至少有两个相异实根；

   (2) 至少存在一点 $\eta \in \left(0, \dfrac{\pi}{2}\right)$，使得 $f'(\eta) = \sin \eta \, f(\eta)$.

3. 设 $a>0, b>0, c>0$,

$$A(x) = \begin{cases} \left(\dfrac{a^x+b^x}{2}\right)^{\frac{1}{x}}, & x \neq 0, \\ c, & x = 0. \end{cases}$$

(1) 讨论 $A(x)$ 在 $x=0$ 处的连续性.

(2) 讨论 $\lim\limits_{x\to+\infty} A(x), \lim\limits_{x\to-\infty} A(x), \lim\limits_{x\to 0} A(x), A(-1), A(1)$ 五者之间的大小关系.

2005—2006 年第一学期高等数学 (180 学时) 试题 A 卷答案

一、1. D; 2. B; 3. C; 4. C; 5. B.

二、1. $\dfrac{4}{3}$; 2. π; 3. $\dfrac{1}{\pi}$; 4. $\dfrac{xf'(x)}{f(x)}\sin f(x)\,\mathrm{d}x$; 5. $\sqrt{37}$.

三、1. 令 $t=\dfrac{1}{n}$,则原极限为

$$\lim_{n\to\infty} n^2(\sqrt[n-1]{\mathrm{e}} - \sqrt[n]{\mathrm{e}}) = \lim_{t\to 0} \frac{1}{t^2}\left(\mathrm{e}^{\frac{t}{1-t}} - \mathrm{e}^t\right) = \lim_{t\to 0} \frac{\mathrm{e}^t}{t^2}\left(\mathrm{e}^{\frac{t^2}{1-t}} - 1\right)$$

$$= \lim_{t\to 0} \frac{\mathrm{e}^t}{t^2}\cdot\frac{t^2}{1-t} = 1.$$

2. $\displaystyle\int \frac{x^2\arctan x}{1+x^2}\mathrm{d}x = \int \frac{(x^2+1-1)\arctan x}{1+x^2}\mathrm{d}x$

$$= \int \arctan x\,\mathrm{d}x - \int \arctan x\,\mathrm{d}\arctan x$$

$$= x\arctan x - \frac{1}{2}\ln(1+x^2) - \frac{1}{2}(\arctan x)^2 + C.$$

3. 设 $\sqrt{\mathrm{e}^x-1} = t$,则 $x = \ln(t^2+1)$,于是 $\mathrm{d}x = \dfrac{2t}{t^2+1}\mathrm{d}t$. 当 $x=0$ 时, $t=0$;当 $x=\ln 2$ 时,$t=1$. 所以

$$\int_0^{\ln 2} \sqrt{\mathrm{e}^x-1}\,\mathrm{d}x = \int_0^1 \frac{2t^2}{t^2+1}\mathrm{d}t = 2\int_0^1 \left(1 - \frac{1}{1+t^2}\right)\mathrm{d}t$$

$$= 2(t-\arctan t)\Big|_0^1 = 2 - \frac{\pi}{2}.$$

4. (1) $\dfrac{dy}{dx} = \dfrac{\dfrac{dy}{dt}}{\dfrac{dx}{dt}} = \dfrac{-\sin t}{2t} = -\dfrac{\sin t}{2t};$

$\dfrac{d^2 y}{dx^2} = \dfrac{d}{dx}\left(\dfrac{dy}{dx}\right) = \dfrac{d}{dt}\left(-\dfrac{\sin t}{2t}\right) \cdot \dfrac{dt}{dx}$

$= -\dfrac{1}{2} \cdot \dfrac{t\cos t - \sin t}{t^2} \cdot \dfrac{1}{2t} = \dfrac{\sin t - t\cos t}{4t^3}.$

(2) $\lim\limits_{x \to 1^+} \dfrac{dy}{dx} = \lim\limits_{t \to 0} \dfrac{-\sin t}{2t} = -\dfrac{1}{2};$

$\lim\limits_{x \to 1^+} \dfrac{d^2 y}{dx^2} = \lim\limits_{t \to 0} \dfrac{\sin t - t\cos t}{4t^3} = \lim\limits_{t \to 0} \dfrac{t \sin t}{12 t^2} = \dfrac{1}{12}.$

5. (1) 注意 D 有一部分是在 x 轴的下方，有

$$S = \int_0^1 (-x^2 + 1) dx + \int_1^2 -(-x^2 + 1) dx$$

$$= \left(-\dfrac{x^3}{3} + x\right)\Big|_0^1 + \left(\dfrac{x^3}{3} - x\right)\Big|_1^2 = 2.$$

(2) $V = \pi \int_0^2 (-x^2 + 1)^2 dx = \pi \int_0^2 (x^4 - 2x^2 + 1) dx$

$= \pi \left(\dfrac{x^5}{5} - \dfrac{2}{3} x^3 + x\right)\Big|_0^2 = \dfrac{46}{15}\pi.$

四、1. (1) 在方程 $xf'(x) = f'(-x) + 1$ 中用 $-x$ 代替 x，得 $-xf'(-x) = f'(x) + 1$，从而有

$$\begin{cases} xf'(x) = f'(-x) + 1, \\ -xf'(-x) = f'(x) + 1. \end{cases}$$

解得 $f'(x) = \dfrac{x-1}{1+x^2}.$

(2) 注意 $f(0) = 0$，得 $f(x) - f(0) = \int_0^x \dfrac{t-1}{1+t^2} dt$，即

$$f(x) = \dfrac{1}{2} \ln(1+x^2) - \arctan x.$$

由 $f'(x) = \dfrac{x-1}{1+x^2}$，得函数 $f(x)$ 的驻点 $x_0 = 1$. 而

$$f''(x) = \dfrac{-x^2 + 2x + 1}{(1+x^2)^2},$$

所以 $f''(1) > 0$. 故 $f(1) = 2\ln 2 - \dfrac{\pi}{4}$ 是函数 $f(x)$ 的极小值.

2. (1) 容易看出 $e^{\cos\frac{\pi}{2}}f\left(\frac{\pi}{2}\right)=1$. 另外，由积分中值定理及题设条件 $\int_0^1 e^{\cos x}f(x)\mathrm{d}x=1$，可得存在 $\xi\in[0,1]$，使 $e^{\cos\xi}f(\xi)=1$. 显然 ξ 异于 $\frac{\pi}{2}$，故方程 $e^{\cos x}f(x)=1$ 在 $\left[0,\frac{\pi}{2}\right]$ 上至少有两个相异实根：$x=\xi$ 和 $x=\frac{\pi}{2}$.

(2) 由于
$$e^{\cos\frac{\pi}{2}}f\left(\frac{\pi}{2}\right)=e^{\cos\xi}f(\xi)=1,$$
对函数 $e^{\cos x}f(x)$ 在 $\left[\xi,\frac{\pi}{2}\right]$ 上用罗尔定理，可知存在 η 介于 ξ 和 $\frac{\pi}{2}$ 之间，使得 $(e^{\cos x}f(x))'\big|_{x=\eta}=0$，即
$$(e^{\cos x}f(x))'\big|_\eta = e^{\cos\eta}(f'(\eta)-\sin\eta\, f(\eta)).$$
因 $e^{\cos\eta}\neq 0$，故有 $f'(\eta)=\sin\eta\, f(\eta),\ \eta\in\left(0,\frac{\pi}{2}\right)$.

3. 见 2005—2006 第一学期 216 学时 B 卷第六题解答 (p. 40).

2005—2006年第一学期 高等数学（180学时）试题 B 卷

一、单项选择题（每小题3分，共15分）

1. 空间直线 $\dfrac{x-1}{3}=\dfrac{y+1}{-1}=\dfrac{z-2}{1}$ 与平面 $x+2y-z+3=0$ 的位置关系是（   ）.
   A. 互相垂直   B. 不平行也不垂直
   C. 平行但直线不在平面上   D. 直线在平面上

2. 对闭区间上的函数可以断言（   ）.
   A. 有界者必可积   B. 可积者必有原函数
   C. 有原函数者必连续   D. 连续者必有界

3. 下述结论中错误的是（   ）.
   A. $\displaystyle\int_0^{+\infty}\dfrac{x}{1+x^2}\,\mathrm{d}x$ 发散   B. $\displaystyle\int_0^{+\infty}\dfrac{1}{1+x^2}\,\mathrm{d}x$ 收敛
   C. $\displaystyle\int_{-\infty}^{+\infty}\dfrac{x}{1+x^2}\,\mathrm{d}x=0$ D. $\displaystyle\int_{-\infty}^{+\infty}\dfrac{x}{1+x^2}\,\mathrm{d}x$ 发散

4. 设 $f(x)$ 有连续导数，$f(0)=0$，$f'(0)\neq 0$，$F(x)=\displaystyle\int_0^x(1+t^2)f(t)\,\mathrm{d}t$，则 $F(0)$ 一定是 $F(x)$ 的（   ）.
   A. 极小值   B. 极大值   C. 极值   D. 非极值

5. 设 $f(x)$ 在 (a,b) 内可导，如果 $f'(x)$ 在 (a,b) 内有间断点，则间断点（   ）.
   A. 总是振荡间断点   B. 总是无穷间断点
   C. 可能是可去间断点   D. 一定是不可去间断点

二、填空题（每小题3分，共15分）

1. 已知 $|\boldsymbol{a}|=|\boldsymbol{b}|=\boldsymbol{a}\cdot\boldsymbol{b}=2$，则 $|\boldsymbol{a}\times\boldsymbol{b}|=$ _____.

2. 设 $I_n=\displaystyle\int_n^{n+1}\left(1+\dfrac{1}{x}\right)^x\mathrm{d}x$，则 $\lim\limits_{n\to\infty}I_n=$ _____.

3. 已知 $y = \dfrac{x^2+1}{2}(\arctan x)^2 - x\arctan x + \dfrac{1}{2}\ln(1+x^2)$,则 $\mathrm{d}y\big|_{x=\frac{\pi}{4}}$ = _____.

4. 设 $f(x) = (x-1)\arcsin\sqrt{\dfrac{x}{x+1}}$,则 $f'(1)$ = _____.

5. 设 $F(x) = \int_0^x \dfrac{1}{1+t^2}\mathrm{d}t + \int_0^{\frac{1}{x}} \dfrac{1}{1+t^2}\mathrm{d}t$,则 $F(\pi)$ = _____.

三、计算题(每小题 8 分,共 40 分)

1. 求极限 $\lim\limits_{x\to 0}\dfrac{\int_0^x \dfrac{\sin 2t}{\sqrt{4+t^2}}\mathrm{d}t}{\int_0^x (\sqrt{t+1}-1)\mathrm{d}t}$.

2. 计算极限 $\lim\limits_{x\to 0^+}\int_x^1 \dfrac{\ln(1+x)}{\sqrt{x}}\mathrm{d}x$.

3. 计算定积分 $I = \int_0^{\frac{\pi}{2}} \dfrac{\cos x}{a\cos x + \sin x}\mathrm{d}x$.

4. 设函数 $y = y(x)$ 由参数方程 $\begin{cases} x = t\,\mathrm{e}^t \\ \mathrm{e}^t + \mathrm{e}^y = 2 \end{cases}$ 所确定,求 $\dfrac{\mathrm{d}y}{\mathrm{d}x}\bigg|_{t=0}$,$\dfrac{\mathrm{d}^2 y}{\mathrm{d}x^2}\bigg|_{t=0}$.

5. 设 l_t 为曲线 $y = \sqrt{x}$ 在 $x = t$ 处的切线 ($0 < t < 2$),l_t 与曲线以及直线 $x = 0$ 和 $x = 2$ 所围成的图形绕 x 轴旋转生成的旋转体体积记为 $V(t)$,求

(1) $V(t)$;

(2) $V(t)$ 的最小值点.

四、讨论题和证明题(每小题 10 分,共 30 分)

1. 设

$$f(x) = \begin{cases} x^\alpha \sin\dfrac{1}{x}, & x \neq 0, \\ 0, & x = 0 \end{cases}$$

在 $x = 0$ 处连续可导,但其导数在 $x = 0$ 处不连续,试讨论 α 的取值范围.

2. 已知 $f'(-x) = x(f'(x)+1)$,求 $f(x)$ 的极值点,并说明是极大值点还是极小值点.

3. 设函数 $f(x) = \arctan x$ 定义在区间 $[0,b]$ 上 ($b > 0$).

(1) 证明:存在 $\eta \in [0,b]$,使得

$$b\arctan b - b\arctan \eta = \dfrac{1}{2}\ln(1+b^2);$$

(2) 利用(1)的结果证明：$\lim\limits_{b\to 0}\dfrac{\eta}{b}=\dfrac{1}{2}$.

2005—2006 年第一学期高等数学 (180 学时) 试题 B 卷答案

一、1. D； 2. D； 3. C； 4. C； 5. D.

二、1. $\dfrac{\sqrt{3}}{2}$； 2. e； 3. $\dfrac{\pi}{4}$； 4. $\dfrac{\pi}{4}$； 5. $\dfrac{\pi}{2}$.

三、1. $\lim\limits_{x\to 0}\dfrac{\int_0^x \dfrac{\sin 2t}{\sqrt{4+t^2}}dt}{\int_0^x (\sqrt{t+1}-1)dt}$

$=\lim\limits_{x\to 0}\dfrac{\sin 2x}{(\sqrt{x+1}-1)\sqrt{4+x^2}}$ （洛必达法则）

$=\lim\limits_{x\to 0}\dfrac{(\sqrt{x+1}+1)\sin 2x}{x\sqrt{4+x^2}}$

$=\lim\limits_{x\to 0}\dfrac{2(\sqrt{x+1}+1)}{\sqrt{4+x^2}}\cdot\dfrac{\sin 2x}{2x}=2.$

2. 令 $t=\sqrt{x}$，有

$\int\dfrac{\ln(1+x)}{\sqrt{x}}dx=\int\dfrac{\ln(1+t^2)}{t}\cdot 2t\,dt=2\left(t\ln(1+t^2)-\int\dfrac{2t^2}{1+t^2}dt\right)$

$=2t\ln(1+t^2)-4\int\dfrac{t^2+1-1}{1+t^2}dt$

$=2t\ln(1+t^2)-4t+4\arctan t+C$

$=2\sqrt{x}\ln(1+x)-4\sqrt{x}+4\arctan\sqrt{x}+C.$

故原极限

$\lim\limits_{x\to 0^+}\int_x^1\dfrac{\ln(1+x)}{\sqrt{x}}dx=\lim\limits_{x\to 0^+}(2\sqrt{x}\ln(1+x)-4\sqrt{x}+4\arctan\sqrt{x}+C)\Big|_x^1$

$=2\ln 2-4+\pi.$

3. 设

$\int_0^{\frac{\pi}{2}}\dfrac{\cos x}{a\cos x+\sin x}dx=\int_0^{\frac{\pi}{2}}\dfrac{A(a\cos x+\sin x)dx+Bd(a\cos x+\sin x)}{a\cos x+\sin x},$

则 A, B 满足 $\begin{cases} Aa + B = 1, \\ A - Ba = 0. \end{cases}$ 求得 $A = \dfrac{a}{1+a^2}$, $B = \dfrac{1}{1+a^2}$. 所以原积分

$$I = (Ax + B\ln(a\cos x + \sin x))\Big|_0^{\frac{\pi}{2}}$$

$$= \frac{1}{1+a^2}(ax + \ln(a\cos x + \sin x))\Big|_0^{\frac{\pi}{2}}$$

$$= \frac{1}{1+a^2}\left(\frac{\pi a}{2} - \ln a\right).$$

(也可以令 $\tan x = t$ 求解.)

4. 对参数方程两边关于 x 求导, 得

$$\begin{cases} 1 = e^t(1+t)\dfrac{dt}{dx}, \\ e^t \dfrac{dt}{dx} + e^y \dfrac{dy}{dx} = 0. \end{cases}$$

从而 $\dfrac{dy}{dx} = \dfrac{-1}{(1+t)e^y}$, 进而 $\dfrac{d^2 y}{dx^2} = \dfrac{1}{(1+t)^3 e^t e^y} - \left(\dfrac{dy}{dx}\right)^2.$

由 $t = 0$, 可得 $x = 0$, $y = 0$, 于是有

$$\frac{dy}{dx}\Big|_{t=0} = \frac{-1}{(1+t)e^y}\Big|_{t=0} = -1,$$

$$\frac{d^2 y}{dx^2}\Big|_{t=0} = \frac{1}{(1+t)^3 e^t e^y} - \left(\frac{dy}{dx}\right)^2\Big|_{t=0} = 0.$$

5. (1) 设切点坐标为 $(t, \sqrt{t})$. 由 $y' = \dfrac{1}{2\sqrt{x}}$, 可知曲线 $y = \sqrt{x}$ 在 $(t, \sqrt{t})$ 处的切线方程为 $y - \sqrt{t} = \dfrac{1}{2\sqrt{t}}(x - t)$, 即 $y = \dfrac{1}{2\sqrt{t}}(x + t)$. 因此所求旋转体的体积为

$$V(t) = \pi \int_0^2 \left[\frac{1}{4t}(x+t)^2 - x\right] dx = \pi\left(\frac{2}{3t} + \frac{t}{2} - 1\right).$$

(2) $\dfrac{dV(t)}{dt} = \pi\left(-\dfrac{2}{3t^2} + \dfrac{1}{2}\right) = 0$, 得驻点 $t = \pm\dfrac{2}{\sqrt{3}}$, 舍去 $t = -\dfrac{2}{\sqrt{3}}$. 由于

$$\frac{d^2 V}{dt^2}\Big|_{t=\frac{2}{\sqrt{3}}} = \frac{4\pi}{3t^3}\Big|_{t=\frac{2}{\sqrt{3}}} > 0,$$

因而函数 $V(t)$ 在 $t = \dfrac{2}{\sqrt{3}}$ 处达到极小值, 而且也是最小值.

四、1. $f(x)$ 在 $x = 0$ 可导, 即

$$\lim_{x\to 0}\frac{f(x)-f(0)}{x}=\lim_{x\to 0}\frac{f(x)}{x}=\lim_{x\to 0}x^{\alpha-1}\sin\frac{1}{x}.$$

因 $\sin\dfrac{1}{x}$ 有界，故当 $\alpha-1>0$ 时，有 $f'(0)=\lim_{x\to 0}x^{\alpha-1}\sin\dfrac{1}{x}=0$，即

$$f'(x)=\begin{cases}\alpha x^{\alpha-1}\sin\dfrac{1}{x}-x^{\alpha-2}\cos\dfrac{1}{x}, & x\neq 0,\\ 0, & x=0.\end{cases}$$

由上式易知，当 $1<\alpha\leqslant 2$ 时，$f'(x)$ 在 $x=0$ 不连续，但 $f(x)$ 在 $x=0$ 可导.

2. 在方程 $f'(-x)=x(f'(x)+1)$ 中令 $t=-x$，得 $f'(t)=-t(f'(-t)+1)$，于是

$$\begin{cases}f'(x)+xf'(-x)=-x,\\ xf'(x)-f'(-x)=-x.\end{cases}$$

解出 $f'(x)=\dfrac{-x-x^2}{1+x^2}$. 由 $f'(x)=0$ 得函数 $f(x)$ 的驻点 $x_1=0$, $x_2=-1$. 因

$$f''(x)=\frac{-1-2x+x^2}{(1+x^2)^2},$$

有 $f''(0)=-1<0$, $f''(-1)=\dfrac{1}{2}>0$，故 $x=0$ 是函数 $f(x)$ 极大值点，$x=-1$ 是函数 $f(x)$ 极小值点.

3. (1) 由积分中值定理，得 $\int_0^b\arctan x\,\mathrm{d}x=b\arctan\eta$，其中 $\eta\in[0,b]$. 因

$$\int_0^b\arctan x\,\mathrm{d}x=x\arctan x-\int_0^b\frac{x}{1+x^2}\mathrm{d}x$$

$$=(x\arctan x)\Big|_0^b-\frac{1}{2}\ln(1+x^2)\Big|_0^b$$

$$=b\arctan b-\frac{1}{2}\ln(1+b^2),$$

故 $b\arctan b-b\arctan\eta=\dfrac{1}{2}\ln(1+b^2)$, $\eta\in[0,b]$.

(2) 注意 $b\to 0$ 时，$\eta\to 0$，且 $\lim_{\eta\to 0}\dfrac{\arctan\eta}{\eta}=1$，于是有

$$\lim_{b\to 0}\frac{\eta}{b}=\lim_{b\to 0}\frac{\eta}{b}\frac{\arctan\eta}{\eta}=\lim_{b\to 0}\frac{b\arctan\eta}{b^2}$$

$$=\lim_{b\to 0}\frac{b\arctan b-\dfrac{1}{2}\ln(1+b^2)}{b^2}=\lim_{b\to 0}\frac{\arctan b}{2b}=\frac{1}{2}.$$

2006—2007 年第一学期
高等数学（180 学时）试题 A 卷

一、试解下列各题（每小题 6 分，共 24 分）

1. 设 $y = e^{x^2}$，求 $\dfrac{dy}{dx}$，$\dfrac{dy}{d(x^2)}$，$\dfrac{d^2y}{dx^2}$.

2. 已知 $\displaystyle\int_1^{\sin x} f(t)\,dt = \cos 2x$，其中 $f(x)$ 为连续函数，求 $f\!\left(\dfrac{\sqrt{2}}{2}\right)$ 的值.

3. 当 $x \to 0$ 时，$\sin x(\cos x - 4) + 3x$ 为几阶无穷小？

4. 确定函数 $f(x) = \dfrac{\tan \pi x}{|x|(x^2-1)}$ 的间断点，并判定其类型.

二、计算下列各题（每小题 6 分，共 30 分）

1. 设 $f(x) = \displaystyle\lim_{n\to\infty} x\cos 2x \cos\dfrac{x}{2}\cos\dfrac{x}{4}\cdots\cos\dfrac{x}{2^n}$，求 $f^{(20)}(x)$.

2. 设 $y = y(x)$ 由参数方程 $\begin{cases} x = \ln \sin t, \\ y = 1 + e^y \sin t \end{cases}$ 所确定，求 $\dfrac{dy}{dx}$ 和 $\dfrac{d^2y}{dx^2}$.

3. 计算不定积分 $\displaystyle\int \dfrac{\arcsin e^{-x}}{\sqrt{e^{2x}-1}}\,dx$.

4. 计算定积分 $\displaystyle\int_0^1 \dfrac{\ln(1+x)}{(2-x)^2}\,dx$.

5. 计算反常积分 $I = \displaystyle\int_2^{+\infty} \dfrac{1}{(x^2+1)(1+x^5)}\,dx$.

三、（10 分）设函数

$$f(x) = \begin{cases} \dfrac{g(x) - e^{-x}}{x}, & x \neq 0, \\ a, & x = 0, \end{cases}$$

其中 $g(x)$ 具有二阶连续导数，且 $g(0) = 1$，$g'(0) = -1$.

(1) 问：a 为何值时，$f(x)$ 在 $x = 0$ 处连续.

(2) 求 $f'(x)$ 并讨论 $f'(x)$ 在 $x = 0$ 处的连续性.

四、(10 分) 半径为 r 的球沉入水中, 且与水面相切, 求
   (1) 球面上所受的静压力;
   (2) 从水中取出比重为 1 的球所做的功.

五、(12 分) 设 $f(x) = x^3 - 3x^2 - 9x + 5$, 求
   (1) 函数 $f(x)$ 的单调增加、单调减少区间、极大、极小值;
   (2) 曲线 $y = f(x)$ 的凸性区间、拐点、在点 $(0,5)$ 处的曲率.

六、(8 分) 设直线 L_1 和 L_2 的方程为
$$L_1: \frac{x-1}{1} = \frac{y+1}{2} = \frac{z}{-1}, \quad L_2: \frac{x+1}{2} = \frac{y-3}{-1} = \frac{z-4}{-2}.$$
   (1) 证明: L_1 与 L_2 是异面直线.
   (2) 求平面 π 使 L_1 和 L_2 到 π 的距离相等.
   (3) 求与 L_1 和 L_2 都垂直相交的直线 L.

七、(6 分) 设函数 $f(x)$ 在 (a,b) 内可导, 证明: 若 $f(x)$ 在 (a,b) 内无界, 则 $f'(x)$ 也在 (a,b) 内无界.

2006—2007 年第一学期高等数学 (180 学时) 试题 A 卷答案

一、1. $\dfrac{dy}{dx} = 2x e^{x^2}$, $\dfrac{dy}{d(x^2)} = \dfrac{2x e^{x^2} dx}{2x dx} = e^{x^2}$, $\dfrac{d^2 y}{dx^2} = 2(1+2x^2) e^{x^2}$.

2. 见 2006—2007 第一学期 216 学时 B 卷第一 (2) 题解答 (p.50).

3. 由 $\sin x = x - \dfrac{x^3}{3!} + \dfrac{x^5}{5!} + o(x^6)$, $\sin 2x = 2x - \dfrac{(2x)^3}{3!} + \dfrac{(2x)^5}{5!} + o(x^6)$, 得

$$\sin x(\cos x - 4) + 3x = \frac{1}{2}\sin 2x - 4\sin x + 3x$$

$$= \frac{1}{2}\left[2x - \frac{(2x)^3}{3!} + \frac{(2x)^5}{5!} + o(x^6)\right]$$

$$- 4\left[x - \frac{x^3}{3!} + \frac{x^5}{5!} + o(x^6)\right] + 3x$$

$$= \frac{1}{10} x^5 + o(x^6),$$

故为 5 阶无穷小.

4. 在 $x=0$ 处 $f(x)$ 无意义, 故 $x=0$ 是函数 $f(x)$ 的间断点. 又
$$\lim_{x\to 0^+}f(x)=\lim_{x\to 0^+}\frac{\tan\pi x}{x(x^2-1)}=\frac{\pi}{\pi^2-1},$$
$$\lim_{x\to 0^-}f(x)=\lim_{x\to 0^-}\frac{\tan\pi x}{-x(x^2-1)}=-\frac{\pi}{\pi^2-1},$$
故 $x=0$ 是 $f(x)$ 的第一类间断点, 为跳跃间断点.

在 $x=\pm 1$ 处 $f(x)$ 无意义, 故 $x=\pm 1$ 是函数 $f(x)$ 的间断点. 又
$$\lim_{x\to 1}f(x)=\lim_{x\to 1}\frac{\tan\pi x}{x(x-1)(x+1)}\xlongequal{t=x-1}\lim_{t\to 0}\frac{\tan\pi t}{t(t+1)(t+2)}=\frac{\pi}{2},$$
$$\lim_{x\to -1}f(x)=\lim_{x\to -1}\frac{\tan\pi x}{x(x-1)(x+1)}\xlongequal{x+1=t}\lim_{t\to 0}\frac{\tan\pi t}{t(t-1)(t-2)}=\frac{\pi}{2},$$
故 $x=\pm 1$ 是 $f(x)$ 的第一类间断点, 为可去间断点.

在 $x=\dfrac{2k-1}{2}$ $(k=\pm 1,\pm 2,\cdots)$ 处 $f(x)$ 无意义, 故 $x=\dfrac{2k-1}{2}$ $(k=\pm 1,\pm 2,\cdots)$ 是函数 $f(x)$ 的间断点. 又
$$\lim_{x\to\frac{2k-1}{2}}|f(x)|=\lim_{x\to\frac{2k-1}{2}}\left|\frac{\tan\pi x}{x(x-1)(x+1)}\right|=+\infty,$$
故 $x=\dfrac{2k-1}{2}$ $(k=\pm 1,\pm 2,\cdots)$ 是函数 $f(x)$ 的第二类间断点, 为无穷间断点.

二、1. 见 2006—2007 第一学期 216 学时 A 卷第六(2) 题解答(p.45).

2. 参见 2006—2007 第一学期 216 学时 A 卷第一题解答(p.43).

3. $\displaystyle\int\frac{\arcsin e^{-x}}{\sqrt{e^{2x}-1}}dx=\int\frac{e^{-x}\arcsin e^{-x}}{\sqrt{1-e^{-2x}}}dx=-\int\frac{\arcsin e^{-x}}{\sqrt{1-e^{-2x}}}de^{-x}$
$$=-\frac{1}{2}(\arcsin e^{-x})^2+C.$$

4. $\displaystyle\int_0^1\frac{\ln(1+x)}{(2-x)^2}dx=\int_0^1\ln(1+x)\,d\frac{1}{2-x}$
$$=\ln 2-\frac{1}{3}\int_0^1\left(\frac{1}{2-x}+\frac{1}{1+x}\right)dx=\frac{1}{3}\ln 2.$$

5. 令 $x=\tan t$, 则
$$I=\int_0^{+\infty}\frac{1}{(x^2+1)(1+x^5)}dx=\int_0^{\frac{\pi}{2}}\frac{\cos^5 t}{\cos^5 t+\sin^5 t}dt,$$
又因
$$I=\int_0^{\frac{\pi}{2}}\frac{\cos^5 t}{\cos^5 t+\sin^5 t}dt\xlongequal{t=\frac{\pi}{2}-u}\int_0^{\frac{\pi}{2}}\frac{\sin^5 t}{\cos^5 t+\sin^5 t}dt,$$

两式相加,得 $I = \dfrac{\pi}{4}$.

三、解 见 2006—2007 第一学期 216 学时 B 卷第三题解答(p.51).

四、解 见 2005—2006 第一学期 216 学时 B 卷第七题解答(p.41).

五、解 参见 2006—2007 第一学期 216 学时 A 卷第三题解答(p.44).

六、证 (1) 由题意知 $M_1(1,-1,0) \in L_1$, $M_2(-1,3,4) \in L_2$, L_1 与 L_2 的方向向量分别为 $s_1 = (1,2,-1)$, $s_2 = (2,-1,-2)$. 由于

$$(\overrightarrow{M_1M_2}, s_1, s_2) = \begin{vmatrix} -2 & 4 & 4 \\ 1 & 2 & -1 \\ 2 & -1 & -2 \end{vmatrix} = -10 \neq 0,$$

故两直线异面.

解 (2) 已知平面必须过线段 M_1M_2 的中点 $M_0(0,1,2)$,其法向量 n 同时垂直于 s_1, s_2,故可取

$$n = s_1 \times s_2 = \begin{vmatrix} i & j & k \\ 1 & 2 & -1 \\ 2 & -1 & -2 \end{vmatrix} = -5(1,0,1),$$

从而所求方程为 $x + z = 2$.

(3) 因 L 的方向向量 $s = s_1 \times s_2 = -5(1,0,1)$,所以过 L 与 L_1 的平面 π_1 的法向量为 $n_1 = s \times s_1 = 10(1,-1,-1)$,过 L 与 L_2 的平面 π_2 的法向量为 $n_2 = s \times s_2 = -5(1,4,-1)$. 故平面 π_1 的方程为 $x - y - z = 2$,平面 π_2 的方程为 $x + 4y - z = 7$,所以直线 L 的方程为

$$L: \begin{cases} x - y - z = 2, \\ x + 4y - z = 7. \end{cases}$$

七、证 若 $f'(x)$ 在 (a,b) 内有界,则 $\exists M > 0$,使 $\forall x \in (a,b)$ 有 $|f'(x)| \leqslant M$. 在 (a,b) 内取一点 x_0,由拉格朗日中值定理,在 x_0 与 x 之间存在 ξ,当 $x \neq x_0$,使

$$|f(x)| = |f(x) - f(x_0) + f(x_0)| \leqslant |f'(\xi)||x - x_0| + |f(x_0)|$$
$$\leqslant M(b-a) + |f(x_0)|.$$

当 $x = x_0$ 时,同样有 $|f(x_0)| \leqslant M(b-a) + |f(x_0)|$. 于是 $f(x)$ 在 (a,b) 内有界,与已知矛盾. 故 $f'(x)$ 在 (a,b) 内无界.

2006—2007 年第一学期
高等数学（180 学时）试题 B 卷

一、试解下列各题（每小题 6 分，共 24 分）

1. 已知 $f(x)=\begin{cases} e^x(\sin x+\cos x), & x>0, \\ 2x+a, & x\leqslant 0 \end{cases}$ 是 $(-\infty,+\infty)$ 上连续，求 a 的值.

2. 设 $f(x)$ 在 $(-\infty,+\infty)$ 上连续，且 $F(x)=\int_0^x (x-2t)f(t)\mathrm{d}t$，证明：若 $f(x)$ 为偶函数，则 $F'(x)$ 是奇函数.

3. 设函数 $f(x)=f(x+2)$，$f(0)=0$ 且在 $(-1,1]$ 上有 $f'(x)=2|x|$，求 $f(5)$ 的值.

4. 确定函数 $f(x)=\dfrac{x(x-1)}{|x|x^2-|x|}$ 的间断点，并判定其类型.

二、计算下列各题（每小题 6 分，共 24 分）

1. 求 $\lim\limits_{x\to 0}\dfrac{\sin^2 x}{\sqrt{1+x\sin x}-\sqrt{\cos x}}$.

2. 已知 $y=\int_1^{1+\sin t}(1+e^{\frac{1}{u}})\mathrm{d}u$，其中 $t=t(x)$ 由 $\begin{cases} x=\cos 2v, \\ t=\sin v \end{cases}$ 确定，求 $\dfrac{\mathrm{d}y}{\mathrm{d}x}$.

3. 计算不定积分 $\displaystyle\int\dfrac{f'(x)g(x)+f(x)g'(x)}{\sqrt{f(x)g(x)+1}}\mathrm{d}x$.

4. 已知 $\displaystyle\int_0^{+\infty}\dfrac{\sin x}{x}\mathrm{d}x=\dfrac{\pi}{2}$，计算反常积分 $\displaystyle\int_0^{+\infty}\left(\dfrac{\sin x}{x}\right)^2\mathrm{d}x$.

三、(10 分) 设函数
$$f(x)=\begin{cases} \dfrac{g(x)-\cos x}{x}, & x\neq 0, \\ a, & x=0, \end{cases}$$
其中 $g(x)$ 具有二阶连续导数，且 $g(0)=1$.

(1) 问：a 为何值时，$f(x)$ 在 $x=0$ 处连续？

(2) 求 $f'(x)$ 并讨论 $f'(x)$ 在 $x=0$ 处的连续性.

四、(8分) 设由曲线 $y = \cos x$ (其中 $0 \leqslant x \leqslant \frac{\pi}{2}$), x 轴及 y 轴所围成平面图形的面积被曲线 $y = a\sin x$ ($a > 0$) 二等分.
 (1) 确定 a 的值.
 (2) 求曲线 $y = \cos x$, $y = a\sin x$, $x = 0$ 所围平面图形绕 $y = 0$ 旋转一周所成的立体体积.

五、(10分) 已知平面 $\pi: y + 2z - 2 = 0$ 和直线 $l: \begin{cases} 2x - y - 2 = 0, \\ 3y - 2z + 2 = 0. \end{cases}$
 (1) 直线 l 和平面 π 是否平行？
 (2) 若直线 l 和平面 π 平行，求直线 l 与平面 π 的距离；若直线 l 与平面 π 不平行，求直线 l 与平面 π 的交点.
 (3) 求过直线 l 且与平面 π 垂直的平面方程.

六、(12分) 设 $f(x) = \dfrac{x^2}{2(x+1)^2}$, 求
 (1) 函数 $f(x)$ 的单调增加、单调减少区间, 极大、极小值;
 (2) 曲线 $y = f(x)$ 的凸性区间、拐点、渐近线方程.

七、(6分) 设 $f(x)$ 在 $(-\infty, +\infty)$ 上有界且可导, 证明: 方程 $f'(x)(1 + x^2) = 2xf(x)$ 至少有一个实根.

八、(6分) 设函数 $f(x)$ 在 $[a, b]$ 上可导 ($a > 0$, $b > 0$), 且满足方程
$$2\int_a^{\frac{a+b}{2}} e^{\lambda(x-b)(x+b)} f(x) \, dx = (b - a) f(b).$$
 证明: 存在 $\xi \in (a, b)$, 使 $2\lambda \xi f(\xi) + f'(\xi) = 0$ 成立.

2006—2007 年第一学期高等数学 (180 学时) 试题 B 卷答案

一、2. $F'(x) = x\int_0^x f(t)\,dt - \int_0^x 2tf(t)\,dt = \int_0^x f(t)\,dt - xf(x)$,

$F'(-x) = \int_0^x f(t)\,dt + xf(-x) = -\int_0^x f(t)\,dt + xf(x)$

$= -\left(\int_0^x f(t)\,dt - xf(x)\right) = -F'(x)$,

故 $F'(x)$ 是奇函数.

三、解 (1) 由于

$$\lim_{x\to 0}f(x)=\lim_{x\to 0}\frac{g(x)-\cos x}{x}=\lim_{x\to 0}\frac{g(x)-g(0)}{x}+\lim_{x\to 0}\frac{1-\cos x}{x}=g'(0),$$

故有 $a=g'(0)$. 所以 $a=g'(0)$ 时,$f(x)$ 在 $x=0$ 处连续.

(2) 当 $x\neq 0$ 时,

$$f'(x)=\left(\frac{g(x)-\cos x}{x}\right)'=\frac{x(g'(x)+\sin x)-(g(x)-\cos x)}{x^2}.$$

当 $x=0$ 时,

$$f'(0)=\lim_{x\to 0}\frac{(g(x)-\cos x)-xg'(0)}{x^2}=\lim_{x\to 0}\frac{g'(x)+\sin x-g'(0)}{2x}$$

$$=\lim_{x\to 0}\frac{g''(x)+\cos x}{2}=\frac{1}{2}(g''(0)+1).$$

于是,$f'(x)=\begin{cases}\dfrac{x(g'(x)+\sin x)-(g(x)-\cos x)}{x^2},& x\neq 0,\\ \dfrac{1}{2}(g''(0)+1),& x=0,\end{cases}$

$$\lim_{x\to 0}f'(x)=\lim_{x\to 0}\frac{x(g'(x)+\sin x)-(g(x)-\cos x)}{x^2}$$

$$=\lim_{x\to 0}\frac{xg''(x)+x\cos x}{2x}=\frac{1}{2}(g''(0)-1)=f'(0).$$

故 $f'(x)$ 在 $x=0$ 处连续.

五、解 (1) π 的法向量 $\boldsymbol{n}=(0,1,2)$,l 的方向向量 $\boldsymbol{s}=(2,4,6)$. 因 $\boldsymbol{n}\cdot\boldsymbol{s}\neq 0$,故平面与直线不平行.

(2) 在直线 l 上取一点 $M(1,0,1)$,直线的标准方程为 $\dfrac{x-1}{1}=\dfrac{y}{2}=\dfrac{z-1}{3}$,化为参数方程为

$$\begin{cases}x=1+t,\\ y=2t,\\ z=1+3t.\end{cases}$$

代入平面方程得交点 $M_0(1,0,1)$.

(3) 设所求平面的法向量为 $\boldsymbol{n}_1=(A,B,C)$. 由 $\boldsymbol{n}_1\perp \boldsymbol{s},\boldsymbol{n}_1\perp \boldsymbol{n}$,得

$$\begin{cases}2A+4B+6C=0,\\ B+2C=0.\end{cases}$$

故 $A:B:C=1:(-2):1$. 又平面过点 $M_0(1,0,1)$,故所求平面方程为 $x-2y+z-2=0$(或用直线束方程求解).

2007—2008 年第一学期
高等数学（180 学时）试题 A 卷

一、试解下列各题（每小题 7 分，共 56 分）

1. 计算 $\lim\limits_{n\to\infty}(\sqrt{n+3\sqrt{n}}-\sqrt{n-\sqrt{n}})$.

2. 计算 $\lim\limits_{x\to 0}\dfrac{\ln(1+x)-x}{\cos x-1}$.

3. 计算 $\int x\arctan x\,\mathrm{d}x$.

4. 计算 $\int_0^4 \dfrac{\sqrt{x}}{1+\sqrt{x}}\,\mathrm{d}x$.

5. 计算 $\int_0^{+\infty} x\mathrm{e}^{-x}\,\mathrm{d}x$.

6. 设曲线方程为 $\begin{cases} x=\sin t,\\ y=\cos 2t, \end{cases}$ 求此曲线在点 $t=\dfrac{\pi}{4}$ 处的切线方程.

7. 已知 $\int_0^y \mathrm{e}^{t^2}\,\mathrm{d}t = \int_0^{x^2}\cos t\,\mathrm{d}t$，求 $\dfrac{\mathrm{d}y}{\mathrm{d}x}$.

8. 设 $y=\dfrac{1-x}{1+x}$，求 $y^{(n)}$.

二、（15 分） 已知函数 $y=\dfrac{x^3}{(x-1)^2}$，求

(1) 函数 $f(x)$ 的单调增加、单调减少区间，极大、极小值；

(2) 函数图形的凸性区间、拐点、渐近线.

三、（10 分） 设 $g(x)$ 是 $[1,2]$ 上的连续函数，$f(x)=\int_0^x g(t)\,\mathrm{d}t$.

(1) 用定义证明 $f(x)$ 在 $(1,2)$ 内可导.

(2) 证明 $f(x)$ 在 $x=1$ 处右连续.

四、（10 分）

(1) 设平面图形 A 由抛物线 $y=x^2$，直线 $x=8$ 及 x 轴所围成，求平面

图形 A 绕 x 轴旋转一周所形成的立体体积.

(2) 在抛物线 $y=x^2(0 \leqslant x \leqslant 8)$ 上求一点，使得过此点所作切线与直线 $x=8$ 及 x 轴所围图形面积最大.

五、(9分) 当 $x \geqslant 0$ 时，对 $f(x)$ 在 $[0,b]$ 上应用拉格朗日中值定理，有
$$f(b)-f(0)=f'(\xi)b, \quad \xi \in (0,b).$$

对于函数 $f(x)=\arcsin x$，求极限 $\lim\limits_{b \to 0} \dfrac{\xi}{b}$.

2007—2008年第一学期高等数学（180学时）试题 A 卷答案

一、3. 原式 $=\dfrac{1}{2}x^2\arctan x-\dfrac{1}{2}\displaystyle\int \dfrac{x^2}{1+x^2}\mathrm{d}x$
$=\dfrac{1}{2}x^2\arctan x-\dfrac{1}{2}x+\dfrac{1}{2}\arctan x+C.$

4. 原式 $\xlongequal{t=\sqrt{x}} \displaystyle\int_0^2 \dfrac{2t^2}{1+t}\mathrm{d}t=2\int_0^2 \dfrac{t^2-1+1}{1+t}\mathrm{d}t$
$=2\displaystyle\int_0^2 (t-1)\mathrm{d}t+2\int_0^2 \dfrac{1}{1+t}\mathrm{d}t$
$=(t-1)^2\Big|_0^2+2\ln(t+1)\Big|_0^2=2\ln 3.$

6. 因为 $t=\dfrac{\pi}{4}$ 时，$x=\dfrac{\sqrt{2}}{2}$，$y=0$，且
$$\dfrac{\mathrm{d}y}{\mathrm{d}x}\Big|_{t=\frac{\pi}{4}}=\dfrac{-2\sin 2t}{\cos t}\Big|_{t=\frac{\pi}{4}}=-2\sqrt{2},$$
故曲线在 $\left(\dfrac{\sqrt{2}}{2},0\right)$ 点处的切线方程为 $y=-2\sqrt{2}\left(x-\dfrac{\sqrt{2}}{2}\right)$，即 $2\sqrt{2}x+y=2.$

7. 两边微分，得 $\mathrm{e}^{y^2}\mathrm{d}y=2x\cos x^2\,\mathrm{d}x$，故 $\dfrac{\mathrm{d}y}{\mathrm{d}x}=2x\cos x^2\,\mathrm{e}^{-y^2}.$

2007—2008 年第一学期 高等数学（180 学时）试题 B 卷

一、试解下列各题（每小题 6 分，共 48 分）

1. 计算 $\lim\limits_{x\to 0}\dfrac{\arctan x-x}{\ln(1+2x^3)}$.

2. 计算 $\int_0^1 \dfrac{\ln(1+x)}{(2-x)^2}\,\mathrm{d}x$.

3. 计算积分：$\int_1^{+\infty}\dfrac{\arctan x}{x^2}\,\mathrm{d}x$.

4. 已知两曲线由 $y=f(x)$ 与 $xy+\mathrm{e}^{x+y}=1$ 所确定，且在点 $(0,0)$ 处的切线相同，写出此切线方程，并求极限 $\lim\limits_{n\to\infty} nf\left(\dfrac{2}{n}\right)$.

5. 设 $\begin{cases} x=\cos t^2, \\ y=t\cos t^2-\int_1^{t^2}\dfrac{1}{2\sqrt{u}}\cos u\,\mathrm{d}u, \end{cases}$ 试求 $\dfrac{\mathrm{d}y}{\mathrm{d}x},\dfrac{\mathrm{d}^2y}{\mathrm{d}x^2}\bigg|_{t=\sqrt{\frac{\pi}{2}}}$ 的值.

6. 确定函数 $f(x)=\lim\limits_{t\to x}\left(\dfrac{\sin t}{\sin x}\right)^{\frac{x}{\sin t-\sin x}}$ 的间断点，并判定间断点的类型.

7. 设 $y=\dfrac{1}{x(1-x)}$，求 $y^{(n)}$.

8. 求位于曲线 $y=x\mathrm{e}^{-x}\ (x\geqslant 0)$ 下方，x 轴上方之图形面积.

二、（12 分）设 $f(x)$ 具有二阶连续导数，且 $f(a)=0$，

$$g(x)=\begin{cases} \dfrac{f(x)}{x-a}, & x\neq a, \\ A, & x=a. \end{cases}$$

(1) 试确定 A 的值，使 $g(x)$ 在 $x=a$ 处连续.

(2) 求 $g'(x)$.

(3) 证明：$g'(x)$ 在 $x=a$ 处连续.

三、(15 分) 设 $P(x,y)$ 为曲线

$$L: \begin{cases} x = \cos t, \\ y = 2\sin^2 t \end{cases} \quad (0 \leqslant t \leqslant \frac{\pi}{2})$$

上一点，作过原点 $O(0,0)$ 和点 P 的直线 OP，由曲线 L、直线 OP 以及 x 轴所围成的平面图形记为 A.
(1) 将 y 表成 x 的函数.
(2) 求平面图形 A 的面积 $S(x)$ 的表达式.
(3) 将平面图形 A 的面积 $S(x)$ 表成 t 的函数 $S = S(t)$，并求 $\dfrac{dS}{dt}$ 取得最大值时点 P 的坐标.

四、(15 分) 已知函数 $y = \dfrac{x^2 - 5}{x - 3}$，求
(1) 函数 $f(x)$ 的单调增加、单调减少区间，极大、极小值；
(2) 函数图形的凸性区间、拐点、渐近线.

五、(10 分) 设函数 $f(x)$ 在 $[-l, l]$ 上连续，在 $x = 0$ 处可导，且 $f'(0) \neq 0$.
(1) 证明：对于任意 $x \in (0, l)$，至少存在一个 $\theta \in (0, 1)$，使

$$\int_0^x f(t)dt + \int_0^{-x} f(t)dt = x(f(\theta x) - f(-\theta x)).$$

(2) 求极限 $\lim\limits_{x \to 0^+} \theta$.

2002—2003年第二学期
高等数学（180学时）试题 A 卷

一、填空题（每小题 4 分，共 20 分）

1. $u = \ln(x+\sqrt{y^2+z^2})$ 在点 $A(1,0,1)$ 处沿点 A 指向 $B(3,-2,2)$ 方向的方向导数为_____.

2. 方程 $y''-y=e^x$ 的特解形式_____.

3. 设 $D=\{(x,y)|x^2+y^2\leqslant \rho^2\}$，$f$ 为连续函数，则
$$\lim_{\rho\to 0}\frac{1}{\pi\rho^2}\iint_D f(x,y)\mathrm{d}x\mathrm{d}y = \underline{\quad\quad}.$$

4. 设周期为 2 的函数 $f(x)$ 在 $[-1,1]$ 上的表达式为 $f(x)=|x|$，它的傅里叶级数的和函数为 $s(x)$，则 $s(-5)=$_____.

5. 曲面 $F(x,y,z)=4x^2+4z^2-17y^2+2y-1=0$，在点 $M(2,1,0)$ 处的切平面方程为_____.

二、计算下列各题（每小题 7 分，共 35 分）

1. 求微分方程 $(2x-xy^2)\mathrm{d}x+(3y-x^2y)\mathrm{d}y=0$ 满足 $y(2)=1$ 的特解.

2. 讨论函数
$$f(x,y)=\begin{cases}\dfrac{\sin 2(x+y)}{x+y}, & x+y\neq 0,\\ 2, & x+y=0\end{cases}$$
在点 $(0,0)$ 处的连续性.

3. 交换 $\int_1^e \mathrm{d}x \int_0^{\ln x} f(x,y)\mathrm{d}y$ 的积分次序.

4. 设 L 是由 $|y|=1-x^2$ $(-1\leqslant x\leqslant 1)$ 表示的正向曲线，求 $\oint_L \dfrac{2x\mathrm{d}x+y\mathrm{d}y}{2x^2+y^2}$ 的值.

5. 设 S 为 $x^2+y^2+z^2=4$，求 $\oiint_S (x^2+y^2)\mathrm{d}S$.

三、(10 分) 设 $z=f(\mathrm{e}^x\sin y,y)$，$f$ 有二阶连续偏导数，求 $\dfrac{\partial^2 z}{\partial x^2}$，$\dfrac{\partial^2 z}{\partial x\partial y}$．

四、(8 分) 求曲面 $xy-z^2+1=0$ 上离原点最近的点．

五、(10 分) 设 S 是空间立体 Ω：$x^2+y^2+z^2\leqslant 2Rz$，$x^2+y^2\leqslant 3z^2$ 的整个表面外侧，计算 $\oiint\limits_{S} x^3\mathrm{d}y\mathrm{d}z+y^3\mathrm{d}x\mathrm{d}z+z^3\mathrm{d}x\mathrm{d}y$．

六、(12 分) 试确定可微函数 $\varphi(x)$ (已知 $\varphi(1)=0$)，使曲线积分
$$I=\int_L (x-\varphi(x))\dfrac{y}{x}\mathrm{d}x+\varphi(x)\mathrm{d}y$$
与路径无关，并求当 L 的起点为 $A(1,0)$，终点为 $B(\pi,\pi)$ 时此积分的值．

七、(5 分) 设 $f(x)$ 在 $[-1,1]$ 上连续，且 Ω：$x^2+y^2+z^2\leqslant 1$，证明：
$$\iiint\limits_{\Omega}f(x)\mathrm{d}x\mathrm{d}y\mathrm{d}z=\pi\int_{-1}^{1}f(x)(1-x^2)\mathrm{d}x.$$

2002—2003 年第二学期高等数学 (180 学时) 试题 A 卷答案

一、1. $\dfrac{1}{2}$； 2. $y^*=Ax\mathrm{e}^x$； 3. $f(0,0)$； 4. 1； 5. $x=2y$．

二、1. 原方程等价于 $2x\mathrm{d}x-xy(y\mathrm{d}x+x\mathrm{d}y)+3y\mathrm{d}y=0$，即
$$\mathrm{d}\left(x^2-\dfrac{1}{2}x^2y^2+\dfrac{3}{2}y^2\right)=0,$$
则原方程的通解为 $x^2-\dfrac{1}{2}x^2y^2+\dfrac{3}{2}y^2=C$．由初始条件得 $C=\dfrac{7}{2}$，故原方程的特解为 $x^2-\dfrac{1}{2}x^2y^2+\dfrac{3}{2}y^2=\dfrac{7}{2}$．

2. 因 $\lim\limits_{(x,y)\to(0,0)}\dfrac{\sin 2(x+y)}{x+y}=2=f(0,0)$，故函数 $f(x,y)$ 在点 $(0,0)$ 处连续．

3. $\int_1^{\mathrm{e}}\mathrm{d}x\int_0^{\ln x}f(x,y)\mathrm{d}y=\int_0^1\mathrm{d}y\int_{\mathrm{e}^y}^{\mathrm{e}}f(x,y)\mathrm{d}x$．

4. 在 L 所围区域的包含原点的足够小的邻域内作一小椭圆 $L_1: 2x^2+y^2=\varepsilon^2$，取逆时针方向，则有

$$\oint_L \frac{2x\,dx+y\,dy}{2x^2+y^2}+\oint_{L_1^-}\frac{2x\,dx+y\,dy}{2x^2+y^2}=\iint_D 0\,dx\,dy=0.$$

故 $\oint_L \dfrac{2x\,dx+y\,dy}{2x^2+y^2}=\oint_{L_1}\dfrac{2x\,dx+y\,dy}{2x^2+y^2}=\dfrac{1}{\varepsilon^2}\oint_{L_1} 2x\,dx+y\,dy=0.$

5. $\displaystyle\oiint_S (x^2+y^2)\,dS = 2\iint_{x^2+y^2\leqslant 4}\frac{2(x^2+y^2)\,dx\,dy}{\sqrt{4-x^2-y^2}}$

$$=2\int_0^{2\pi}d\theta\int_0^2 \frac{2r^3\,dr}{\sqrt{4-r^2}}=\frac{128\pi}{3},$$

或由图形的对称性，有

$$I=\oiint_S (x^2+y^2)\,dS=\frac{2}{3}\oiint_S (x^2+y^2+z^2)\,dS$$

$$=\frac{2}{3}\cdot 4\cdot 4\pi\cdot 2^2=\frac{128\pi}{3}.$$

三、解 $z'_x = f'_1\cdot e^x\sin y,$

$z''_{xx} = e^x\sin y\cdot f'_1 + e^{2x}\sin^2 y\cdot f''_{11},$

$z''_{xy} = e^x\cos y\cdot f'_1 + e^x\sin y\cdot(f''_{11}\cdot e^x\cos y+f''_{12}).$

四、解 由于 $d^2 = x^2+y^2+z^2$，构造拉格朗日函数

$$L = x^2+y^2+z^2+\lambda(xy-z^2+1).$$

由

$$\begin{cases} L'_x = 2x+\lambda y = 0, \\ L'_y = 2y+\lambda x = 0, \\ L'_z = 2z-2\lambda z = 0, \\ L'_\lambda = xy-z^2+1 = 0, \end{cases}$$

得 $x=y=0, z=\pm 1$. 由于原问题的解一定存在，故离原点最近的点为 $(0,0,\pm 1)$.

六、解 由于积分与路径无关，故有 $\varphi'(x) = \dfrac{x-\varphi(x)}{x}$，即

$$\varphi' + \frac{1}{x}\varphi = 1.$$

解此方程，得 $\varphi(x)=\dfrac{1}{x}\left(C+\dfrac{x^2}{2}\right).$ 代入 $\varphi(1)=0$，得 $C=-\dfrac{1}{2}$. 故 $\varphi(x)=$

$\dfrac{x^2-1}{2x}$. 此时

$$I = \int_A^B \dfrac{1}{2}\left(1+\dfrac{1}{x^2}\right)y\,\mathrm{d}x + \dfrac{1}{2}\left(x-\dfrac{1}{x}\right)\mathrm{d}y$$
$$= \dfrac{1}{2}\left(x-\dfrac{1}{x}\right)y\,\bigg|_{(1,0)}^{(\pi,\pi)} = \dfrac{\pi^2-1}{2}.$$

七、证 $\displaystyle\iiint_\Omega f(x)\,\mathrm{d}x\,\mathrm{d}y\,\mathrm{d}z = \int_{-1}^1 f(x)\,\mathrm{d}x \iint_{y^2+z^2\leqslant 1-x^2}\mathrm{d}y\,\mathrm{d}z$
$$= \int_{-1}^1 \pi f(x)(1-x^2)\,\mathrm{d}x$$
$$= \pi\int_{-1}^1 f(x)(1-x^2)\,\mathrm{d}x.$$

2002—2003年第二学期 高等数学（180学时）试题 B 卷

一、填空题（每小题 4 分，共 20 分）

1. 函数 $f(x,y) = e^x \cos y$ 在点 $P_0(0,0)$ 沿方向 $S_0 = \left(\dfrac{1}{2}, \dfrac{\sqrt{3}}{2}\right)$ 的方向导数为 _____.

2. 设 L 是以 $O(0,0), A(1,0), B(0,1)$ 为顶点的三角形的边界，则 $\displaystyle\int_L (x+y)\,dS = $ _____.

3. 二重极限 $\displaystyle\lim_{(x,y)\to(\infty,\infty)} \dfrac{x^2+y^2}{x^4+y^4} = $ _____.

4. 曲面 $F(x,y,z) = x^2 + xy^2 + y^3 - z + 1 = 0$，在点 $M(2,-1,6)$ 处的切平面方程为 _____.

5. 设周期为 6 的函数 $f(x)$ 在 $[-3,3]$ 上的表达式为
$$f(x) = \begin{cases} x+1, & -3 \leq x < 0, \\ 0, & 0 \leq x < 3, \end{cases}$$
它的傅里叶级数的和函数为 $S(x)$，则 $S(-7) = $ _____.

二、求解下列各题（每小题 7 分，共 35 分）

1. 求微分方程 $y^2\,dx - (y^2 + 2xy - x)\,dy = 0$ 的通解.

2. 函数
$$f(x,y) = \begin{cases} \dfrac{\sin xy}{x^2+y^2}, & (x,y) \neq (0,0), \\ 0, & (x,y) = (0,0) \end{cases}$$
在点 $(0,0)$ 处是否连续？是否偏导数存在？

3. 求曲线积分 $\displaystyle\int_L -y^2\,dx + x^2\,dy$，其中 L 是曲线 $y = x(1-x)$ 上从点 $(0,0)$ 到点 $(1,0)$ 的一条曲线段.

4. 计算二重积分 $I = \iint\limits_{\substack{-1 \leqslant x \leqslant 1 \\ 0 \leqslant y \leqslant 1}} |y - x^2| \, dx \, dy$.

5. 设 $\Omega = \{(x,y,z) \mid 0 \leqslant x^2 + y^2 \leqslant 1, \sqrt{x^2+y^2} \leqslant z \leqslant 1\}$，计算三重积分 $\iiint\limits_{\Omega} x^2 \, dx \, dy \, dz$.

三、(9 分) 设方程 $F\left(x + \dfrac{z}{y}, y + \dfrac{z}{x}\right) = 0$ 确定了隐函数 $z = z(x,y)$，求 $x \dfrac{\partial z}{\partial x} + y \dfrac{\partial z}{\partial y}$.

四、(9 分) 在曲面 $a\sqrt{x} + b\sqrt{y} + c\sqrt{z} = 1$ ($a > 0, b > 0, c > 0$) 上作切平面，使得切平面与三坐标平面所围成的体积最大，求切点的坐标.

五、(10 分) 计算 $\iint\limits_{\Sigma} x \, dy \, dz + y \, dx \, dz + z \, dx \, dy$，$\Sigma: x^2 + y^2 + z^2 = a^2, z \geqslant 0$ 的上侧.

六、(10 分) 设 $f(x)$ 为二阶可导函数，且 $f(x) = \sin x + \int_0^x (x-t) f(t) \, dt$，试求 $f(x)$.

七、(7 分) 设函数
$$f(x,y) = \begin{cases} xy \dfrac{x^2 - y^2}{x^2 + y^2}, & (x,y) \neq (0,0), \\ 0, & (x,y) = (0,0), \end{cases}$$
证明：$f''_{xy}(0,0) \neq f''_{yx}(0,0)$.

2002—2003 年第二学期高等数学 (180 学时) 试题 B 卷答案

一、1. $\dfrac{1}{2}$;   2. $\sqrt{2}+1$;   3. 0;   4. $3x+y-z+1=0$;   5. 0.

二、1. 方程可变为

$$\frac{\mathrm{d}x}{\mathrm{d}y} = \frac{2y-1}{y^2} \cdot x + 1.$$

这是一个一阶线性微分方程,其通解为 $x = Cy^2 \cdot e^{\frac{1}{y}} + y^2$.

2. 函数在原点不连续. 事实上,取 $y = kx$, $k \neq 0$ 时,有

$$\lim_{(x,y) \to (0,0)} \frac{\sin xy}{x^2 + y^2} = \lim_{x \to 0} \frac{\sin kx^2}{(k^2+1)x^2} = \frac{k}{k^2+1},$$

其值与 k 相关,故 $\lim_{(x,y) \to (0,0)} f(x,y)$ 不存在. 因

$$\lim_{x \to 0} \frac{\frac{\sin(x \cdot 0)}{x^2 + 0^2} - 0}{x} = \lim_{x \to 0} \frac{0}{x} = 0,$$

故函数在原点处关于 x 的偏导数存在,为零. 同理可证,关于 y 的偏导数存在,也为零.

3. 直接将曲线方程代入积分表达式,有

$$\int_L -y^2 \mathrm{d}x + x^2 \mathrm{d}y = \int_0^1 [-x^2(1-x)^2 + x^2(1-2x)] \mathrm{d}x$$
$$= \int_0^1 -x^4 \mathrm{d}x = -\frac{1}{5}.$$

4. 曲线 $y = x^2$ 把积分区域分成 D_1, D_2 两部分,其中 $D_1: -1 \leqslant x \leqslant 1$, $x^2 \leqslant y \leqslant 1$; $D_2: -1 \leqslant x \leqslant 1$, $0 \leqslant y \leqslant x^2$. 于是

$$I = \iint_{D_1} (y-x^2) \mathrm{d}x \mathrm{d}y + \iint_{D_2} (x^2-y) \mathrm{d}x \mathrm{d}y$$
$$= \int_{-1}^1 \mathrm{d}x \int_{x^2}^1 (y-x^2) \mathrm{d}y + \int_{-1}^1 \mathrm{d}x \int_0^{x^2} (x^2-y) \mathrm{d}y = \frac{11}{15}.$$

5. 由积分区域的对称性,有

$$I = \iiint_\Omega x^2 \mathrm{d}x \mathrm{d}y \mathrm{d}z = \frac{1}{2} \iiint_\Omega (x^2+y^2) \mathrm{d}x \mathrm{d}y \mathrm{d}z$$
$$= \frac{1}{2} \int_0^{2\pi} \mathrm{d}\theta \int_0^1 \mathrm{d}\rho \int_\rho^1 \rho^2 \cdot \rho \mathrm{d}z = \pi \int_0^1 \rho^3(1-\rho) \mathrm{d}\rho = \frac{\pi}{20}.$$

三、解 对隐函数两边直接微分,有

$$F_1'\left(\mathrm{d}x + \frac{y \mathrm{d}z - z \mathrm{d}y}{y^2}\right) + F_2'\left(\mathrm{d}y + \frac{x \mathrm{d}z - z \mathrm{d}x}{x^2}\right) = 0.$$

故

$$\mathrm{d}z = \frac{zF_2' - y^2 F_1'}{yF_1' + xF_2'} \mathrm{d}x + \frac{zF_1' - x^2 F_2'}{yF_1' + xF_2'} \mathrm{d}y.$$

得 $z'_x = \dfrac{zF'_2 - y^2 F'_1}{yF'_1 + xF'_2}$, $z'_y = \dfrac{zF'_1 - x^2 F'_2}{yF'_1 + xF'_2}$. 从而

$$x\frac{\partial z}{\partial x} + y\frac{\partial z}{\partial y} = \frac{(zF'_2 - y^2 F'_1)x + (zF'_1 - x^2 F'_2)y}{yF'_1 + xF'_2} = z - xy.$$

四、解 设切点坐标为 (x_0, y_0, z_0)，则切平面方程为

$$\frac{a}{2\sqrt{x_0}}(x - x_0) + \frac{b}{2\sqrt{y_0}}(y - y_0) + \frac{c}{2\sqrt{z_0}}(z - z_0) = 0,$$

即 $\dfrac{x}{\sqrt{x_0}/a} + \dfrac{y}{\sqrt{y_0}/b} + \dfrac{z}{\sqrt{z_0}/c} = 1$. 故体积为

$$V = \frac{1}{6} \cdot \frac{\sqrt{x_0}}{a} \cdot \frac{\sqrt{y_0}}{b} \cdot \frac{\sqrt{z_0}}{c}.$$

设 $\sqrt{x_0} = x, \sqrt{y_0} = y, \sqrt{z_0} = z$，构造拉格朗日函数

$$L(x, y, z, \lambda) = xyz + \lambda(ax + by + cz - 1).$$

易得当 $ax = by = cz = \dfrac{1}{3}$ 时，体积取最大值. 故切点坐标为 $\left(\dfrac{1}{9a^2}, \dfrac{1}{9b^2}, \dfrac{1}{9c^2}\right)$.

五、解 补上平面 $\Sigma_1: z = 0, x^2 + y^2 \leqslant a^2$，方向向下，则由高斯公式有

$$\iint\limits_{\Sigma} x\,dy\,dz + y\,dx\,dz + z\,dx\,dy + \iint\limits_{\Sigma_1} x\,dy\,dz + y\,dx\,dz + z\,dx\,dy$$

$$= \iiint\limits_{\Omega} 3\,dx\,dy\,dz = 3 \cdot \frac{2}{3}\pi a^3 = 2\pi a^3.$$

因 $\iint\limits_{\Sigma_1} x\,dy\,dz + y\,dx\,dz + z\,dx\,dy = 0$，故 $\iint\limits_{\Sigma} x\,dy\,dz + y\,dx\,dz + z\,dx\,dy = 2\pi a^3$.

六、解 由题设，有

$$f(x) = \sin x + x\int_0^x f(t)\,dt - \int_0^x tf(t)\,dt, \qquad \text{①}$$

故

$$f'(x) = \cos x + \int_0^x f(t)\,dt, \qquad \text{②}$$

可得

$$f''(x) - f(x) = -\sin x.$$

此方程的通解为

$$f(x) = C_1 e^x + C_2 e^{-x} - \frac{1}{2}\sin x.$$

由 ①,② 知，$f(x)$ 满足 $f(0) = 0$，$f'(0) = 1$，故 $C_1 = \dfrac{3}{4}$，$C_2 = -\dfrac{3}{4}$. 因此
$f(x) = \dfrac{3}{4}e^x - \dfrac{3}{4}e^{-x} - \dfrac{1}{2}\sin x$.

七、证 易求得

$$f'_x(x,y) = \begin{cases} \dfrac{x^4 y + 4x^2 y^3 - y^5}{(x^2 + y^2)^2}, & (x,y) \neq (0,0), \\ 0, & (x,y) = (0,0), \end{cases}$$

$$f'_y(x,y) = \begin{cases} -\dfrac{xy^4 + 4x^3 y^2 - x^5}{(x^2 + y^2)^2}, & (x,y) \neq (0,0), \\ 0, & (x,y) = (0,0). \end{cases}$$

因

$$f''_{xy}(0,0) = \lim_{y \to 0} \dfrac{\dfrac{0^4 y + 4 \cdot 0^2 y^3 - y^5}{(0^2 + y^2)^2} - 0}{y} = -1,$$

$$f''_{yx}(0,0) = \lim_{x \to 0} \dfrac{-\dfrac{x \cdot 0^4 + 4x^3 \cdot 0^2 - x^5}{(x^2 + 0^2)^2}}{x} = 1,$$

故 $f''_{xy}(0,0) \neq f''_{yx}(0,0)$.

2003—2004年第二学期
高等数学（180学时）试题 A 卷

一、填空题（每小题 4 分，共 20 分）

1. 曲线 $x=t^3, y=2t, z=t$ 上相应于 $y=2$ 的点处的切线方程是_____.

2. $u=z\arctan\dfrac{y}{x}$ 在点 $A(1,0,1)$ 处沿点 A 指向点 $B(3,-2,2)$ 方向的方向导数为_____.

3. 设 $V=\{(x,y,z)\,|\,x^2+y^2+z^2\leqslant \rho^2\}$，则 $\lim\limits_{\rho\to 0}\dfrac{1}{\pi\rho^3}\iiint\limits_{V}e^{x^4+y^4+z^4}\,dx\,dy\,dz$ =_____.

4. 设周期为 4 的偶函数 $f(x)$ 在 $[0,2]$ 上的表达式为 $f(x)=x$，它的傅里叶级数的和函数为 $s(x)$，则 $s(-5)=$_____.

5. 微分方程 $y^{(4)}-y=0$ 的通解是_____.

二、计算下列各题（每小题 7 分，共 35 分）

1. 求微分方程 $y''+3y'+2y=4e^{-2x}$ 的通解.

2. 设 f 具有二阶连续偏导数，且 $z=xf\left(x,\dfrac{y}{x}\right)$，求 $\dfrac{\partial^2 z}{\partial x\partial y}$.

3. 计算 $I=\int_1^2 dx\int_{\sqrt{x}}^{x}\sin\dfrac{\pi x}{2y}\,dy+\int_2^4 dx\int_{\sqrt{x}}^{2}\sin\dfrac{\pi x}{2y}\,dy$.

4. 计算 $I=\int_L(e^x\sin y-my)dx+(e^x\cos y-m)dy$，其中 L 为从点 $A(a,a)$ 沿曲线 $y=\sqrt{2ax-x^2}$ 到点 $O(0,0)$ 的曲线弧 $(a>0)$.

5. 计算 $\iint\limits_S(x^2\cos\alpha+y^2\cos\beta+z^2\cos\gamma)dS$，其中 S 为锥面 $x^2+y^2=z^2$ 上位于 $0\leqslant z\leqslant h$ 的部分，而 $\cos\alpha,\cos\beta,\cos\gamma$ 为 S 的外法线的方向余弦.

三、（10 分）讨论函数

$$f(x,y)=\begin{cases}\dfrac{xy}{\sqrt{x^2+y^2}}, & x^2+y^2\neq 0,\\ 0, & x^2+y^2=0\end{cases}$$

在$(0,0)$处的连续性、可导性、可微性.

四、(10分) 求旋转椭球面$x^2+y^2+\dfrac{z^2}{4}=1$在第一卦限部分上的一点,使该点处的切平面与三坐标面所围成的四面体的体积最小.

五、(10分) 试将$I=\displaystyle\int_0^1 \mathrm{d}x\int_0^{\sqrt{1-x^2}}\mathrm{d}y\int_{\sqrt{x^2+y^2}}^{\sqrt{2-x^2-y^2}} z^2\mathrm{d}z$分别表示为柱面坐标和球面坐标下的三次积分,并计算其值.

六、(8分) 试确定可微函数$\varphi(x)$(已知$\varphi(1)=1$),使曲线积分
$$I=\int_L y\varphi(x)\mathrm{d}x+(2x\varphi(x)-x^2)\mathrm{d}y$$
在右半平面$(x>0)$与路径无关.

七、(7分) 设$z=f(x,y)$在平面有界闭区域D上具有二阶连续偏导数,且$\dfrac{\partial^2 z}{\partial x^2}+\dfrac{\partial^2 z}{\partial y^2}\equiv 0$,$\dfrac{\partial^2 z}{\partial x\partial y}\neq 0$,在$D$内处处成立,证明:$z$的最大值与最小值只能在$D$的边界上达到.

2003—2004年第二学期高等数学(180学时)试题A卷答案

一、 1. $\dfrac{x-1}{3}=\dfrac{y-2}{2}=\dfrac{z-1}{1}$;   2. $-\dfrac{2}{3}$;   3. $\dfrac{4}{3}$;   4. 1;

5. $y=C_1\mathrm{e}^x+C_2\mathrm{e}^{-x}+C_3\sin x+C_4\cos x.$

二、 1. 对应的齐次微分方程的通解为
$$y=C_1\mathrm{e}^{-x}+C_2\mathrm{e}^{-2x}.$$
设非齐次方程的特解为$y^*=Ax\mathrm{e}^{-2x}$,代入方程可求得$A=-4$. 故原方程的通解为$y=C_1\mathrm{e}^{-x}+C_2\mathrm{e}^{-2x}-4x\mathrm{e}^{-2x}.$

2. $\dfrac{\partial z}{\partial x} = f + x\left[f_1' + f_2' \cdot \left(-\dfrac{y}{x^2}\right)\right] = f + xf_1' - \dfrac{y}{x}f_2'$,

$\dfrac{\partial^2 z}{\partial x \partial y} = \dfrac{1}{x}f_2' + xf_{12}'' \cdot \dfrac{1}{x} - \dfrac{f_2''}{x} - \dfrac{y}{x}f_{22}'' \cdot \dfrac{1}{x} = f_{12}'' - \dfrac{y}{x^2}f_{22}''$.

3. 原式 $= \int_1^2 dy \int_y^{y^2} \sin\dfrac{\pi x}{2y} dx = \int_1^2 \left(-\dfrac{2y}{\pi}\cos\dfrac{\pi x}{2y}\right)\bigg|_y^{y^2} dy$

$= -\int_1^2 \dfrac{2}{\pi} y \cos\dfrac{\pi y}{2} dy = \dfrac{4}{\pi^2} - \dfrac{4}{\pi^2}\left(\dfrac{2}{\pi}\cos\dfrac{\pi y}{2}\right)\bigg|_1^2$

$= \dfrac{8}{\pi^3}\left(\dfrac{\pi}{2} + 1\right)$.

4. 设 $B(a,0)$，则由格林公式，有

$$I + \int_{OB} + \int_{BA} = -\iint_D m \, dx \, dy = -\dfrac{m}{4}\pi a^2.$$

因

$$\int_{OB} = 0, \quad \int_{BA} = \int_0^a (e^a \cos y - m) dy = e^a \sin a - ma,$$

故 $I = ma - e^a \sin a - \dfrac{m}{4}\pi a^2$.

5. 补上平面 $\Sigma: x^2 + y^2 \leqslant h^2, z = h$，方向向上，则由高斯公式有

$$\iint_S + \iint_\Sigma = \iiint_\Omega (2x + 2y + 2z) dx \, dy \, dz = \iiint_\Omega 2z \, dx \, dy \, dz$$

$$= \int_0^h 2z \, dz \iint_{x^2+y^2 \leqslant z^2} dx \, dy = \int_0^h 2z \cdot \pi z^2 dz = \dfrac{1}{2}\pi h^4.$$

因 $\iint_\Sigma = \iint_\Sigma z^2 dx \, dy = h^2 \cdot \pi h^2$，故原积分等于 $-\dfrac{1}{2}\pi h^4$.

三、解 仅给出答案：$f(x,y)$ 在 $(0,0)$ 处不连续，但偏导数存在，函数不可微.

四、解 设切点坐标为 (x_0, y_0, z_0)，则切平面方程为

$$2x_0(x - x_0) + 2y_0(y - y_0) + \dfrac{z_0}{2}(z - z_0) = 0,$$

即 $x_0 x + y_0 y + \dfrac{1}{4}z_0 z = 1$. 故四面体的体积为 $V = \dfrac{1}{6} \cdot \dfrac{1}{x_0} \cdot \dfrac{1}{y_0} \cdot \dfrac{4}{z_0}$. 构造拉格朗日函数

$$L(x,y,z) = \dfrac{2}{3}\dfrac{1}{xyz} + \lambda\left(x^2 + y^2 + \dfrac{z^2}{4} - 1\right).$$

由
$$\begin{cases} L'_x = -\dfrac{2}{3x^2yz} + 2\lambda x = 0, \\ L'_y = -\dfrac{2}{3xy^2z} + 2\lambda y = 0, \\ L'_z = -\dfrac{2}{3xyz^2} + \dfrac{\lambda}{2}z = 0, \\ L'_\lambda = x^2 + y^2 + \dfrac{z^2}{4} - 1 = 0, \end{cases}$$

可解得 $x = y = \dfrac{\sqrt{2}}{\sqrt{5}}$, $z = \dfrac{2}{\sqrt{5}}$, 可知在切点 $\left(\dfrac{\sqrt{2}}{\sqrt{5}}, \dfrac{\sqrt{2}}{\sqrt{5}}, \dfrac{2}{\sqrt{5}}\right)$ 处体积最小.

五、解 柱面坐标下的积分表达式为
$$I = \int_0^{\frac{\pi}{2}} d\theta \int_0^1 \rho \, d\rho \int_\rho^{\sqrt{2-\rho^2}} z^2 \, dz = \dfrac{\pi}{2} \int_0^1 \rho \cdot \dfrac{1}{3}\left[(2-\rho^2)^{\frac{3}{2}} - \rho^3\right] d\rho$$
$$= \dfrac{\pi}{6}\left[-\dfrac{1}{5}(2-\rho^2)^{\frac{5}{2}} - \dfrac{1}{5}\rho^5\right]\Big|_0^1 = \dfrac{\pi}{15}(2\sqrt{2} - 1).$$

球面坐标下的积分表达式为
$$I = \int_0^{\frac{\pi}{2}} d\theta \int_0^{\frac{\pi}{4}} d\varphi \int_0^{\sqrt{2}} r^2 \cos^2\varphi \cdot r^2 \sin\varphi \, d\varphi = \dfrac{\pi}{2} \int_0^{\frac{\pi}{4}} \dfrac{4\sqrt{2}}{5} \cos^2\varphi \sin\varphi \, d\varphi$$
$$= -\dfrac{2\sqrt{2}}{15}\pi \cos^3\varphi \Big|_0^{\frac{\pi}{4}} = \dfrac{\pi}{15}(2\sqrt{2} - 1).$$

六、解 由于积分与路径无关, 有 $2\varphi(x) + 2x\varphi'(x) - 2x = \varphi(x)$, 故
$$\varphi'(x) + \dfrac{1}{2x}\varphi(x) = 1.$$

此方程的通解为 $\varphi(x) = \dfrac{C}{\sqrt{x}} + \dfrac{2}{3}x$. 由 $\varphi(1) = 1$ 可得 $C = \dfrac{1}{3}$, 故
$$\varphi(x) = \dfrac{1}{3\sqrt{x}} + \dfrac{2}{3}x.$$

七、证 设某点 (x_0, y_0) 为函数 $z = f(x, y)$ 在 D 的内部的极值点, 则因函数具有二阶连续偏导数, 故该点为驻点. 设
$$A = f''_{xx}(x_0, y_0), \quad B = f''_{xy}(x_0, y_0), \quad C = f''_{yy}(x_0, y_0).$$
由题设条件, 有 $AC - B^2 < 0$. 由极值的判定定理, (x_0, y_0) 不是极值点, 矛盾! 故 z 的最大值与最小值只能在 D 的边界上达到.

2003—2004年第二学期
高等数学(180学时)试题 B 卷

一、填空题(每小题4分,共20分)

1. 曲面 $\sin xy + \sin yz + \sin zx = 1$ 在点 $\left(1, \dfrac{\pi}{2}, 0\right)$ 处的切平面方程为_____.

2. 函数 $f(x,y) = x^2 - xy + 2y^2$ 在指定点 $(1,-1)$ 沿指定方向 $s = \left(\dfrac{3}{5}, \dfrac{4}{5}\right)$ 的方向导数是_____.

3. 设 $f(x,y) = \arctan\dfrac{y}{x}$, $x \neq 0$,则 $(f'_x(x,y))^2 + (f'_y(x,y))^2 =$ _____.

4. 设周期为2的奇函数 $f(x)$ 在 $[-1,0]$ 上的表达式为 $f(x) = x+1$,它的傅里叶级数的和函数为 $S(x)$,则 $S(-4) = $ _____.

5. 设 $f(x)$ 在区间 $[0,1]$ 上连续,且 $\int_0^1 f(x)\,\mathrm{d}x = A$,则
$$\int_0^1 \mathrm{d}x \int_x^1 f(x)f(y)\,\mathrm{d}y = \underline{\qquad}.$$

二、解下列各题(每小题7分,共35分)

1. 验证函数 $z = xf\left(\dfrac{y}{x^2}\right)$ $(x \neq 0)$ 满足方程式 $x\dfrac{\partial z}{\partial x} + 2y\dfrac{\partial z}{\partial y} = z$,其中 f 为任意的可微函数.

2. 求微分方程 $y'' - 3y' + 2y = xe^{2x}$ 的通解.

3. 计算二重积分:$\iint\limits_{D} \sin\sqrt{x^2+y^2}\,\mathrm{d}x\mathrm{d}y$, $D: \pi^2 \leqslant x^2+y^2 \leqslant 4\pi^2$.

4. 计算线积分 $\int_L z\,\mathrm{d}x + x\,\mathrm{d}y + yz\,\mathrm{d}z$,其中 L 是曲线 $x = \cos t$, $y = \sin t$, $z = t$ 上从点 $A(1,0,0)$ 到点 $B(1,0,2\pi)$ 的一条曲线段.

5. 讨论函数

$$f(x,y) = \begin{cases} \dfrac{xy}{|x|+|y|}, & (x,y) \neq (0,0), \\ 0, & (x,y) = (0,0) \end{cases}$$

在 $(0,0)$ 的连续性和可微性.

三、(9 分) 设 $\varphi(x)$ 二次可微,对任意闭曲线 c 有
$$\oint_c y(\varphi'(x)+\mathrm{e}^x)\mathrm{d}x+\varphi'(x)\mathrm{d}y = 0,$$
且 $\varphi(0) = 0$, $\varphi'(0) = 1$, 求 $\varphi(x)$.

四、(9 分) 设 $f(x,y)$ 为连续函数,
$$I = \int_{-1}^{0}\mathrm{d}x\int_{-x}^{1}f(x,y)\mathrm{d}y + \int_{0}^{1}\mathrm{d}x\int_{1-\sqrt{1-x^2}}^{1}f(x,y)\mathrm{d}y,$$
交换所给积分的积分次序.

五、(10 分) 计算 $\iint\limits_{\Sigma}\dfrac{ax\,\mathrm{d}y\mathrm{d}z+(z+a)^2\mathrm{d}x\mathrm{d}y}{(x^2+y^2+z^2)^{\frac{1}{2}}}$,其中 Σ 为下半球面 $z = -\sqrt{a^2-x^2-y^2}$ 的上侧, a 为大于零的常数.

六、(10 分) 求函数 $f(xyz) = x^2+y^2+z^2$ 在条件 $\dfrac{x^2}{a^2}+\dfrac{y^2}{b^2}+\dfrac{z^2}{c^2} = 1$ ($a > b > c$) 下的最大值与最小值.

七、(7 分) 求三重积分 $\iiint\limits_{\Omega}z\,\mathrm{d}x\mathrm{d}y\mathrm{d}z$,其中 Ω 是由球面 $x^2+y^2+z^2 = 4$ 与抛物面 $x^2+y^2 = 3z$ 所围成的区域.

2003—2004 年第二学期高等数学(180 学时)试题 B 卷答案

一、1. $z = 0$; 2. $-\dfrac{11}{5}$; 3. $\dfrac{1}{x^2+y^2}$; 4. 0; 5. $\dfrac{1}{2}A^2$.

二、1. 因 $\dfrac{\partial z}{\partial x} = f + xf' \cdot \left(-\dfrac{2y}{x^3}\right) = f - \dfrac{2y}{x^2}f'$, $\dfrac{\partial z}{\partial y} = xf' \cdot \dfrac{1}{x^2} = \dfrac{1}{x}f'$,故

$$x\frac{\partial z}{\partial x}+2y\frac{\partial z}{\partial y}=x\left(f-\frac{2y}{x^2}f'\right)+2y\cdot\frac{1}{x}f'=x\cdot f=z.$$

2. 微分方程所对应的齐次微分方程 $y''-3y'+2y=0$ 的通解为 $y=C_1\mathrm{e}^x+C_2\mathrm{e}^{2x}$. 设非齐次方程的特解为 $y^*=x(Ax+B)\mathrm{e}^{2x}$, 将其代入方程可得 $A=\frac{1}{2}$, $B=-1$. 故原方程的通解为

$$y=C_1\mathrm{e}^x+C_2\mathrm{e}^{2x}+x\left(\frac{1}{2}x-1\right)\mathrm{e}^{2x}.$$

3. $I=\int_0^{2\pi}\mathrm{d}\theta\int_\pi^{2\pi}\rho\sin\rho\,\mathrm{d}\rho=2\pi\left(-\rho\cos\rho\Big|_\pi^{2\pi}+\int_\pi^{2\pi}\cos\rho\,\mathrm{d}\rho\right)=-2\pi^2.$

4. 直接将曲线的参数方程代入积分表达式, 得

$$I=\int_0^{2\pi}[t(-\sin t)+\cos^2 t+t\sin t]\mathrm{d}t=\int_0^{2\pi}\cos^2 t\,\mathrm{d}t=\pi.$$

5. 函数在原点 $(0,0)$ 连续, 且用定义可说明偏导数存在, $f'_x(0,0)=0$, $f'_y(0,0)=0$. 因

$$\lim_{(x,y)\to(0,0)}\frac{\frac{xy}{|x|+|y|}-f'_x(0,0)x-f'_y(0,0)y}{\sqrt{x^2+y^2}}$$

不为零(取 $y=x\to 0$ 时), 故函数在原点不可微.

三、解 由题设知, $\varphi''(x)=\varphi'(x)+\mathrm{e}^x$. 易求得方程的通解为 $\varphi(x)=C_1\mathrm{e}^x+C_2+x\mathrm{e}^x$. 由初始条件可得 $C_1=C_2=0$, 故 $\varphi(x)=x\mathrm{e}^x$.

四、解 直接给出答案: $\int_0^1\mathrm{d}y\int_{-y}^{\sqrt{2y-y^2}}f(x,y)\mathrm{d}x.$

五、解 所给积分曲面不是封闭曲面, Σ 为下半球面 $z=-\sqrt{a^2-x^2-y^2}$ 的上侧. 注意到所给积分的被积函数中含有因子 $(x^2+y^2+z^2)^{-\frac{1}{2}}$, 因此不能补充曲面 Σ_1, 使 $\Sigma+\Sigma_1$ 为包含原点的封闭曲面而使用高斯公式. 只能考虑将其化为二重积分.

对于曲面 Σ 上的点 (x,y,z), 总有 $x^2+y^2+z^2=a^2$, 所以

$$\iint_\Sigma\frac{ax\mathrm{d}y\mathrm{d}z+(z+a)^2\mathrm{d}x\mathrm{d}y}{(x^2+y^2+z^2)^{\frac{1}{2}}}=\frac{1}{a}\iint_\Sigma ax\mathrm{d}y\mathrm{d}z+(z+a)^2\mathrm{d}x\mathrm{d}y. \quad ①$$

对于 $\iint_\Sigma ax\mathrm{d}y\mathrm{d}z$, 注意到 Σ 在 yOz 坐标平面上的投影 D_{yz} 为半圆: $y^2+z^2\leqslant a^2$, $z\leqslant 0$, 曲面 Σ 的方程可以表记为 $x^2=a^2-y^2-z^2$, $z\leqslant 0$, 可分为两

部分：$x=\sqrt{a^2-y^2-z^2}$，$z\leqslant 0$ 与 $x=-\sqrt{a^2-y^2-z^2}$，$z\leqslant 0$. 两个曲面投影到 yOz 坐标面的区域皆为 D_{yz}，因此

$$\iint_{\Sigma} ax\,dy\,dz = -\iint_{D_{yz}} a\sqrt{a^2-y^2-z^2}\,dy\,dz + \iint_{D_{yz}} -a\sqrt{a^2-y^2-z^2}\,dy\,dz$$

$$= -2\iint_{D_{yz}} a\sqrt{a^2-y^2-z^2}\,dy\,dz.$$

利用极坐标坐标系，可得

$$\iint_{\Sigma} ax\,dy\,dz = -2a\int_{\pi}^{2\pi} d\theta \int_{0}^{a} \sqrt{a^2-r^2}\,r\,dr = \frac{-2}{3}\pi a^4.$$

对于 $\iint_{\Sigma}(z+a)^2 dx\,dy$，由于 Σ 在 xOy 坐标平面上的投影 D_{xy} 为圆域 $x^2+y^2\leqslant a^2$，因此

$$\iint_{\Sigma}(z+a)^2 dx\,dy = \iint_{D_{xy}} \left[a-\sqrt{a^2-(x^2+y^2)}\right]^2 dx\,dy$$

$$= \int_{\pi}^{2\pi} d\theta \int_{0}^{a} (2a^2 - 2a\sqrt{a^2-r^2} - r^2) r\,dr = \frac{1}{6}\pi a^4.$$

故原式 $= \frac{1}{a}\left(-\frac{2}{3}\pi a^4 + \frac{1}{6}\pi a^4\right) = -\frac{\pi}{2}a^3.$

说明：在原积分化为 ① 式后，可以考虑补一个曲面，从而再用高斯公式.

六、解 由于曲面是椭球面，而目标函数表示原点到该点的距离的平方，由其几何意义可得，函数的最大值为 $f_{\max} = f(a,0,0) = a^2$，最小值为 $f_{\min} = f(0,0,c) = c^2$.

七、解 用柱面坐标计算，有

$$I = \int_{0}^{2\pi} d\theta \int_{0}^{\sqrt{3}} \rho\,d\rho \int_{\frac{\rho^2}{3}}^{\sqrt{4-\rho^2}} z\,dz$$

$$= 2\pi \int_{0}^{\sqrt{3}} \frac{1}{2}\rho \left[(4-\rho^2) - \frac{\rho^4}{9}\right] d\rho = \frac{13}{4}\pi.$$

也可用先二后一的积分方法计算：

$$I = \int_{0}^{1} dz \iint_{x^2+y^2\leqslant 3z} dx\,dy + \int_{1}^{2} dz \iint_{x^2+y^2\leqslant 4-z^2} dx\,dy$$

$$= \int_{0}^{1} \pi\cdot 3z\,dz + \int_{1}^{2} \pi(4-z^2)\,dz = \frac{13}{4}\pi.$$

2004—2005年第二学期 高等数学（180学时）试题 A 卷

一、填空题（每小题4分，共24分）

1. 设 $f(x)$ 于 **R** 上连续，$F(u,v) = (v+u)\int_v^u f(t)dt$，则 $\dfrac{\partial^2 F(u,v)}{\partial u \partial v}\bigg|_{(0,0)}$ = _____.

2. 已知 $L: x^2+y^2=r^2$，逆时针方向，$I = \oint_L \dfrac{by\,dx + ax\,dy}{x^2+y^2}$ (a, b 为常数)，则积分 I 非零的充要条件是 _____.

3. 设 $\Omega_1: x^2+y^2+z^2 \leqslant 4$，$\Omega_2: (x-1)^2+y^2 \leqslant 1$，$\Omega = \Omega_1 \cap \Omega_2$，$\Sigma$ 是 Ω 的边界，则第一型曲面积分
$$I = \iint_\Sigma (z^2\sqrt{x^2+y^2} + x+y)z\,dS = \underline{\qquad}.$$

4. 设 $I = \int_{-1}^0 dx \int_{1-\sqrt{1-x^2}}^{-x} dy$，则交换积分顺序后 $I =$ _____，其积分值为 _____.

5. 设 $f(x) = \cos x\,(1+\sin x)\ (-\pi \leqslant x \leqslant \pi)$，则其以 2π 为周期的傅里叶级数在 $x = -\pi$ 处收敛到 _____；其傅里叶系数 $a_0 =$ _____；$a_1 =$ _____；$b_2 =$ _____.

6. 设 $y_1 = x+e^{2x}$，$y_2 = x+e^{-x}$，$y_3 = x+e^{2x}+e^{-x}$ 是某个二阶线性非齐次微分方程的三个解，则此微分方程为 _____，且其通解是 $y =$ _____.

二、计算下列各题（每小题10分，共40分）

1. 设 $u = f(x,z)$，而 $z(x,y)$ 是由方程 $z = x+y\varphi(z)$ 所确定的函数，f, z 及 φ 均可微，$y\varphi'(z)-1 \neq 0$，求 du.

2. 计算 $\iint_D \dfrac{\sin x + \sin y + x^2 + y^2}{1+x^2+y^2}dx\,dy$，其中 $D: x^2+y^2 \leqslant 1$.

3. 计算 $\iiint_{\Omega}(x+y+z)\mathrm{d}v$,其中 Ω 表示球体 $x^2+y^2+z^2 \leqslant R^2$ 及 $x^2+y^2+(z-R)^2 \leqslant R^2$ 的公共部分.

4. 设空间流动的流体,其密度 $\mu(x,y,z)=1$. 已知流速函数 $\mathbf{V}=xz^2\mathbf{i}+yx^2\mathbf{j}+zy^2\mathbf{k}$,求流体在单位时间内经曲面 $\Sigma: x^2+y^2+z^2=2z$ 由内侧流向外侧的流量.

三、解答下列各题(每小题 12 分,共 36 分)

1. 求曲面 $\sqrt{x}+\sqrt{y}+\sqrt{z}=\sqrt{k}$ $(x>0,y>0,z>0,k>0)$ 上点 (a,b,c) 处的切平面方程及其与三个坐标平面所围成四面体体积之最小值.

2. 对函数
$$f(x,y)=\begin{cases}\dfrac{xy}{\sqrt{x^2+y^2}}, & (x,y)\neq(0,0),\\ 0, & (x,y)=(0,0),\end{cases}$$

讨论下列问题:

(1) $f(x,y)$ 在原点是否可微? 给出理由.

(2) $f(x,y)$ 在 $(0,0)$ 处沿 $\mathbf{l}=(1,1)$ 之方向导数是否存在? 说明理由.

3. 已知 φ 具二阶连续导数,且 $\varphi(1)=1$,$\varphi'(1)=2$,试确定 $\varphi(x)$,使
$$2(\varphi(x)+\varphi'(x)y-y^2)\mathrm{d}x+(x\varphi'(x)-4xy-2y^2)\mathrm{d}y=0$$
为全微分方程,并求此方程的通解.

2004—2005 年第二学期高等数学 (180 学时) 试题 A 卷答案

一、1. 0; 2. $a\neq b$; 3. 0; 4. $\int_0^1 \mathrm{d}y\int_{-\sqrt{2y-y^2}}^{-y}\mathrm{d}x$, $\dfrac{\pi-2}{4}$;

5. $-1, 0, 1, 0.5$; 6. $y''-y'-2y=-2e^x$, $C_1 e^{-x}+C_2 e^{2x}+x$.

二、1. 对等式 $z=x+y\varphi(z)$ 两边微分,得 $\mathrm{d}z=\mathrm{d}x+\varphi(z)\mathrm{d}y+y\varphi'(z)\mathrm{d}z$,故
$$\mathrm{d}z=\frac{\mathrm{d}x+\varphi(z)\mathrm{d}y}{1-y\varphi'(z)}.$$

由 $u=f(x,z)$,可得 $\mathrm{d}u=f'_x\mathrm{d}x+f'_z\mathrm{d}z$,从而有

$$du = f'_x dx + f'_z \cdot \frac{dx + \varphi(z) dy}{1 - y\varphi'(z)}$$

$$= \frac{[f'_x \cdot (1 - y\varphi'(z)) + f'_z] dx + f'_z \cdot \varphi(z) dy}{1 - y\varphi'(z)}.$$

2. 由积分区域的对称性,有

$$I = \iint\limits_{D} \frac{\sin x + \sin y + x^2 + y^2}{1 + x^2 + y^2} dx dy = \iint\limits_{D} \frac{x^2 + y^2}{1 + x^2 + y^2} dx dy$$

$$= \int_0^{2\pi} d\theta \int_0^1 \frac{\rho^2}{1+\rho^2} \cdot \rho d\rho = \pi \int_0^1 \frac{t}{1+t} dt = \pi(1 - \ln 2).$$

3. 由积分区域的对称性,有

$$I = \iiint\limits_{\Omega} (x+y+z) dv = \iiint\limits_{\Omega} z dv.$$

可以用先二后一积分法计算:

$$I = \int_0^{\frac{R}{2}} z dz \iint\limits_{x^2+y^2 \leqslant 2Rz-z^2} dx dy + \int_{\frac{R}{2}}^{R} z dz \iint\limits_{x^2+y^2 \leqslant R^2-z^2} dx dy$$

$$= \int_0^{\frac{R}{2}} \pi(2Rz - z^2) z dz + \int_{\frac{R}{2}}^{R} \pi(R^2 - z^2) z dz = \frac{5}{24}\pi R^4.$$

也可用柱坐标计算:

$$I = \int_0^{2\pi} d\theta \int_0^{\frac{\sqrt{3}}{2}R} \rho d\rho \int_{R-\sqrt{R^2-\rho^2}}^{\sqrt{R^2-\rho^2}} z dz$$

$$= 2\pi \int_0^{\frac{\sqrt{3}}{2}R} \frac{\rho}{2}(2R\sqrt{R^2-\rho^2} - R^2) d\rho = \frac{5}{24}\pi R^4.$$

4. 流量 $\Phi = \iint\limits_{\Sigma} xz^2 dy dz + yx^2 dz dx + zy^2 dx dy$,由高斯公式,有

$$\Phi = \iiint\limits_{\Omega} (z^2 + x^2 + y^2) dx dy dz$$

$$= \int_0^{\frac{\pi}{2}} d\varphi \int_0^{2\pi} d\theta \int_0^{2\cos\varphi} r^2 \cdot r^2 \sin\varphi dr$$

$$= 2\pi \int_0^{\frac{\pi}{2}} \frac{32}{5} \cos^5\varphi \sin\varphi d\varphi = \frac{32}{15}.$$

三、1. 点 (a,b,c) 处的切平面方程为

$$\frac{1}{2\sqrt{a}}(x-a) + \frac{1}{2\sqrt{b}}(y-b) + \frac{1}{2\sqrt{c}}(z-c) = 0,$$

即 $\frac{x}{\sqrt{a}} + \frac{y}{\sqrt{b}} + \frac{z}{\sqrt{c}} = \sqrt{k}$. 体积 $V = \frac{1}{6}\sqrt{ak} \cdot \sqrt{bk} \cdot \sqrt{ck}$. 构造拉格朗日函数：

$$L(a,b,c) = \sqrt{abc} + \lambda(\sqrt{a} + \sqrt{b} + \sqrt{c} - \sqrt{k}),$$

易求得当 $\sqrt{a} = \sqrt{b} = \sqrt{c} = \frac{1}{3}\sqrt{k}$ 时，体积函数取最小值为 $V_{\min} = \frac{k^3}{162}$.

2. (1) 函数在原点不可微. 事实上，由定义易求得 $f'_x(0,0) = 0$，$f'_y(0,0) = 0$，因

$$\lim_{(x,y) \to (0,0)} \frac{f(x,y) - f'_x(0,0)x - f'_y(0,0)y}{\sqrt{x^2 + y^2}} = \lim_{(x,y) \to (0,0)} \frac{xy}{x^2 + y^2}$$

不存在，故函数在原点不可微.

(2) 因

$$\lim_{t \to 0} \frac{f\left(0 + t \cdot \frac{\sqrt{2}}{2}, 0 + t \cdot \frac{\sqrt{2}}{2}\right) - f(0,0)}{t} = \lim_{t \to 0} \frac{\frac{1}{2}t^2}{t|t|}$$

不存在，故 $f(x,y)$ 在 $(0,0)$ 处沿 $l = (1,1)$ 之方向导数不存在.

3. 由题设，有 $x\varphi''(x) + \varphi'(x) - 4y = 2\varphi'(x) - 4y$，故
$$x\varphi''(x) = \varphi'(x).$$
此方程的通解为 $\varphi(x) = C_1 x^2 + C_2$. 由初始条件，有 $\varphi(x) = x^2 + 1$. 此时原微分方程为 $(x^2 + 1 + 2xy - y^2)dx + (x^2 - 2xy - y^2)dy = 0$，即
$$(x^2 + 1)dx + ydx^2 + x^2 dy - (y^2 dx + xdy^2) - y^2 dy = 0.$$
故全微分方程的通解为 $\frac{1}{3}x^3 + x + x^2 y - xy^2 - \frac{1}{3}y^3 = C$.

2004—2005 年第二学期 高等数学（180 学时）试题 B 卷

一、填空题（每小题 4 分，共 20 分）

1. 设函数 $f(x,y)$ 连续，且
$$f(x,y) = xy \iint\limits_{|x|+|y|\leq 1} f(x,y)\,dx\,dy + 15x^2y^2,$$
则 $f(x,y) = $ _____.

2. 设 n 是曲面 $xyz + \sqrt{x^2+y^2+z^2} = \sqrt{2}$ 在点 $P(1,0,-1)$ 处指向外侧的法向量，则 $u = \ln(x^2+y^2+z^2)$ 在 P 点处沿 n 方向的方向导数为 _____.

3. 平面 $lx+my+nz=p$ 与二次曲面 $Ax^2+By^2+Cz^2=1$ 相切的条件为 _____.

4. 设
$$f(x) = \begin{cases} x, & 0 \leq x \leq \dfrac{1}{2}, \\ 2-2x, & \dfrac{1}{2} < x < 1, \end{cases}$$
$$S(x) = \frac{a_0}{2} + \sum_{n=1}^{\infty} a_n \cos n\pi x, \quad -\infty < x < +\infty,$$
其中 $a_n = 2\int_0^1 f(x)\cos n\pi x\,dx,\ n=0,1,2,\cdots$，则 $S\left(-\dfrac{5}{2}\right) = $ _____.

5. 微分方程 $y'' - 3y' + 2y = 2e^x$ 满足 $\lim\limits_{x\to 0}\dfrac{y(x)}{x} = 1$ 的特解为 _____.

二、计算下列各题（每小题 6 分，共 36 分）

1. 设函数 $z = f(x,y)$，有 $\dfrac{\partial^2 f}{\partial y^2} = 2$，且 $f(x,0)=1$，$f'_y(x,0)=x$，求 $f(x,y)$.

2. 计算 $I = \int_0^1 xf(x)\,dx$，其中 $f(x) = \int_1^{x^2} \dfrac{\sin t}{t}\,dt$.

3. 计算 $I = \iint\limits_{D} \sqrt{xy}\,dxdy$,其中 D 是由曲线 $\left(\dfrac{x}{2}+\dfrac{y}{3}\right)^4 = \dfrac{xy}{6}$ 在第一象限中所围成的区域.

4. 计算 $I = \oint_{L} e^{\sqrt{x^2+y^2}}\,ds$,其中 L 为由圆周 $x^2+y^2=a^2$ 及直线 $y=x$ 和 $y=0$ 在第一象限内所围成的区域的边界.

5. 设球体 $x^2+y^2+z^2 \leqslant 2x$ 上各点的密度等于该点到坐标原点的距离,求该球体的质量.

6. 计算曲面积分 $I = \iint\limits_{\Sigma}(ax+by+cz+d)^2\,dS$, Σ 是球面 $x^2+y^2+z^2=R^2$.

三、(12 分) 函数 $f(x,y)=\sqrt[3]{x^2 y}$ 在点 $(0,0)$ 处:
(1) 是否连续?
(2) 偏导数是否存在?
(3) 是否可微?
均说明理由.

四、(6 分) 设 φ,ψ 都具有连续的一、二阶偏导数,函数
$$z = \dfrac{1}{2}(\varphi(y+ax)+\varphi(y-ax)) + \dfrac{1}{2a}\int_{y-ax}^{y+ax}\psi(t)\,dt,$$
试求 $\dfrac{\partial^2 z}{\partial x^2} - a^2\dfrac{\partial^2 z}{\partial y^2}$.

五、(7 分) 设有微分方程 $y'+p(x)y=x^2$,其中
$$p(x)=\begin{cases}1, & x\leqslant 1,\\ \dfrac{1}{x}, & x>1.\end{cases}$$

试求在区间 $(-\infty,+\infty)$ 内的连续函数 $y=y(x)$,使之在区间 $(-\infty,1)$ 和 $(1,+\infty)$ 内都满足所给微分方程,且满足条件 $y(0)=2$.

六、(7 分) 证明:
$$\oint_{\Gamma} xf(y)\,dy - \dfrac{y}{f(x)}\,dx \geqslant 2,$$
其中 Γ 为圆周曲线 $(x-a)^2+(y-a)^2=1$ $(a>0)$ 正向,$f(x)$ 连续取正值.

七、(6 分) 求曲面 $xy-z^2+1=0$ 上离原点最近的点.

八、(6分) 求流速场

$$v = x^3 i + \left(\frac{1}{z}f\left(\frac{y}{z}\right) + y^3\right)j + \left(\frac{1}{y}f\left(\frac{y}{z}\right) + z^3\right)k$$

流过曲面 Σ 的流量，其中 $f(u)$ 具有连续的一阶导数，Σ 为 $x^2 + y^2 + z^2 = 1$，$x^2 + y^2 + z^2 = 4$ 与 $z = \sqrt{x^2 + y^2}$ 所围成的立体表面的内侧．

2004—2005 年第二学期高等数学 (180 学时) 试题 B 卷答案

七、解 由题设有 $d = \sqrt{x^2 + y^2 + z^2}$，即 $d^2 = f(x,y,z) = x^2 + y^2 + z^2$．令
$$F(x,y,z,\lambda) = x^2 + y^2 + z^2 + \lambda(xy - z^2 + 1).$$

由
$$\begin{cases} F'_x = 2x + \lambda y = 0, \\ F'_y = 2y + \lambda x = 0, \\ F'_z = 2z - 2\lambda z = 0, \\ F'_\lambda = xy - z^2 + 1 = 0, \end{cases}$$

得 $z = 0$，$\lambda = \dfrac{1}{2}$，$xy = z^2 - 1 = -1$，$x^2 = y^2$．因此驻点为 $(1, -1, 0)$，$(-1, 1, 0)$，$(0, 0, \pm 1)$．而
$$f(1, -1, 0) = f(-1, 1, 0) = 2, \quad f(0, 0, \pm 1) = 1,$$
比较知，此曲面上离原点最近的点为 $(0, 0, \pm 1)$．

2005—2006年第二学期 高等数学（180学时）试题 A 卷

一、试解下列各题（每小题5分，共25分）

1. 设 L 是正方形区域 $|x|+|y|\leqslant 1$ 的正向边界，计算曲线积分 $\oint_L \dfrac{ds}{|x|+|y|}$.

2. 求数量场 $u(x,y,z)=1+\dfrac{x^2}{6}+\dfrac{y^2}{12}+\dfrac{z^2}{18}$，在点 $M(1,2,3)$ 处方向导数达到最大值的方向，并求方向导数的最大值.

3. 讨论函数 $f(x,y)=\sqrt{x^2+y^2}$ 在点 $(0,0)$ 处的连续性、偏导数的存在性.

4. 设 $\lim\limits_{n\to\infty} n^\alpha(\ln(1+n)-\ln n)u_n=3$ $(\alpha>0)$，试讨论正项级数 $\sum\limits_{n=1}^{\infty} u_n$ 的敛散性.

5. 已知以 2π 为周期的连续函数 $f(x)$ 的傅里叶系数为 $a_0, a_n, b_n (n=1,2,\cdots)$，求函数 $f(-x)$ 的傅里叶系数.

二、计算下列各题（每小题8分，共40分）

1. 求微分方程 $y''-3y'+2y=2e^x$ 满足 $\lim\limits_{x\to 0}\dfrac{y(x)}{x}=1$ 的特解.

2. 计算积分 $I=\iiint\limits_{\Omega}\dfrac{dx\,dy\,dz}{(1+x+y+z)^3}$，其中 Ω 是由平面 $x+y+z=1$ 与三个坐标面所围成的空间区域.

3. 求曲面 $z=x^2+y^2$ 与平面 $x+y-2z=2$ 之间的最短距离.

4. 求幂级数 $\sum\limits_{n=1}^{\infty}\dfrac{1}{2n+1}x^{2n}$ 的收敛域与和函数 $S(x)$.

5. 求曲面 $z=xy$ 包含在圆柱 $x^2+y^2=1$ 内那部分的面积.

三、（10分）设 $u=f(ax-bz, ay-cz)$，其中 $a^2+b^2+c^2\neq 0$.

(1) 若 f 的一阶偏导数连续且不同时为零,证明:曲面 $f(ax-bz, ay-cz)=0$ 上任意一点处的切平面都与直线 $\dfrac{x}{b}=\dfrac{y}{c}=\dfrac{z}{a}$ 平行.

(2) 若 f 有三阶连续偏导数,求 $\dfrac{\partial^3 u}{\partial x \partial y \partial z}$.

四、(9 分)设函数 $\varphi(y)$ 具有连续导数,对右半平面 $x>0$ 内的任意分段光滑简单闭曲线 C,有曲线积分
$$\oint_C \frac{\varphi(y)\mathrm{d}x + 2xy\,\mathrm{d}y}{2x^2+y^4} = 0,$$
计算 $\displaystyle\int_{(1,0)}^{(2,\sqrt[4]{8})} \frac{\varphi(y)\mathrm{d}x + 2xy\,\mathrm{d}y}{2x^2+y^4}$.

五、(9 分)设曲面 Σ 是旋转抛物面 $z = 5-(y^2+x^2)$ 上 $1\leqslant z \leqslant 5$ 部分的外侧,计算曲面积分:
$$I = \iint_\Sigma (x+\tan xy)\mathrm{d}y\mathrm{d}z + (y+\sin yx)\mathrm{d}z\mathrm{d}x + z\,\mathrm{d}x\mathrm{d}y.$$

六、(7 分)计算 $\displaystyle\int_0^1 \mathrm{e}^{-y^2}\mathrm{d}y \int_{\sqrt{2-y^2}}^{\sqrt{8-y^2}} \mathrm{e}^{-x^2}\mathrm{d}x + \int_1^2 \mathrm{e}^{-y^2}\mathrm{d}y \int_y^{\sqrt{8-y^2}} \mathrm{e}^{-x^2}\mathrm{d}x$.

2005—2006 年第二学期高等数学 (180 学时) 试题 A 卷答案

一、3. 因 $\displaystyle\lim_{(x,y)\to(0,0)} \sqrt{x^2+y^2} = 0 = f(0,0)$,故函数在原点连续.

因 $\displaystyle\lim_{x\to 0} \frac{\sqrt{x^2+0^2}-0}{x}$ 不存在,故函数在原点关于 x 的偏导数不存在. 同理,关于 y 的偏导数也不存在.

4. 由于
$$\lim_{n\to\infty} n^\alpha (\ln(1+n)-\ln n) u_n$$
$$= \lim_{n\to\infty} n^{\alpha-1} \ln\left(1+\frac{1}{n}\right)^n u_n = \lim_{n\to\infty} n^{\alpha-1} u_n = 3 \quad (\alpha > 0),$$
故 $\displaystyle\sum_{n=1}^\infty u_n$ 与 $\displaystyle\sum_{n=1}^\infty \frac{1}{n^{\alpha-1}}$ 同收敛. 由 p-级数知,当 $\alpha > 2$ 时正项级数 $\displaystyle\sum_{n=1}^\infty u_n$ 收敛,

当 $0 < \alpha \leqslant 2$ 时正项级数 $\sum\limits_{n=1}^{\infty} u_n$ 发散.

二、1. 对应齐次方程的特征方程为 $\lambda^2 - 3\lambda + 2 = 0$，特征值为 $\lambda_1 = 1, \lambda_2 = 2$，故原方程的通解为

$$y = C_1 e^x + C_2 e^{2x} - 2x e^x.$$

由 $\lim\limits_{x \to 0} \dfrac{y(x)}{x} = 1$ 可得 $y(0) = 0, y'(0) = 1$. 代入上式得 $C_1 = -3, C_2 = 3$. 故所求特解为 $y = -3e^x + 3e^{2x} - 2x e^x$.

四、解 设 $P = \dfrac{\varphi(y)}{2x^2 + y^4}, Q = \dfrac{2xy}{2x^2 + y^4}$，$P, Q$ 在单连通区域 $x > 0$ 内具有一阶连续偏导数. 由题设知曲线积分 $\int_C \dfrac{\varphi(y) \mathrm{d}x + 2xy \mathrm{d}y}{2x^2 + y^4}$ 在该区域内与路径无关，故当 $x > 0$ 时，总有 $\dfrac{\partial Q}{\partial x} = \dfrac{\partial P}{\partial y}$. 因

$$\frac{\partial Q}{\partial x} = \frac{2y(2x^2 + y^4) - 4x \cdot 2xy}{(2x^2 + y^4)^2} = \frac{-4x^2 y + 2y^5}{(2x^2 + y^4)^2},$$

$$\frac{\partial P}{\partial y} = \frac{2x^2 \varphi'(y) + \varphi'(y) y^4 - 4\varphi(y) y^3}{(2x^2 + y^4)^2},$$

故有

$$\begin{cases} \varphi'(y) = -2y, \\ \varphi'(y) y^4 - 4\varphi(y) y^3 = 2y^5, \end{cases}$$

得 $\varphi(y) = -y^2$. 从而有

$$\int_{(1,0)}^{(2,\sqrt[4]{8})} \frac{\varphi(y) \mathrm{d}x + 2xy \mathrm{d}y}{2x^2 + y^4} = \int_0^{\sqrt[4]{8}} \frac{4y \mathrm{d}y}{8 + y^4} = \left(\frac{\sqrt{2}}{2} \arctan \frac{y^2}{2\sqrt{2}}\right)\bigg|_0^{\sqrt[4]{8}} = \frac{\sqrt{2}}{8}\pi.$$

五、解 补平面 $\Sigma_1 : z = 1 \ (y^2 + x^2 \leqslant 4)$，取下侧，$\Sigma + \Sigma_1$ 构成闭合曲面取外侧. 设所围区域为 Ω，则

$$I = \iiint\limits_{\Omega} (3 + y \sec^2(xy) + x \cos xy) \mathrm{d}x \mathrm{d}y \mathrm{d}z$$

$$+ \iint\limits_{\Sigma_1} (x + \tan xy) \mathrm{d}y \mathrm{d}z + (y + \sin yx) \mathrm{d}z \mathrm{d}x + z \mathrm{d}x \mathrm{d}y$$

$$= \iiint\limits_{\Omega} (3 + x \cos xy + y \sec^2(xy)) \mathrm{d}v + \iint\limits_{D_{xy}} \mathrm{d}x \mathrm{d}y \quad (D_{xy} : y^2 + x^2 \leqslant 4).$$

因 Ω 关于 $x=0$ 对称,故 $\iiint\limits_{\Omega} x\cos xy\,dv=0$. 因 Ω 关于 $y=0$ 对称,故 $\iiint\limits_{\Omega} y\sec^2(yx)\,dv=0$. 从而有

$$I = 3\iiint\limits_{\Omega} dx\,dy\,dz + 4\pi = 3\iint\limits_{D_\theta} r\,d\theta\,dr\int_1^{5-r^2} dz + 4\pi$$

$$= 3\int_0^{2\pi} d\theta \int_0^2 r\,dr \int_1^{5-r^2} dz + 4\pi$$

$$= 6\pi \int_0^2 (4-r^2) r\,dr + 4\pi = 28\pi.$$

六、解 $\int_0^1 e^{-y^2}\,dy \int_{\sqrt{2-y^2}}^{\sqrt{8-y^2}} e^{-x^2}\,dx + \int_1^2 e^{-y^2}\,dy \int_y^{\sqrt{8-y^2}} e^{-x^2}\,dx$

$$= \iint\limits_{D_1} e^{-x^2-y^2}\,dx\,dy + \iint\limits_{D_2} e^{-x^2-y^2}\,dx\,dy$$

$$= \iint\limits_{D} e^{-x^2-y^2}\,dx\,dy = \int_0^{\frac{\pi}{4}} d\theta \int_{\sqrt{2}}^{2\sqrt{2}} e^{-r^2} r\,dr$$

$$= \frac{\pi}{8}(e^{-2}-e^{-8}).$$

2005—2006年第二学期 高等数学（180学时）试题 B 卷

一、试解下列各题（每小题5分，共25分）

1. 方程 $y^2 - x^2(1-x^2) = 0$ 在哪些点的邻域内可唯一地确定连续可导的隐函数 $y = f(x)$？

2. 求微分方程 $xy' + y = 0$ 满足初始条件 $y(1) = 2$ 的特解.

3. 设函数 $u = f(\ln\sqrt{x^2+y^2})$ 满足 $\dfrac{\partial^2 u}{\partial x^2} + \dfrac{\partial^2 u}{\partial y^2} = (x^2+y^2)^{\frac{3}{2}}$，且极限

$$\lim_{x \to 0} \frac{\int_0^1 f(xt)\,dt}{x} = -1,$$

试求函数 f 的表达式.

4. 求曲线 $\begin{cases} x^2 + y^2 + z^2 = 4, \\ x^2 + y^2 = 2x \end{cases}$ 在点 $M(1,1,\sqrt{2})$ 处的切线与法平面方程.

5. 已知 $u = \ln(x + \sqrt{y^2 + z^2})$，求其在点 $P_0(1,0,1)$ 处沿点 P_0 指向点 $B(3,-2,2)$ 的方向导数.

二、计算下列各题（每小题7分，共35分）

1. 计算二次积分：$\displaystyle\int_0^1 dy \int_{3y}^3 e^{x^2}\,dx$.

2. 求无穷级数 $\displaystyle\sum_{n=1}^{\infty} \frac{n^2}{n!}$ 的和.

3. 计算二重积分 $\displaystyle\iint_D |x^2+y^2-1|\,d\sigma$，其中 $D = \{(x,y) \mid 0 \leqslant x \leqslant 1,\ 0 \leqslant y \leqslant 1\}$.

4. 设 $f(u)$ 连续，$G_t: 0 \leqslant z \leqslant h,\ x^2 + y^2 \leqslant t^2$，而

$$F(t) = \iiint_{G_t} (z^2 + f(x^2+y^2))\,dv,$$

求 $\dfrac{dF}{dt}$ 及 $\displaystyle\lim_{t \to 0^+} \frac{\int_0^1 F(xt)\,dx}{t}$.

5. 设 Ω 是由锥面 $z=\sqrt{x^2+y^2}$ 与半球面 $z=\sqrt{R^2-x^2-y^2}$ 围成的空间区域，Σ 是 Ω 的整个边界的外侧，计算 $\iint\limits_{\Sigma} x\,dy\,dz+y\,dz\,dx+z\,dx\,dy$.

三、(8 分) 求幂级数 $\sum\limits_{n=1}^{\infty}(-1)^{n-1}\left[1+\dfrac{1}{n(2n-1)}\right]x^{2n}$ 的收敛区间与和函数 $f(x)$.

四、(8 分) 已知平面两定点 $A(1,3),B(4,2)$. 试在方程为 $\dfrac{x^2}{9}+\dfrac{y^2}{4}=1\,(x\geqslant 0, y\geqslant 0)$ 的椭圆周上求一点 C，使 $\triangle ABC$ 的面积最大.

五、(8 分) 设函数 $Q(x,y)$ 在 xOy 平面上具有一阶连续偏导数，曲线积分 $\int_L 2xy\,dx+Q(x,y)\,dy$ 与路径无关，且对任意 t 恒有

$$\int_{(0,0)}^{(t,1)} 2xy\,dx+Q(x,y)\,dy=\int_{(0,0)}^{(1,t)} 2xy\,dx+Q(x,y)\,dy,$$

计算 $\int_{(0,0)}^{(1,1)} 2xy\,dx+Q(x,y)\,dy$ 的值.

六、(8 分) 设曲面 Σ 是锥面 $x=\sqrt{y^2+z^2}$ 与两球面 $x^2+y^2+z^2=1$，$x^2+y^2+z^2=2$ 所围立体表面的外侧，计算

$$\iint\limits_{\Sigma} x^3\,dy\,dz+(y^3+f(yz))\,dz\,dx+(z^3+f(yz))\,dx\,dy,$$

其中 $f(u)$ 是连续可微的奇函数.

七、(8 分) 设微分方程 $y''+P(x)y'+Q(x)y=0$.
   (1) 证明：若 $1+P(x)+Q(x)=0$，则方程有一特解 $y=e^x$；若 $P(x)+xQ(x)=0$，则方程有一特解 $y=x$.
   (2) 根据上面的结论，求 $(x-1)y''-xy'+y=1$ 的通解和满足初始条件 $y(0)=2,\,y'(0)=1$ 的特解.
   (3) 求 $(x-1)y''-xy'+y=1$ 满足初始条件 $\lim\limits_{x\to 0}\dfrac{\ln(y(x)-1)}{x}=-1$ 的特解.

2005—2006年第二学期高等数学（180学时）试题 B 卷答案

一、2. 原方程可化为 $(xy)' = 0$，积分得 $xy = C$，代入初始条件得 $C = 2$，故所求特解为 $xy = 2$.

二、1.
$$\int_0^1 dy \int_{3y}^3 e^{x^2} dx = \iint_D e^{x^2} dx dy = \int_0^3 dx \int_0^{\frac{1}{3}x} e^{x^2} dy = \int_0^3 e^{x^2} \cdot \frac{1}{3} x \, dx$$
$$= \frac{1}{6} \int_0^3 e^{x^2} d(x^2) = \frac{1}{6} e^{x^2} \Big|_0^3 = \frac{1}{6}(e^9 - 1).$$

4. 采用柱面坐标系，则
$$F(t) = \int_0^{2\pi} d\theta \int_0^t r\,dr \int_0^h (z^2 + f(r^2))dz = 2\pi \int_0^t \left(\frac{h^3}{3} + hf(r^2)\right) r\,dr.$$
于是，
$$\frac{dF}{dt} = 2\pi \left(\frac{h^3}{3} + hf(t^2)\right) t = 2\pi h t \left(\frac{h^2}{3} + f(t^2)\right),$$
以及
$$\lim_{t \to 0^+} \frac{\int_0^1 F(xt) dx}{t^2} = \lim_{t \to 0^+} \frac{\int_0^t F(u) du}{t^3} = \lim_{t \to 0^+} \frac{F(t)}{3t^2} = \lim_{t \to 0^+} \frac{F'(t)}{6t}$$
$$= \lim_{t \to 0^+} \frac{2\pi h t \left(\frac{h^2}{3} + f(t^2)\right)}{6t} = \frac{1}{3} \pi h \left(\frac{h^2}{3} + f(0)\right).$$

四、解 见 2003—2004 第二学期 216 学时 B 卷第八题解答 (p.89)

六、解 记 Σ 所围区域为 Ω，则
$$\text{原式} = \iiint_\Omega \left(\frac{\partial P}{\partial x} + \frac{\partial Q}{\partial y} + \frac{\partial R}{\partial z}\right) dx\,dy\,dz$$
$$= \iiint_\Omega (3x^2 + 3y^2 + 3z^2 + zf'(yz) + yf'(yz)) dv$$
$$= 3\iiint_\Omega (x^2 + y^2 + z^2) dv + \iiint_\Omega zf'(yz) dv + \iiint_\Omega yf'(yz) dv.$$

因 $f(u)$ 为奇函数，$f'(u)$ 为偶函数，于是由 Ω 关于 $z = 0$ 对称，可得 $\iiint_\Omega zf'(yz) dv = 0$；由 Ω 关于 $y = 0$ 对称，可得 $\iiint_\Omega yf'(yz) dv = 0$. 故

原式 $= 3\iiint\limits_{\Omega}(x^2+y^2+z^2)\mathrm{d}v = 3\int_0^{2\pi}\mathrm{d}\theta\int_0^{\frac{\pi}{4}}\sin\varphi\,\mathrm{d}\varphi\int_1^{\sqrt{2}}r^4\mathrm{d}r$
$= \dfrac{24}{5}(\sqrt{2}-1)\pi.$

2006—2007 年第二学期 高等数学（180 学时）试题 A 卷

一、试解下列各题（每小题 6 分，共 12 分）

1. 求证幂级数 $\sum_{n=0}^{\infty} \dfrac{n+1}{n!} x^n$ 在收敛域内的和函数为 $f(x) = (1+x)e^x$.

2. 求函数 $g(x) = x+1$ ($2 < x < 6$) 的傅里叶级数系数.

二、（15 分）讨论函数

$$f(x,y) = \begin{cases} \dfrac{x^2 y}{x^2+y^2}, & x^2+y^2 \neq 0, \\ 0, & x^2+y^2 = 0 \end{cases}$$

在点 $(0,0)$ 处的偏导数存在性、方向导数的存在性、可微性.

三、（10 分）验证变换 $x = e^t$ 可将微分方程

$$x^2 \dfrac{d^2 y}{dx^2} - 2x \dfrac{dy}{dx} + 2y = x \ln x$$

变换为微分方程 $\dfrac{d^2 y}{dt^2} - 3\dfrac{dy}{dt} + 2y = te^t$；并求微分方程 $\dfrac{d^2 y}{dt^2} - 3\dfrac{dy}{dt} + 2y = te^t$ 的通解.

四、（12 分）设有函数 $f(x,y,z) = ze^{-(x^2+y^2+z^2)}$.

(1) 求 $\dfrac{\partial f}{\partial y}, \dfrac{\partial^3 f}{\partial y \partial z \partial x}$.

(2) 求三重积分 $\iiint\limits_{\Omega} f(x,y,z)\,dv$，其中 Ω：$1 \leqslant x^2+y^2+z^2 \leqslant 4$，$y \geqslant 0$，$z \geqslant 0$.

五、（15 分）设有旋转抛物面方程 $z = 2-(x^2+y^2)$.

(1) 在旋转抛物面位于第一卦限部分上求一点，使该点处的切平面与三坐标面围成的四面体的体积最小.

(2) 设 $V = \ln(4-z)^3 - 24(\ln x + \ln y)$，其中 $x = x(y,z)$ 由方程 $z + x^2 + y^2 = 2$ 所确定，求 $\left.\dfrac{\partial V}{\partial z}\right|_{(1,1,0)}$.

六、(20 分) 设有旋转抛物面 S_1 的参数方程为
$$\begin{cases} x = u+v, \\ y = u-v, \\ z = u^2+v^2, \end{cases}$$
其中 u,v 为参数，曲面 S_2 的方程为 $x^2 + (y-1)^2 = 1$.

(1) 验证曲面 S_1 的直角坐标方程为 $z = \dfrac{1}{2}(x^2+y^2)$.

(2) 求曲面 S_2 介于 xOy 面与曲面 S_1 之间的部分曲面的面积.

(3) 求曲面积分 $I = \iint\limits_{\Sigma} xz\,dy\,dz + 2zy\,dx\,dz + 3xy\,dx\,dy$，其中 Σ 为曲面 $S_1 (0 \leqslant z \leqslant 2)$，其法向量与 z 轴正向夹角为锐角.

七、(10 分) 试确定函数 $g(x)$ 使曲线积分
$$\int_L (g''(x) + 9g(x) + 2x^2 - 5x + 1)y^2\,dx + 7g''(x)\,dy$$
与路径无关，$g(x)$ 在全平面上有连续 3 阶导数，L 为单连通域 G 内自点 $(0,0)$ 到点 $(1,1)$ 的任意一条光滑曲线，并求此曲线积分.

八、(6 分) 设函数 $f(x)$ 在 $[0,1]$ 上连续，且单调增加，试证：
$$\iint\limits_D (e^y f(y) + y - x)\,d\sigma \geqslant (e-1)\int_0^1 f(y)\,dy,$$
其中 $D = \{(x,y) \mid 0 \leqslant x \leqslant 1, 0 \leqslant y \leqslant 1\}$.

2006—2007 年第二学期高等数学 (180 学时) 试题 A 卷答案

三、解 由 $\dfrac{dy}{dx} = \dfrac{dy}{dt} \bigg/ \dfrac{dx}{dt} = e^{-t} \dfrac{dy}{dt}$，得
$$\dfrac{d^2 y}{dx^2} = \dfrac{d}{dt}\left(e^{-t}\dfrac{dy}{dt}\right) \bigg/ \dfrac{dx}{dt} = -e^{-2t}\dfrac{dy}{dt} + e^{-2t}\dfrac{d^2 y}{dt^2}.$$

将 $\dfrac{dy}{dx}, \dfrac{d^2 y}{dx^2}, x = e^t$ 代入原方程，得

$$\dfrac{d^2 y}{dt^2} - 3\dfrac{dy}{dt} + 2y = t e^t.$$

由 $r^2 - 3r + 2 = 0$，得方程 $\dfrac{d^2 y}{dt^2} - 3\dfrac{dy}{dt} + 2y = 0$ 的通解为 $y = C_1 e^t + C_2 e^{2t}$.

设 $\dfrac{d^2 y}{dt^2} - 3\dfrac{dy}{dt} + 2y = t e^t$ 的特解为 $y^* = (At^2 + Bt) e^t$. 由待定系数法，得 $A = -\dfrac{1}{2}, B = -1$. 故得方程 $\dfrac{d^2 y}{dt^2} - 3\dfrac{dy}{dt} + 2y = t e^t$ 的通解为

$$y = C_1 e^t + C_2 e^{2t} + \left(-\dfrac{1}{2} t^2 - t\right) e^t.$$

八、证 由 $\iint\limits_{D} (e^y f(y) + y - x) d\sigma = \iint\limits_{D} e^y f(y) d\sigma + \iint\limits_{D} (y - x) d\sigma$，设

$$I = \iint\limits_{D} e^y f(y) d\sigma + \iint\limits_{D} (y - x) d\sigma - (e-1) \int_0^1 f(y) dy,$$

则有

$$\begin{aligned}
I &= \iint\limits_{D} (e^y f(y) d\sigma + \iint\limits_{D} (y - x) d\sigma - (e-1) \int_0^1 f(x) dx \\
&= \iint\limits_{D} e^y f(y) d\sigma - \iint\limits_{D} e^y f(x) d\sigma + \iint\limits_{D} (y - x) d\sigma \\
&= \iint\limits_{D} e^y (f(y) - f(x)) d\sigma + \iint\limits_{D} (y - x) d\sigma.
\end{aligned}$$

因为 D 关于 $y = x$ 对称，故

$$\iint\limits_{D} y \, d\sigma = \iint\limits_{D} x \, d\sigma, \quad \iint\limits_{D} e^y (f(y) - f(x)) d\sigma = \iint\limits_{D} e^x (f(x) - f(y)) d\sigma.$$

所以 $\iint\limits_{D} (y - x) d\sigma = 0$. 于是

$$\begin{aligned}
2I &= \iint\limits_{D} e^y (f(y) - f(x)) d\sigma + \iint\limits_{D} e^x (f(x) - f(y)) d\sigma \\
&= \iint\limits_{D} (e^y - e^x)(f(y) - f(x)) d\sigma.
\end{aligned}$$

由于函数 $e^x, f(x)$ 在 $[0,1]$ 上连续单调增加，得 $2I \geqslant 0$，即 $I \geqslant 0$，故

$$\iint\limits_{D} (e^y f(y) + y - x) d\sigma \geqslant (e-1) \int_0^1 f(y) dy.$$

2006—2007年第二学期 高等数学（180学时）试题 B 卷

一、试解下列各题（每小题6分，共12分）

1. 已知幂级数 $\sum_{n=0}^{\infty} b_n(x-2)^n$ 在 $x=7$ 点处收敛，在 $x=-3$ 点处发散，求该幂级数的收敛域．

2. 求函数 $f(x)=\ln(3-2x-x^2)$ 在 $x_0=0$ 处的幂级数展开式．

二、（8分）已知二阶线性齐次微分方程 $y''+p(x)y'+y\cos^2 x=0$ 有两个平方和为1的特解，求 $p(x)$ 及原方程的通解．

三、（15分）设有函数

$$f(x,y)=\begin{cases} \dfrac{xy}{x^2+y^2}, & (x,y)\neq(0,0), \\ 0, & (x,y)=(0,0), \end{cases}$$

证明：

(1) 函数 $f(x,y)$ 在点$(0,0)$处不连续；

(2) 函数 $f(x,y)$ 在点$(0,0)$处偏导数存在；

(3) 函数 $f(x,y)$ 沿任一方向的方向导数并不都存在．

四、（10分）设有函数 $F(x,y)=x(1+yf(x^2+y^2))$，其中函数 $f(u)$ 二阶可导．

(1) 求 $\dfrac{\partial F}{\partial x}, \dfrac{\partial^2 F}{\partial x \partial y}$．

(2) 求二重积分 $I=\iint\limits_D F(x,y)\mathrm{d}x\mathrm{d}y$，其中 D 是由 $y=x^3$，$y=1$，$x=-1$ 围成的平面区域．

五、（10分）已知 $z=z(x,y)$ 满足 $\dfrac{\partial^2 z}{\partial y^2}=-2$，且 $z(x,0)=4x-x^2$，$\left.\dfrac{\partial z}{\partial y}\right|_{(x,0)}=-4$．

(1) 求函数 $z = z(x,y)$ 的解析式.

(2) 求函数 $z = z(x,y)$ 的极值.

六、(30 分) 设有曲面 S_1 的方程为 $x^2 + y^2 + z^2 = a^2$, 曲面 S_2 的方程为 $z = \sqrt{x^2 + y^2}$, 曲面 S_3 的方程为 $z = 0$, 曲面 S_4 的方程为 $x^{\frac{2}{3}} + y^{\frac{2}{3}} = a^{\frac{2}{3}}$.

(1) 求由曲面 S_1 和曲面 $S_3(z \geqslant 0)$ 所围成的立体的形心.

(2) 求包含在曲面 S_1 内曲面 S_4 的面积.

(3) 求由曲面 S_1 与曲面 S_2 所围成的立体体积.

(4) 设密度为 $\mu = z\sqrt{x^2 + y^2 + z^2}$, 求由曲面 S_1 与曲面 S_2 所围成的物体的质量.

(5) 求曲面 S_1 被曲面 S_2 截下部分曲面的面积.

(6) 求曲面积分

$$I = \iint\limits_{\Sigma} (x^3 + az^2)\mathrm{d}y\mathrm{d}z + (y^3 + ax^2)\mathrm{d}z\mathrm{d}x + (z^3 + ay^2)\mathrm{d}x\mathrm{d}y,$$

其中 Σ 为曲面 $S_1(z \geqslant 0)$ 的上侧.

七、(10 分) 计算曲线积分

$$\int_L \left(\frac{xy^2}{\sqrt{4 + x^2y^2}} + \frac{1}{\pi}x \right)\mathrm{d}x + \left(\frac{x^2y}{\sqrt{4 + x^2y^2}} - x + y \right)\mathrm{d}y,$$

其中 L 是摆线 $\begin{cases} x = a(t - \sin t), \\ y = a(1 - \cos t) \end{cases} (a > 0)$ 上自 $O(0,0)$ 至 $A(2\pi a, 0)$ 的一段有向曲线弧.

八、(5 分) 设函数 $f(x)$ 在 $[0,a]$ 上连续, 试证明:

$$\iint\limits_{D} f(x-y)\mathrm{d}x\mathrm{d}y = \int_0^a xf(x)\mathrm{d}x,$$

其中: $D = \{(x,y) \mid x \geqslant 0, y \leqslant 0, x - y \leqslant a\}$.

2006—2007 年第二学期高等数学 (180 学时) 试题 B 卷答案

二、**解** 设方程的两个特解为 $y_1 = \cos a(x)$, $y_2 = \sin a(x)$, 则有

$$y'_1 = -a'(x)\sin a(x),$$
$$y''_1 = -a''(x)\sin a(x) - (a'_1(x))^2 \cos a(x),$$
$$y'_2 = a'(x)\cos a(x),$$
$$y''_2 = a''(x)\cos a(x) - (a'_1(x))^2 \sin a(x).$$

带入原方程，得
$$-(a''(x)+p(x)a'(x))\sin a(x) - [(a'(x))^2 - \cos^2 x]\cos a(x) = 0, \quad \text{①}$$
$$(a''(x)+p(x)a'(x))\cos a(x) - [(a'(x))^2 - \cos^2 x]\sin a(x) = 0. \quad \text{②}$$

① $\cdot \cos a(x) +$ ② $\cdot \sin a(x)$，得
$$a'(x) = \pm \cos x, \quad a(x) = \pm \sin x.$$

① $\cdot \sin a(x) -$ ② $\cdot \cos a(x)$，得
$$a''(x) + a'(x) = 0, \quad p(x) = -\frac{a''(x)}{a'(x)} = \tan x.$$

于是得原方程通解为 $y = C_1 \cos\sin x + C_2 \sin\sin x.$

八、证 $\iint\limits_D f(x-y)\,dx\,dy = \int_0^a dx \int_{x-a}^0 f(x-y)\,dy \xrightarrow{x-y=t} \int_0^a dx \int_x^a f(t)\,dt$
$$= \int_0^a dt \int_0^t f(t)\,dx = \int_0^a x f(x)\,dx.$$

2007—2008年第二学期
高等数学（180学时）试题 A 卷

一、试解下列各题（每小题6分，共36分）

1. 求通过直线 $\begin{cases} 2x+y=0, \\ 4x+2y+3z=6, \end{cases}$ 且平行于直线 $\dfrac{x}{1}=\dfrac{y}{2}=\dfrac{z}{4}$ 的平面方程.

2. 在两边向量为 $\overrightarrow{AB}=(0,4,-3)$，$\overrightarrow{AC}=(4,-5,0)$ 的 $\triangle ABC$ 中，求 AB 边上的高 h.

3. 求曲面 $x^2+y^2+z^2=6$ 在点 $(1,-2,1)$ 处的切平面和法线方程.

4. 设 $z=e^{xy}+y^2\ln x$，求二阶偏导数 $\dfrac{\partial^2 z}{\partial x \partial y}$.

5. 计算二重积分 $\iint\limits_{D} xy\,dx\,dy$，其中 $D=\{(x,y)\,|\,x^2+y^2\leqslant a^2,\,x\geqslant 0,\,y\geqslant 0\}$.

6. 交换积分次序 $\int_{-1}^{0}dx\int_{x+1}^{\sqrt{1-x^2}}f(x,y)\,dy$.

二、（10分）求函数 $z=x+y+\dfrac{1}{xy}$ $(x>0, y>0)$ 的极值.

三、（12分）设函数 $g(x)$ 具有连续导数，曲线积分
$$\int_{L}(e^x+g(x))y\,dx-g(x)\,dy$$
与路径无关.

(1) 求满足条件 $g(0)=-\dfrac{1}{2}$ 的函数 $g(x)$.

(2) 计算 $\int_{(0,0)}^{(1,1)}(e^x+g(x))y\,dx-g(x)\,dy$ 的值.

四、（12分）证明级数 $\dfrac{1}{2}+\dfrac{3}{4}+\dfrac{5}{8}+\dfrac{7}{16}+\cdots$ 收敛，并求其和.

五、(15分)

(1) 求函数

$$f(x,y) = \begin{cases} \dfrac{x^2 y}{x^2+y^2}, & x^2+y^2 \neq 0, \\ 0, & x^2+y^2 = 0 \end{cases}$$

的二阶偏导数 $f''_{xy}(0,0)$.

(2) 问：微分方程 $y''' - y'' - 2y' = 0$ 的哪一条积分曲线 $y = y(x)$ 通过点 $(0, -3)$，在这点处有倾斜角为 $\arctan 6$ 的切线，且 $y''\big|_{x=0} = f''_{xy}(0,0)$？

六、(15分) 试求向量 $\boldsymbol{F} = \boldsymbol{i} + z\boldsymbol{j} + \dfrac{e^z}{\sqrt{x^2+y^2}}\boldsymbol{k}$ 穿过由 $z = \sqrt{x^2+y^2}$, $z = 1$, $z = 2$ 所围成区域的外侧面(不包含上、下底)的流量.

2007—2008年第二学期高等数学 (180学时) 试题 A 卷答案

一、1. 通过直线 $\begin{cases} 2x + y = 0, \\ 4x + 2y + 3z = 6 \end{cases}$ 的平面束方程为

$$4x + 2y + 3z - 6 + \lambda(2x + y) = 0. \qquad ①$$

欲使平面 ① 平行于直线 $\dfrac{x}{1} = \dfrac{y}{2} = \dfrac{z}{4}$，则

$$4 + 2\lambda + 2(2+\lambda) + 12 = 0,$$

得 $\lambda = -5$. 代入 ①，得所求平面方程为 $2x + y - z + 2 = 0$.

3. 设 $F = x^2 + y^2 + z^2 - 6$，有

$$F'_x = 2x, \quad F'_y = 2y, \quad F'_z = 2z,$$

故得曲面在点 $(1, -2, 1)$ 处的法向量为 $(2, -4, 2) = 2(1, -2, 1)$，从而切平面方程为 $(x-1) - 2(y+2) + (z-1) = 0$，即 $x - 2y + z = 6$. 法线方程为

$$\frac{x-1}{1} = \frac{y+2}{-2} = \frac{z-1}{1}.$$

4. $z'_x = y e^{xy} + \dfrac{y^2}{x}$, $z''_{xy} = e^{xy} + yx e^{xy} + \dfrac{2y}{x} = \dfrac{x e^{xy}(1+xy) + 2y}{x}$.

5. $\iint\limits_{D} xy\,dx\,dy = \int_0^{\frac{\pi}{2}} \cos\theta \sin\theta\, d\theta \int_0^a r^3\, dr = \dfrac{a^4}{8}$.

三、解　（1）由 $Q = -g(x)$，$P = (e^x + g(x))y$，且 $\dfrac{\partial Q}{\partial x} = \dfrac{\partial P}{\partial y}$，得
$$g'(x) + g(x) = -e^x.$$

观察易得该方程的一个特解为 $g^*(x) = -\dfrac{1}{2}e^x$，对应的齐次线性方的通解 $g(x) = Ce^{-x}$. 故其通解为
$$g(x) = Ce^{-x} - \dfrac{1}{2}e^x.$$

由 $g(0) = -\dfrac{1}{2}$，得 $c = 0$. 所以 $g(x) = -\dfrac{1}{2}e^x$.

（2） $\displaystyle\int_{(0,0)}^{(1,1)} \dfrac{1}{2}e^x y\,dx + \dfrac{1}{2}e^x\,dy = \int_0^1 \dfrac{1}{2}e\,dy = \dfrac{1}{2}e$.

五、解　（1）由于
$$f'_x(0,0) = \lim_{x\to 0}\dfrac{f(x,0) - f(0,0)}{x} = \lim_{x\to 0}\dfrac{0-0}{x} = 0,$$
且当 $x^2 + y^2 \neq 0$ 时，
$$f'_x(x,y) = \dfrac{2xy(x^2+y^2) - 2x^3 y}{(x^2+y^2)^2} = \dfrac{2xy^3}{(x^2+y^2)^2},$$
因此 $f''_{xy}(0,0) = \lim\limits_{y\to 0}\dfrac{f'_x(0,y) - f'_x(0,0)}{y} = \lim\limits_{y\to 0}\dfrac{0-0}{y} = 0$.

（2）此方程的特征方程为 $r^3 - r^2 - 2r = 0$，解得 $r_1 = 0$，$r_2 = 2$，$r_3 = -1$，即微分方程的通解为
$$y = C_1 + C_2 e^{2x} + C_3 e^{-x}.$$
由积分曲线通过点 $(0,-3)$，故得
$$C_1 + C_2 + C_3 = -3. \qquad ①$$
又在该点处有倾斜角为 $\arctan 6$ 的切线，故有 $y'|_{x=0} = (2C_2 e^{2x} - C_3 e^{-x})|_{x=0} = \tan(\arctan 6)$，即
$$2C_2 - C_3 = 6. \qquad ②$$
由题设知 $y''|_{x=0} = (4C_2 e^{2x} + C_3 e^{-x})|_{x=0} = 0$，即
$$4C_2 + C_3 = 0. \qquad ③$$
联立①，②，③，解得 $C_1 = 0$，$C_2 = 1$，$C_3 = -4$. 故所求积分曲线为 $y = e^{2x} - 4e^{-x}$.

2007—2008年第二学期 高等数学（180学时）试题 B 卷

一、试解下列各题（每小题6分，共24分）

1. 下列 4 个点 $A(1,0,1), B(4,4,6), C(2,2,3), D(10,10,15)$，是否共面？并说明理由.

2. 求过直线 $l: \begin{cases} 3x-2y-7=0, \\ 2x-z-5=0, \end{cases}$ 且平行于直线 $L: x=y=\dfrac{z}{2}$ 的平面方程.

3. 交换积分 $\int_0^1 dy \int_y^{2-y} f(x,y) dx$ 的次序.

4. 已知 $x-az = f(y-bz)$，试证：$a\dfrac{\partial z}{\partial x} + b\dfrac{\partial z}{\partial y} = 1$.

二、(12 分) 设有函数
$$f(x,y) = \begin{cases} \dfrac{xy}{x^2+y^2}, & (x,y) \neq (0,0), \\ 0, & (x,y) = (0,0), \end{cases}$$
讨论：

(1) 函数 $f(x,y)$ 在点$(0,0)$处的可微性；

(2) 函数 $f(x,y)$ 在点$(0,0)$处偏导数存在性；

(3) 函数 $f(x,y)$ 沿任一方向的方向导数存在性.

三、(10 分) 试求由球面 $x^2+y^2+z^2=2$ 及锥面 $z=\sqrt{x^2+y^2}$ 所围成物之质量. 已知其密度与到球心的距离的平方成正比，且在球面处等于1.

四、(12 分) 已知 $z=z(x,y)$ 满足 $\dfrac{\partial^2 z}{\partial y^2} = -2$，且 $z(x,0) = 4x-x^2$，$\left.\dfrac{\partial z}{\partial y}\right|_{(x,0)} = -4$.

(1) 求函数 $z = z(x,y)$ 的解析式.

(2) 求函数 $z = z(x,y)$ 的极值.

五、(12分) 求曲面积分

$$I = \iint_{\Sigma} (x^3 + az^2)\mathrm{d}y\mathrm{d}z + (y^3 + ax^2)\mathrm{d}z\mathrm{d}x + (z^3 + ay^2)\mathrm{d}x\mathrm{d}y,$$

其中 Σ 为曲面 $x^2 + y^2 + z^2 = a^2\ (z \geqslant 0)$ 的上侧.

六、(10分) 设函数 $f(u)$ 具有一阶连续导数,求证沿分段光滑的任意闭曲线积分:$\oint_L f(xy)(y\mathrm{d}x + x\mathrm{d}y) = 0.$

七、(12分) 展开 $\dfrac{\mathrm{d}}{\mathrm{d}x}\left(\dfrac{e^x - 1}{x}\right)$ 为 x 的幂级数,并求其收敛区间,利用上述展开式求级数 $\displaystyle\sum_{n=1}^{\infty} \dfrac{n}{(n+1)!}$ 的和.

八、(8分) 设 $f(x, y)$ 为连续,且 $f(x, y) = f(y, x)$,求证:

$$\int_0^a \mathrm{d}x \int_0^x f(a - x, a - y)\mathrm{d}y = \int_0^a \mathrm{d}x \int_0^x f(x, y)\mathrm{d}y,$$

其中 a 为常数.

2007—2008 年第二学期高等数学 (180 学时) 试题 B 卷答案

六、解 由于

$$\frac{\partial Q}{\partial x} = f(xy) + xyf'(xy) = \frac{\partial P}{\partial y},$$

根据格林公式,有 $\displaystyle\oint_L f(xy)(y\mathrm{d}x + x\mathrm{d}y) = 0.$